21世纪普通高校计算机公共课程规划教材

多媒体技术与应用

（第3版）

王中生 高加琼 编著

清华大学出版社
北京

内容简介

本书是按照教育部关于应用型本科非计算机专业多媒体课程基本要求，根据普通工科院校培养应用型人才的需要，并结合当前多媒体技术的发展状况而编写的。主要内容包括多媒体的基础知识，多媒体基本技术，各种多媒体素材的制作，多媒体系统开发，流媒体制作等内容。

本书内容翔实，浅显易懂，图文并茂。在全面介绍多媒体理论的基础上注重实践应用。全书重点放在基础知识的讲授和基本操作技能的培养上，在每章的后面有本章小结和思考题。

本书可以作为高等院校在校学生的教材使用，也适合自学多媒体应用技术的人员参考。

图书在版编目(CIP)数据

多媒体技术与应用/王中生，高加琼编著. —3版. —北京：清华大学出版社，2016 (2018.9重印)
21世纪普通高校计算机公共课程规划教材
ISBN 978-7-302-42416-1

Ⅰ. ①多…　Ⅱ. ①王… ②高…　Ⅲ. ①多媒体技术－高等学校－教材　Ⅳ. ①TP37

中国版本图书馆CIP数据核字(2015)第298603号

责任编辑：郑寅堃　赵晓宁
封面设计：何凤霞
责任校对：白　蕾
责任印制：丛怀宇

出版发行：清华大学出版社
　网　　址：http://www.tup.com.cn，http://www.wqbook.com
　地　　址：北京清华大学学研大厦A座　　**邮　　编**：100084
　社 总 机：010-62770175　　**邮　　购**：010-62786544
　投稿与读者服务：010-62776969，c-service@tup.tsinghua.edu.cn
　质量反馈：010-62772015，zhiliang@tup.tsinghua.edu.cn
　课件下载：http://www.tup.com.cn，010-62795954
印 装 者：河北纪元数字印刷有限公司
经　　销：全国新华书店
开　　本：185mm×260mm　　**印　　张**：17.5　　**字　　数**：426千字
版　　次：2007年7月第1版　　2016年1月第3版　　**印　　次**：2018年9月第3次印刷
印　　数：13001～13300
定　　价：35.00元

产品编号：065130-01

出版说明

随着我国改革开放的进一步深化，高等教育也得到了快速发展，各地高校紧密结合地方经济建设发展需要，科学运用市场调节机制，加大了使用信息科学等现代科学技术提升、改造传统学科专业的投入力度，通过教育改革合理调整和配置了教育资源，优化了传统学科专业，积极为地方经济建设输送人才，为我国经济社会的快速、健康和可持续发展以及高等教育自身的改革发展做出了巨大贡献。但是，高等教育质量还需要进一步提高以适应经济社会发展的需要，不少高校的专业设置和结构不尽合理，教师队伍整体素质亟待提高，人才培养模式、教学内容和方法需要进一步转变，学生的实践能力和创新精神亟待加强。

教育部一直十分重视高等教育质量工作。2007 年 1 月，教育部下发了《关于实施高等学校本科教学质量与教学改革工程的意见》，计划实施“高等学校本科教学质量与教学改革工程(简称‘质量工程’)”，通过专业结构调整、课程教材建设、实践教学改革、教学团队建设等多项内容，进一步深化高等学校教学改革，提高人才培养的能力和水平，更好地满足经济社会发展对高素质人才的需要。在贯彻和落实教育部“质量工程”的过程中，各地高校发挥师资力量强、办学经验丰富、教学资源充裕等优势，对其特色专业及特色课程(群)加以规划、整理和总结，更新教学内容、改革课程体系，建设了一大批内容新、体系新、方法新、手段新的特色课程。在此基础上，经教育部相关教学指导委员会专家的指导和建议，清华大学出版社在多个领域精选各高校的特色课程，分别规划出版系列教材，以配合“质量工程”的实施，满足各高校教学质量和教学改革的需要。

本系列教材立足于计算机公共课程领域，以公共基础课为主、专业基础课为辅，横向满足高校多层次教学的需要。在规划过程中体现了如下一些基本原则和特点。

(1) 面向多层次、多学科专业，强调计算机在各专业中的应用。教材内容坚持基本理论适度，反映各层次对基本理论和原理的需求，同时加强实践和应用环节。

(2) 反映教学需要，促进教学发展。教材要适应多样化的教学需要，正确把握教学内容和课程体系的改革方向，在选择教材内容和编写体系时注意体现素质教育、创新能力与实践能力的培养，为学生知识、能力、素质协调发展创造条件。

(3) 实施精品战略，突出重点，保证质量。规划教材把重点放在公共基础课和专业基础课的教材建设上；特别注意选择并安排一部分原来基础比较好的优秀教材或讲义修订再版，逐步形成精品教材；提倡并鼓励编写体现教学质量和教学改革成果的教材。

(4) 主张一纲多本，合理配套。基础课和专业基础课教材配套，同一门课程有针对不同层次、面向不同专业的多本具有各自内容特点的教材。处理好教材统一性与多样化，基本教材与辅助教材、教学参考书，文字教材与软件教材的关系，实现教材系列资源配套。

(5) 依靠专家，择优选用。在制定教材规划时要依靠各课程专家在调查研究本课程教材建设现状的基础上提出规划选题。在落实主编人选时，要引入竞争机制，通过申报、评审确定主题。书稿完成后要认真实行审稿程序，确保出书质量。

繁荣教材出版事业，提高教材质量的关键是教师。建立一支高水平教材编写梯队才能保证教材的编写质量和建设力度，希望有志于教材建设的教师能够加入到我们的编写队伍中来。

21世纪普通高校计算机公共课程规划教材编委会

联系人：魏江江 weijj@tup.tsinghua.edu.cn

第 3 版前言

21 世纪是科学技术高速发展的信息时代，计算机是这一时代最重要的工具。随着计算机技术的不断进步，计算机已经能够轻松地处理文字、声音、动画、视频等文件。人与计算机之间的交流变得生动活泼，丰富多彩，人们既能闻其声、见其形，又能观其动。

多媒体技术诞生于 20 世纪末，它以传统的计算机技术为平台，以现代电子信息技术为先导，成为近年来迅速崛起和飞速发展的一门重要科学。随着多媒体技术的逐渐成熟，应用软件开发的完善，多媒体计算机的应用与普及，多媒体技术为传统计算机带来了深刻的变革，彻底改变了人们的学习、工作和生活方式。多媒体技术已经成为当代青年学生必备的知识技能，信息化社会的进一步发展必将对我们提出更高的要求。为此，我们组织多名讲授多媒体技术与应用的老师，编写了这本适合在校学生使用的《多媒体技术与应用》教程。

本教材以培养能力、突出实践实用为基本出发点，在介绍多媒体技术理论的基础上，重点讲解基本概念、基本知识，以理论知识够用、必需为宗旨，结合最新版本的制作软件，以制作实例为主线，详细介绍多媒体素材的制作步骤、方法和技巧。

本教材包括 9 章，按照三个层次来介绍多媒体技术与应用。首先介绍多媒体技术的基本概念、基本原理及多媒体计算机的软硬件组成。其次介绍多媒体素材的特点、处理技术、工具方法及数据压缩基础。最后在了解基本知识的基础上，借助最新版本多媒体素材制作软件，通过代表性的详细实例和制作步骤讲解来帮助读者掌握多媒体技术应用的特点。这些素材软件主要包括动态文字制作软件 Cool 3D、声音处理软件 Cool Edit Pro、图像处理软件 Photoshop CS6、视频处理软件 Premiere CS6、动画处理软件 Flash CS6、多媒体素材集成工具 Authorware 等，通过对这些素材制作方法初步介绍，帮助读者加强对多媒体技术的理解和掌握。

本书是在清华大学出版社"21 世纪普通高校计算机公共课程规划教材编委会"的统一部署下，并在出版社计算机事业部全体老师的亲切指导关怀下完成的。全书由王中生和高加琼老师编写并制作电子课件，尚晓和周书风对教材中的素材进行搜集整理，在此表示感谢。

由于多媒体技术发展迅速，多媒体应用软件日益更新，加上作者水平有限、时间仓促，错误和疏漏之处在所难免，恳请广大专家和读者批评指正。欢迎索取电子课件，联系邮箱：wzhsh1681@163.com。

编　者

2015 年 12 月

目 录

第1章 多媒体概述

人们感知客观世界，从外界获得信息，83%通过视觉，11%通过听觉，1%通过味觉，1.5%通过触觉，3.5%通过嗅觉。多媒体信息不仅能够加速和改善理解，提高兴趣和注意力，而且大大提高了获得信息的效率。多媒体技术促进了计算机科学及其相关学科的发展和融合，开拓了计算机在日常工作和生活各个领域的广泛应用，从而对社会生产结构和人们的生活方式产生了重大的影响。多媒体技术加速了计算机进入家庭和社会各个方面的进程，给人类的工作和学习带来了一场革命。本章将学习多媒体及多媒体技术的有关概念、多媒体技术的特点、多媒体计算机的基本硬件配置和软件环境、多媒体技术的应用与发展趋势等知识。

1.1 多媒体基础知识

多媒体技术是现代计算机技术的重要发展方向，也是现代计算机技术发展最快的领域之一。多媒体计算机技术与通信技术、网络技术的融合与发展打破了时空和环境的限制，涉及了计算机出版业、远程通信、家用音像电子产品、电影与广播等主要工业范畴，从根本上改变了人类的生活方式和现代社会的信息传播方式，是社会信息化高速公路的基础。

1.1.1 多媒体及其功能

在介绍多媒体技术之前，首先了解一些多媒体的基本概念及多媒体技术的主要特点。

1. 基本概念

(1) 媒体

媒体(Media)可以理解为人与人或人与外部世界之间进行信息沟通、交流的方式与方法，是信息传递的载体。根据国际电信联盟(International Telecommunication Union，ITU)关于媒体的定义，媒体包括以下五大类：感觉媒体、表示媒体、显示媒体、存储媒体和传输媒体，其核心是表示媒体，即信息的存在形式和表现形式，如日常生活中的报纸、电视、广播、广告、杂志等，借助于这些载体信息得以交流传播。如果对这些媒体的本质进行详细分析，就可以找到媒体传递信息的基本元素，主要包括声音、图片、视频、影像、动画和文字等，它们都是媒体的组成部分。

在计算机领域中，媒体曾被广泛译作“介质”，指的是信息的存储实体和传播实体。现在一般译为“媒体”，表示信息的载体。媒体在计算机科学中主要包含两层含义。其一是指信息的物理载体，如磁盘、光盘、磁带、卡片等；另一种含义是指信息的存在和表现形式，如文字、声音、图像、视频等。多媒体技术中所称的媒体是指后者，即多媒体技术不仅能处理文字、数据之类的信息媒体，而且还能处理声音、图形、图像等多种形式的信息载体。

(2) 多媒体

多媒体(Multimedia)来自英文 Multimedia,该词由 Multimple(多)和 Media(媒体)复合而成,而对应的单媒体是 Monomedia。简单理解,多媒体是指两个或两个以上单媒体的有机组合,意味着"多媒介"或"多方法"。日常生活中媒体传递信息的基本元素是声音、文字、图像、动画、视频、影像等,这些基本元素的组合就构成了大千世界的各种信息。计算机中的多媒体就是指将文字、图形、图像、音频、视频和动画等基本媒体元素以不同形式组合以达到传递信息为目的的有机集合。

(3) 超链接

超链接(HyperLink)来源于网页,在本质上属于网页的一部分,它是一种网页之间或网页与站点之间连接的方式。之所以称为超链接是由于在打开连接的内容之前无法知道具体内容是什么,也不知道内容存放的地点在哪里,甚至不需要知道具体位置,因此把这种连接关系称为"超链接"。各种网页元素通过超链接连接在一起后才能真正构成一个网站。

超链接的内容可以是一个网页,也可以是相同网页上的不同位置,还可以是一个图片、一个电子邮件地址、一个文件或者是一个应用程序。

(4) 超文本

在普通的文本中加入超链接就形成了超文本(HyperText)。超文本是一种使文本、图形与计算机信息之间的组织形式。它使得单一的信息元素之间相互交叉引用,这种引用并不是通过复制来实现的,而是通过指向被引用的地址字符串来获取相应的信息,是一种非线性的信息组织形式。

(5) 超媒体

在普通的多媒体信息中加入超链接就形成了超媒体(HyperMedia)。利用超链接组织起来的文件不仅仅是文本,也可以是图、文、声、像及视频等媒体元素的文件,这种多媒体信息就构成了超媒体。

(6) 流媒体

流媒体(Streaming Media)是应用流式传输技术在网络上传输多媒体文件(音频、视频、动画或者其他多媒体文件)的方法。流式传输方式是将整个多媒体文件经过特殊的压缩方式分成一个个压缩包,由视频服务器向用户计算机连续、实时传送。在采用流式传输方式的系统中,用户不必像采用下载方式那样等到整个文件全部下载完毕才开始运行文件,而是只需经过几秒或几十秒的启动延时即可在用户的计算机上利用解压设备(硬件或软件)对压缩的多媒体文件解压后进行播放和观看。此时多媒体文件的剩余部分将在后台的服务器内继续下载,实现"边下载、边播放,前台播放、后台下载",以减少用户的等待时间。

2. 多媒体技术的特点

早期的计算机由于受到计算机技术、通信技术的限制,只能接收和处理字符信息。字符信息被人们长期使用,其特点是处理速度快、存储空间小,但形式呆板,仅能利用视觉获取,靠人的思维进行理解,难以描述对象的形态、运动等特征,不利于完全真实地表达信息的内涵。图像、声音、动画和视频等单一媒体比字符表达信息的能力更强,但均只能从一个侧面反映信息的某方面特征。

多媒体技术是一门综合的高新技术。它是集声音、视频、图像、动画等多种媒体于一体的信息处理技术,可以接收外部图像、声音、影像等多种媒体信息,经过计算机加工处理后,以图片、文字、声音、动画等多种形式输出，实现输入、输出方式的多元化，突破了计算机只能处理文字、数据的局限，使人们的工作、生活更加丰富多彩。

多媒体技术所处理的文字、数据、声音、图像、图形等媒体信息是一个有机的整体，而不是一个个"独立"的信息简单堆积，多种媒体间无论在时间上还是在空间上都存在着紧密的联系，具有同步性和协调性的特点。

多媒体技术的主要特点如下：

(1) 多样性

多媒体技术的多样性体现在信息采集或生成、传输、存储、处理和显现的过程中，要涉及多种感知媒体、表示媒体、传输媒体、存储媒体或呈现媒体，或者多个信源或信宿的交互作用。这种多样性不是指简单的数量或功能上的增加，而是质的变化。例如，多媒体计算机不但具备文字编辑、图像处理、动画制作及通过网络收发电子邮件(E-mail)等功能，又有处理、存储、随机地读取包括声音在内的视频的功能，能够将多种技术、多种业务集合在一起。

(2) 集成性

多媒体技术是结合文字、声音、图形、图像、动画、视频等各种媒体的一种综合应用，是一个利用计算机技术来整合各种媒体信息的系统，它集多种媒体信息于一体。

媒体依其属性的不同可分成文字、音频和视频。文字又可分成字符与数字，音频可分为语言和音乐，视频又可分为静止图像、动画和视频，多媒体系统将它们集成在一起，经过技术处理，使它们能综合发挥作用。

(3) 交互性

所谓交互性是指人的行为与计算机的行为相互交流沟通的过程，这也是多媒体与传统媒体最大的不同。电视教学系统虽然也具有"声、图、文"并茂的多种信息媒体，但电视节目的内容是事先安排好的，人们只能被动地接受播放的节目，而不能随意选择感兴趣的内容，这个过程是单方向的，而不是双向交互性的。如果用多媒体技术制作教学系统，学生可根据自己的需要选择不同的章节、难易各异的内容进行学习。对于重点的内容，一次未搞明白，还可重复播放。学生可参与练习、测验、实际操作等。如果学生有错，多媒体教学系统能及时评判、提示和纠正。

(4) 协同性

每一种媒体都有其自身规律，各种媒体之间必须有机地配合才能协调一致。协同性是指协调两个或者两个以上的单媒体，协同一致地完成某一目标的过程或能力，多种媒体之间的协调及时间、空间和内容方面的协调是多媒体的关键技术之一。

(5) 实时性

所谓实时性是指在多媒体系统中多种媒体间无论在时间上还是在空间上都存在着紧密的联系，具有同步性和一致性的性质。例如，声音及活动图像是强实时的(Hard Real Time)，多媒体系统提供同步和实时处理的能力，这样在人的感官系统允许的情况下进行多媒体交互，就好像面对面(Face to Face)一样，图像和声音都是连续的。

多媒体之所以能够迅速发展和广泛应用，是由于计算机技术、网络技术和数字处理技术的突破性进展，所以通常广义上的"多媒体"并不仅仅指多媒体本身，而是指处理和应用它的包括硬件和软件在一起的一整套技术，即多媒体技术。

1.1.2 多媒体的产生

多媒体计算机技术在20世纪80年代兴起,在90年代得到迅速的发展和广泛的应用。

多媒体计算机(Multimedia Personal Computer,MPC)是指具有多媒体功能,符合多媒体规范的计算机。1990年11月,在Microsoft公司的主持下,Microsoft、IBM、Philips、NEC等较大的多媒体计算机厂商召开了多媒体开发者会议,成立了多媒体计算机市场协会(Multimedia PC Marketing Council),进行多媒体标准的制定和管理。该组织根据当时计算机的发展水平制定了多媒体计算机的基本标准MPC1,对多媒体计算机硬件规定了必须达到的技术要求。

1995年6月,该组织更名为"多媒体PC工作组(Multimedia PC Working Group)",公布了新的多媒体计算机标准,即MPC3。MPC3规定的多媒体计算机配置示意图如图1.1所示。

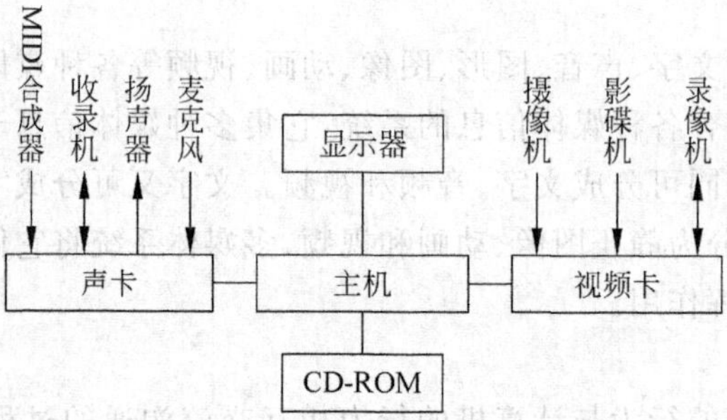

图1.1 MPC3配置示意图

MPC3的基本要求如下。

① 微处理器:Pentium 75MHz或更高主频的微处理器。

② 内存:8MB以上内存。

③ 磁盘:1.44MB软驱,540MB以上的硬盘。

④ 图形性能:可进行颜色空间转换和缩放;视频图像子系统在视频允许时可进行直接帧存取,以15位/像素、352×240分辨率、30帧/秒播放视频,不要求缩放和裁剪。

⑤ 视频播放:编码和解码都应在15位/像素、352×240分辨率、30帧/秒(或352×288分辨率、25帧/秒),播放视频时支持同步的声频/视频流,不丢帧。

⑥ 声卡:支持16位声卡,波表合成技术,MIDI播放。

⑦ CD-ROM:4倍速光驱,平均访问时间为250ms,符合CD-XA规格,具备多段式能力。

MPC标准规定了多媒体计算机的最低配置,同时对主机的CPU性能、内存容量、外存容量及屏幕显示能力等做了相应的规定。可用一个简单的公式表示为:

MPC=微型机(PC)+CD-ROM+声卡

一台普通PC加上声卡和CD-ROM驱动器就能处理声音和获取较大容量的数据,具备了多媒体的基本特性。

多媒体计算机的出现是随着Pentium CPU的出现而出现的,是随着Pentium MMX(Multi Media extension)指令集中包含了57条多媒体处理指令而发展起来的。多媒体是将多种信息媒体有机组合，能够全方位传递包括文字、声音、图形、图像、动画、视频等媒体信息，并具有人机交互功能的一种综合技术。

1.1.3 多媒体元素及其特征

多媒体元素是指多媒体应用中可以显示给用户的媒体组成元素。涉及大量不同类型、不同性质的媒体元素，这些媒体元素数据量大，同一种元素数据格式繁多，数据类型之间的差别极大。

1. 文本

文本（Text）就是习惯使用的文字字符集合。包括字体（Font）、字形（Style）、字号（Size）、颜色（Color）、修饰（Effect）等属性，是使用最悠久、最广泛的媒体元素，也是信息最基本的呈现形式。其最大优点是占用存储空间小，显示速度快，但形式呆板，仅能利用视觉获取，靠人的思维进行理解，难于描述对象的形态、运动等特征。

在人机交互中，文本主要有两种形式：格式化文本和非格式化文本。格式化文本可以进行格式编排，包括各种字体、尺寸、颜色、格式、段落等属性设置，如.doc文件；非格式化文本的字符大小是固定的，仅能以一种形式和类型使用，不具备排版功能，如.txt文件。

2. 图形

图形（Graphics）也称为矢量图形（Vector Graphic），是计算机根据数学模型计算而生成的几何图形。图形是由直线、曲线、圆或曲面等几何形状形成的从点、线、面到三维空间的黑白或彩色几何图，构成图形的点、线和面都是由坐标及相关参数定义的，如用CorelDraw绘制的图形。矢量图形的优点是可以不失真缩放、占用计算机存储空间小。但矢量图形仅能表现对象结构，在表现对象质感方面的能力较弱。

3. 图像

图像（Image）是指由输入设备捕获的实际场景画面或以数字化形式存储的画面，是真实物体的影像。对图片逐行、逐列进行采样（取样点），并将这些点（称为像素点）用二进制位表示并存储，即为数字图像，通常称为位图。

图像主要用于表现自然景色、人物等，能表现对象的颜色细节和质感，具有形象、直观、信息量大的优点。但图像文件的数据量很大，存储一幅大小为640×480、24位真彩色的BMP格式图像约需1MB左右的存储空间。所以需要对图像数据进行压缩，即利用视觉特征去除人眼不敏感的冗余数据。

4. 声音和音乐

声音（Sound）包括人说话的声音、动物鸣叫声和自然界的各种声响。而音乐（Music）是有节奏、旋律或和声的人声或乐器音响等配合所构成的一种艺术。声音和音乐在本质上是相同的，都是具有振幅和频率的声波。振幅（即声波的幅度）表示声音的强弱，频率表示声音音调的高低。

在多媒体项目中加入声音元素，可以给人多感官刺激，不仅能欣赏到优美的音乐，也可倾听详细和生动的解说，增强对文字、图像等类型媒体信息的理解。

声音和音乐（音频）的缺点是数据量庞大。如存储1秒钟的CD双声道立体声音乐，需要的磁盘空间与存储9万个汉字所需的空间相同，因此也需要进行压缩处理。

5. 动画

动画(Animation)就是运动的图画,实质是由若干幅时间和内容连续的静态图像按照一定顺序播放形成的。用计算机实现的动画有两种,一种叫造型动画,另一种叫帧动画。造型动画每帧由图形、声音、文字、色彩等造型元素组成,由脚本控制角色的表演和行为。帧动画是由一幅幅连续的静态画面组成的图像序列,这是产生各种动画的基本方法。

为什么一幅幅静态的画面连续播放就可看到动态的图像画面?这是由于人的眼睛具有视觉暂停现象,在亮度信号消失之后亮度感觉仍然可以在视觉神经保持0.05～0.1s的时间。动态图像(动画)就是根据这个特性而产生的。从物理意义上看,任何动态图像都是由多幅连续的图像序列构成的,沿着时间轴,每一幅图像保持一个很小的时间间隔,顺序地在人眼感觉不到的速度(25～30帧/秒)下换成另一幅图像,连续不断转换就形成了运动的感觉。电影和计算机中的动画都是如此形成的。

6. 视频

若干幅内容相互联系的图像连续播放就形成了视频(Video)。视频主要来源于摄像机拍摄的连续自然场景画面。视频与动画一样是由连续的画面组成的,只是画面图像是自然景物的图像。计算机处理的视频信息必须是全数字化的信号,但在处理过程中要受到电视技术的影响。

视频有如下几个重要技术参数。

(1) 帧速

每秒钟播放的静止画面数(帧/秒)。为了减少数据量,可适当降低帧速。若帧速在16FPS (Frames Per Second)以上,在人的视觉上便可达到一定的满意程度。

(2) 数据量

未经过压缩的数据量为帧速乘以每幅图像数据量。假设一幅图像为1MB,则每秒的数据量将达到25MB(PAL制式),经过压缩后将减少为原来的几十分之一甚至更少。

(3) 画面质量

画面质量除了原始图像质量外,还与视频数据的压缩比有关。压缩比小时对画面质量不会有太大影响,而压缩比如果超过一定值,画面质量将明显下降。

1.2 多媒体系统组成与分类

传统的个人计算机处理的信息往往仅限于字符和数字,只能算是计算机应用的初级阶段,同时人和计算机之间的交互只能通过键盘和显示器,交流的途径缺乏多样性。为了改变人机交互方式的单一,使计算机能够集声、文、图形处理于一体,人们发明了多媒体计算机。多媒体计算机系统是对多媒体信息进行逻辑互连、获取、编辑、存储和播放等功能于一体的计算机系统。它能灵活地调度和使用多媒体信息,使之与有关硬件协调工作,并具有一定的交互特性。

1.2.1 多媒体系统的硬件组成

一台完整的计算机系统包括硬件系统和软件系统。硬件系统是组成计算机的所有实体的集合,由电子器件、机械装置等物理部件组成。软件系统是指在硬件设备上运行的各种程序和文档资料。硬件是计算机工作的物质基础，是软件运行的场所，软件是计算机的灵魂，它们相互配合，缺一不可。

多媒体系统是一个复杂的软硬件结合的综合系统。多媒体系统把音频、视频等媒体处理技术与计算机系统集成在一起，组成一个有机的整体，并由计算机对各种媒体进行数字化处理。由此可见，多媒体系统不是原系统的简单叠加，而是有其自身结构特点的系统。

计算机系统的硬件组成包括运算器、控制器、存储器、输入设备和输出设备五大组成部分。多媒体计算机在五大组成的基础上又增加了以下设备和功能接口。

1. 多媒体接口卡

多媒体接口卡是多媒体系统获取编辑音频或视频的需要接插在计算机主板功能扩展槽上的设备，以解决各种媒体数据的输入输出问题。常用的接口卡有声卡、显示卡、视频压缩卡、视频捕捉卡、视频播放卡、光盘接口卡、网络接口卡等。随着计算机软件的发展，各类压缩卡、捕捉卡、播放卡等已经被淘汰，相应功能由多媒体软件来完成。

2. 多媒体外部设备

多媒体外部设备种类繁多，主要包括如下设备。

① 视频、音频输入设备。包括 CD-ROM、扫描仪、摄像机、录像机、数码照相机、激光唱盘、MIDI 合成器等。

② 视频、音频播放设备。包括电视机、投影仪、音响器材等。

③ 交互界面设备。包括键盘、鼠标、高分辨率显示器、激光打印机、触摸屏、光笔等。

④ 存储设备。包括大容量磁盘和可擦写光盘(CD-RW)等。

多媒体计算机是随着计算机技术的进步而发展起来的。现在几乎所有的计算机都可以处理多媒体指令，个人计算机就是一台功能齐全的多媒体处理设备。多媒体计算机系统硬件组成如图 1.2 所示。

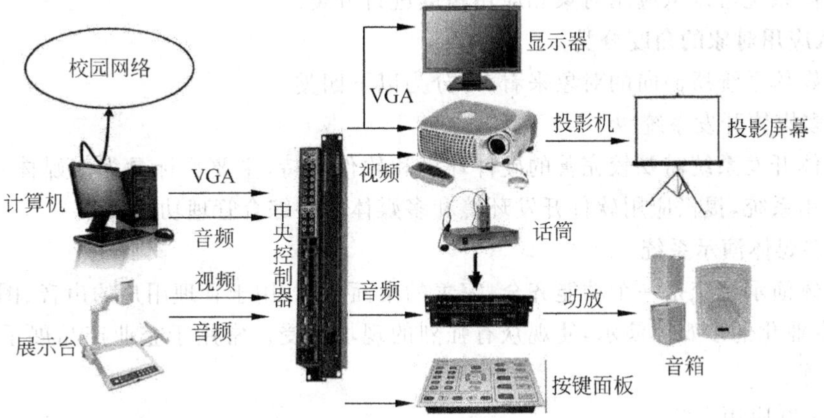

图 1.2　多媒体系统硬件组成图

1.2.2　多媒体系统的软件组成

多媒体软件按功能可划分为以下 5 类。

1. 多媒体驱动软件

多媒体软件中直接与硬件打交道的软件称为多媒体驱动软件。其作用是完成设备的初始化,各种设备的操作及设备的打开、关闭,基于硬件的压缩和解压,图像的快速变换等基本硬件功能的调用。这种软件一般由厂家随硬件提供。

2. 支持多媒体的操作系统

支持多媒体的操作系统是多媒体软件的核心。它负责多媒体环境下任务的调度,保证音频、视频同步控制及信息处理的实时性。它提供多媒体信息的各种基本操作和管理,具有对设备的相对独立性与可扩展性。

目前个人计算机上开发多媒体软件使用最多的操作系统是微软的Windows系统。

3. 多媒体数据处理软件

多媒体数据软件是用于采集和处理多媒体数据的软件,如声音的录制与编辑软件,图像扫描及预处理软件,全动态视频采集软件及动画生成、编辑软件等。

4. 多媒体编辑创作软件

多媒体编辑创作软件又称为多媒体创作工具,是多媒体专业人员在多媒体操作系统之上开发的供特定应用领域的专业人员组织编排多媒体数据,并把它们联接成完整的多媒体应用的系统工具。高档的创作工具可用于影视系统的动画创作,中档的创作工具可用于创作教育和娱乐节目,低档的多媒体工具可用于简单的商业创作与家庭学习材料的编辑。

5. 多媒体应用软件

多媒体应用软件是在多媒体硬件平台上设计开发的面向应用的软件系统,如多媒体数据库系统、多媒体教育软件、多媒体娱乐软件和各种多媒体播放软件等。

1.2.3 多媒体系统的分类

多媒体系统可以从应用对象和应用角度进行分类。

1. 从应用对象的角度分类

从多媒体系统所面向的对象来看,可分为以下四类。

(1) 多媒体开发系统

多媒体开发系统需要较完善的硬件环境和软件支持,主要目标是为多媒体专业人员开发各种应用系统,提供应用软件开发环境和多媒体文件综合管理功能。

(2) 多媒体演示系统

多媒体演示系统是一个功能齐全、完善的桌面系统,用于管理用户的声音、图像、视频资源,提供专业化的多媒体演示,使观众有强烈的现场感受。常用于企业产品展示、科学研究成果发布等。

(3) 家庭应用系统

只要在计算机上配置CD-ROM、声卡、音箱和话筒,就可以构成一个家用多媒体系统,用于家庭中的学习、娱乐等。

(4) 多媒体教育/培训系统

多媒体可以在计算机辅助教学(CAI)中大显身手。教育/培训系统中融入多媒体技术,可以做到声、图、文并茂,界面色彩丰富,具有形象性和直观性,提高学习者的兴趣和注意力,大大提高教学效果。该系统可用于不同层次的教学环境,如学校教学、企事业培训、家庭学习等。这种系统一般不具备制作演示程序的能力。

2. 从应用角度分类

从多媒体技术应用来看,多媒体系统可分为以下 5 类。

(1) 多媒体出版系统

以 CD-ROM 光盘形式出版的各类出版物已经开始大量出现并替代传统的出版物,特别是对于容量大、要求迅速查找的文献资料等,使用 CD-ROM 光盘十分方便。

(2) 多媒体信息咨询系统

例如图书情报检索系统、证券交易咨询系统等,用户只需要按几个键,多媒体系统就能以声音、图像、文字等方式展示信息。

(3) 多媒体娱乐系统

多媒体系统提供的交互播放功能,高质量的数字音响,图文并茂的显示特征,受到了广大消费者的欢迎,给文化娱乐带来了新的活力。

(4) 多媒体通信系统

多媒体通信系统包括可视电话、视频会议等,使参与者有身临其境、如同面对面交流一样的感觉。

(5) 多媒体数据库系统

将多媒体技术和数据库技术相结合,在普通数据库的基础上增加了声音、图像和视频数据类型,对各种多媒体数据进行统一的组织和管理,如档案、名片管理系统等。

1.3 多媒体主要技术

1.3.1 多媒体基础技术

多媒体基础技术包括多媒体操作系统技术、功能芯片技术、输入输出技术、数据压缩技术、光存储技术、虚拟现实技术、多媒体网络技术等。

1. 多媒体操作系统技术

多媒体操作系统是多媒体应用程序的运行平台。苹果公司早在 20 世纪 80 年代已推出专为处理多媒体数据而设计的操作系统。微软公司吸收了苹果机的多媒体功能特点,设计开发了在个人计算机上应用的 Windows 多媒体操作系统。目前应用的版本有 Windows XP、Windows 7 和 Windows 8。这些系统极大地支持了多媒体技术,能够充分、完整地展示常见的媒体信息。

2. 多媒体功能芯片技术

多媒体技术的发展和超大规模集成电路(VLSI)技术的发展有着密不可分的关系。由于多媒体数据量极大,要实现视频、音频信号的实时压缩、解压缩和多媒体信息的播放处理,需要对大量的数据进行快速计算,必须具有多媒体功能的快速运算硬件支持。实现动态视频的实时采集、变形、叠加、合成等特殊效果处理,也必须采用专用的视频处理芯片才能取得满意的效果。支持多媒体功能的 CPU 芯片(MMX)和专用的音频、视频处理芯片的研制都是在大规模集成电路技术的支持下实现的。

3. 多媒体输入输出技术

多媒体输入输出技术是处理多媒体信息传输接口的技术,由于人类的视觉和听觉只能感知模拟信号,而计算机只能够处理数字信号,因此多媒体技术必须解决各种媒体的信号转换问题。该技术主要包括媒体转换技术、媒体识别与理解技术(如语音识别)等。其中既包括硬件技术,又包括软件技术。

4. 多媒体数据压缩技术

多媒体数据压缩是多媒体技术的关键。未经压缩的视频和音频数据占用大量的空间,例如未经压缩的视频和立体声音乐数据量分别是1680MB/min和10MB/min。如此庞大的数据量不仅很难用普通计算机处理,而且存储和传输都有问题。因此视频、音频和图像数据的编码和压缩技术在多媒体技术中占有非常重要的地位。

5. 光存储技术

大量多媒体信息数据需要很大的存储空间,因此多媒体技术的发展和应用必须有大容量存储技术的支持。近几年,光存储技术得到迅速发展,目前存储容量很大的CD、VCD、DVD光盘已广泛使用。这些盘在形状、尺寸、面积、重量等方面基本相同,但DVD的存储容量和带宽大大高于CD。单面单层DVD盘片能够存储4.7GB的数据,单面双层盘片的容量为8.5 GB。

6. 虚拟现实技术

虚拟现实技术(Virtual Reality,VR)是多媒体技术的高峰,也是当今计算机科学中最激动人心的研究领域。它是以沉浸性、交互性和构想性为基本特征的计算机高级人机界面。它综合利用了计算机软硬件技术、传感技术、仿真技术、多媒体技术、人工智能技术、网络技术、并行处理技术,模拟人的视觉、听觉、触觉等感觉器官功能,使人能够沉浸在计算机生成的虚拟境界中,并能够通过语言、手势等自然的方式与之进行实时交互,创建了一种拟人化的多维信息空间,具有广阔的应用前景。

1.3.2 多媒体应用技术

多媒体应用技术包括多媒体素材采集和处理、多媒体程序设计、人机界面设计、多媒体通信和虚拟现实技术等。

1. 多媒体素材采集和处理技术

在制作多媒体节目之前,首先需要对各种原始素材进行采集和处理。只有具备内容丰富、加工规范、效果精美的素材,才可能开发出优秀的多媒体节目。素材采集主要包括图像扫描(或数码照相机拍摄导入)、视频、音频信号的采集、压缩存储等。处理则指用专用工具软件对图像、音频和视频素材进行各种编辑处理,如图像修补、剪裁、缩放、特殊效果;声音和音乐的合成、淡入淡出等特效;视频的非线性编辑、数据格式转换等。

2. 多媒体程序设计技术

多媒体应用系统多采用面向对象的信息管理形式设计。面向对象技术是把要解决的问题按自然逻辑划分为若干"对象",对象中包含对象本身的数据类型和这一数据类型上的特定算法,程序设计的过程表现为设计对象和操作对象的过程。应用面向对象程序设计方法,使问题的逻辑结构简化,有利于编写程序,提高软件的可读性、可靠性和可维护性。特别适用于多媒体应用软件开发。

此外,多媒体程序设计中还使用对象链接技术(OLE技术)和超文本超媒体链接技术。OLE技术使各种不同的多媒体元素作为对象连接到多媒体应用软件中,既避免软件规模过大，同时又使编辑修改工作简单、灵活、方便，为多媒体应用软件开发提供了有力的支持。

3. 人机界面设计技术

良好的人机界面是实现人机交互操作的关键。设计时应按照多媒体作品的内容和特点，选择交互媒体的类型和交互方式，使用户操作、使用方便，以提高效率。

4. 网络通信技术

多媒体信息的特征之一是多维性，即包括多种不同类型的媒体。由于不同类型媒体信息在传输中有不同的技术要求，这给多媒体信息的传输提出了技术要求。如视频、音频数据的传输要求实时同步，延迟滞后时间短，但可以容忍小的数据错误；文本数据的传输内容必须准确无误，但传输时间可宽容等。多媒体网络通信技术就是充分考虑各种媒体的特点，解决数据传输中的所有问题。

1.4 多媒体技术的应用

多媒体技术具有多维性、集成性、交互性等特点，为计算机应用开辟了广阔的前景。多媒体技术集文字、声音、图像、视频、通信等技术于一体，采用计算机的数字记录和传输传送方式，对各种媒体进行处理，具有广阔的应用领域，它甚至可代替目前的各种家用电器，集计算机、电视机、录音机、录像机、VCD、DVD、电话机、传真机等为一体。目前多媒体技术已经广泛应用在以下领域中。

1.4.1 教育与培训

计算机辅助教学(Computer Assisted Instruction，CAI)是一种以学生为中心的新型教学模式，是对以教师为中心的传统教学模式的革命。在多媒体技术应用之前，CAI只能靠文字和简单图形来进行人机对话，没有声音、影像，界面单调，缺乏生动形象，限制了CAI优越性的发挥。

多媒体技术将声、文、图集成于一体，使传递的信息更丰富、更直观，这是一种合乎自然的交流环境和方式，人们在这种环境中通过多种感官来接受信息，加速了理解和接受知识信息的学习过程，并有助于接受者的联想和推理等思维活动。

将多媒体技术引入CAI中称为MMCAI(Multimedia Computer Assisted Instruction)，它是多媒体技术与CAI技术相结合的产物，是一种全新的现代化教学系统。随着多媒体技术的日益成熟，多媒体技术在教育与培训中的应用也越来越普遍，多媒体计算机辅助教学是当前国内外教育技术发展的新趋势。

多媒体作品通过对人体多感官的刺激，更能加深人们对新鲜事物的印象，取得更好的学习和训练效果。如幼儿语言学习、中小学生课程学习、知识性光盘、实用技术培训光盘等。

1.4.2 商业、企业形象设计

1. 企业形象设计

企业的形象对一个企业的成功起着不可估量的作用，现代化的知名企业十分重视形象设计，利用多媒体网站、多媒体光盘作为媒介，用生动的图、文、声并茂的多媒体课件，使客户了解企业的产品、服务、独特的文化等内容，树立良好的企业形象，促进企业产品的销售。

2. 商业应用

多媒体在商业上的应用具有非常广阔的前景,能够为企业带来丰厚的利润。

(1) 商业广告

利用多媒体技术制作商业广告是扩大销售范围的有效途径。

(2) 商场导购系统

利用多媒体商场购物导购系统,顾客可以用电子触摸屏向计算机咨询,不仅方便快捷,而且可以节省人力,降低企业成本。

(3) 观光旅游

多媒体给旅游业带来了耀眼的光彩。多媒体向人们展现世界各地的名胜古迹、自然风景、风土人情和娱乐设施,并详细介绍旅行、住宿、游览等旅游活动的安排。人们足不出户就可以领略美好的自然风光,了解各地的风土人情,增长知识。

(4) 多媒体网上购物系统

利用多媒体网络介绍自己的商品种类、价格、服务方式,同时还可以进行电子商务,人们通过网络,足不出户就可以选购到自己满意的商品。

(5) 效果图设计

在建筑装饰、家具和园林设计等行业,多媒体将设计方案变成完整的模型,让客户事先从各个角度观看和欣赏效果,根据客户的意见进行修改,直到效果满意后再行施工,可避免不必要的劳动和浪费。

1.4.3 文化娱乐

1. 娱乐游戏

娱乐游戏始终是多媒体技术应用的前沿。多媒体电子游戏以其真实质感的流畅动画、悦耳的声音,深受成人和儿童的喜爱。工作之余坐在计算机前激战、斗智斗勇,其乐融融,一切烦恼和压力都会抛到九霄云外。

2. 电子影集

电子影集将大量生活照片按时间顺序一一记录下来,配上优美的音乐和解说,存储在光盘中,为自己留下美好的回忆。用光盘可以长期保存电子影集数据,避免了普通彩色照片保存褪色的遗憾。

1.4.4 多媒体通信应用

利用先进的多媒体通信技术,使分布在不同地理位置的人们就有关问题进行实时对话和实时讨论。

1. 视听会议

多媒体视听会议使与会者不仅可以共享图像信息,还可共享已存储的数据、图形和图像、动画和声音文件。在网上的每一会场都可以通过窗口建立共享的工作空间,互相通报和传递各种信息,同时也可对接收的信息进行过滤,并可在会谈中动态地断开和恢复彼此的联系。电视会议已成为当今最流行的协同多媒体策略,节约大量财力,大大地提高了办公效率和劳动生产率。

2. 远程医疗

远程医疗应用是以多媒体为主体的综合医疗信息系统，医生远在千里之外就可以为病人看病。病人不仅可以接受医生的询问和诊断，还可以从计算机中及时得到处理方案。对于疑难病例，不同的专家还可以联合会诊。

1.4.5 智能办公与信息管理

1. 智能办公

采用先进的数字影像和多媒体技术，把文件扫描仪、图文传真机及文件处理系统综合到一起，以影像代替纸张，用计算机代替人工操作，组成全新的办公自动化系统。

2. 信息管理

将多媒体技术引入管理信息系统(MIS)，人们就可以管理多媒体信息了。其功能、效果和应用都在原 MIS 系统基础上有进一步提高。

信息咨询系统在引入多媒体技术后，使得人们查询信息更加方便快捷，所获得的信息更加生动、丰富。目前在饭店、旅游、交通等许多行业，这种多媒体信息咨询系统已得到广泛应用。

1.5 多媒体技术的发展

1.5.1 多媒体技术发展的特点

多媒体技术的飞速发展导致了计算机应用领域的一场革命，把信息社会推向了一个新的历史时期，使人类生活进入一个崭新的世界，对人类社会产生了深远的影响。多媒体技术的发展有以下几个特点。

1. 多学科交汇

多媒体技术的发展融合了计算机科学、微电子科学、声像技术、数字信号处理技术、网络与通信技术、人工智能等多门学科，而且有与其他学科高度融合的趋势。

2. 顺应信息时代发展的需要

现代人类文明的发展与进步，要求提供全方位的综合信息处理技术，提供信息表示和显示的全新工具。多媒体技术改善了人机之间的界面，使计算机应用更有效，更接近于人类习惯的信息交流方式。信息空间走向多维化，使人们思想的表达不再局限于顺序的、单调的、狭窄的范围，而有了一个充分自由的空间，多媒体技术为这种自由提供了多维化空间的交互能力，人与信息、人与系统、信息与系统之间的交互方法发生了变革，顺应了信息时代的需要，必将推动信息社会的进一步发展。

3. 多领域应用

多媒体技术已经在我们的生活中得到了广泛的应用，用多媒体计算机进行的家庭教育和个人娱乐已成时尚，多媒体应用逐渐进入千家万户，这一新兴的技术必然会在社会上崛起一支新兴的产业大军，多媒体技术必将渗入我们生活、工作的各个方面。

1.5.2 多媒体技术的发展方向

目前，多媒体技术主要向以下几个方向发展。

(1) 多媒体通信网络的研究和建立

多媒体通信网络的研究和建立将使多媒体从单机、单点向分布、协同多媒体环境发展，在世界范围内建立一个可全球自由交互的通信网。对该网络及其设备的研究和网上分布应用与信息服务研究将是热点。未来的多媒体通信将朝着不受时间、空间、通信对象等方面的任何约束和限制的方向发展，其目标是“任何人，在任何时刻，与任何地点的任何人，进行任何形式的通信”。人类将通过多媒体通信迅速获取大量信息，反过来又以最有效的方式为社会创造更大的社会效益。

(2) 智能处理

利用图像理解、语音识别、全文检索等技术，研究多媒体基于内容的处理，开发能进行基于内容处理的系统是多媒体信息管理的重要方向。

(3) 多媒体标准的规范

各类标准的研究建立将有利于产品规范化。以多媒体为核心的信息产业突破了单一行业的限制，涉及诸多行业，而多媒体系统集成特性对标准化提出了更高的要求，所以必须开展标准化研究，它是实现多媒体信息交换和大规模产业化的关键所在。

(4) 多学科交叉

多媒体技术与其他技术相结合，提供了完善的人机交互环境。同时多媒体技术将继续向其他领域扩展，并使其应用范围进一步扩大。多媒体仿真、智能多媒体等新技术层出不穷，扩大了原有技术领域的内涵，并不断创造出新的概念。

多媒体技术与外围技术构造的虚拟现实研究仍在继续进展。多媒体虚拟现实与可视化技术需要相互补充，并与语音、图像识别、智能接口等技术相结合，建立高层次虚拟现实系统。

目前多媒体技术正在向自动控制系统、人机交互系统、人工智能系统、仿真系统等技术领域渗透，所有具有人机界面的技术领域都离不开多媒体技术的支持。这些相关技术在发展过程中创造出许多新的概念，产生了许多新的观点，正在为人们所接受，并成为热点研究课题之一。

本章小结

本章主要讲述了多媒体技术的基础概念、多媒体的功能特点、产生的历史，并对多媒体元素的特性、多媒体系统的组成和分类、多媒体技术的主要技术、多媒体技术的应用及多媒体技术的发展特点和发展趋势作了介绍。多媒体技术涉及多学科的基础理论和技术，本章的一些内容还需在后续的学习中不断体会、加深理解。

思考题

1. 什么是媒体？什么是多媒体？什么是超链接？什么是超文本？什么是超媒体？
2. 多媒体计算机硬件系统包括哪些组成部分？
3. 多媒体软件系统主要包括哪些？
4. 多媒体技术主要应用在哪些方面？

5. 多媒体元素主要有哪些类型？
6. 多媒体技术的主要特点有哪些？
7. 多媒体技术包括哪些基础技术？
8. 多媒体技术的发展方向是什么？

第2章 多媒体技术基础

多媒体技术把声音处理技术、图像处理技术、视频处理技术有机地集成在一起，彻底改变了传统计算机处理单调文字、图形的人机界面，更加符合人们的日常交流习惯，更容易被人们接受，为更好地利用计算机，方便人们的工作、生活和学习创造了便利的条件。

本章将介绍多媒体技术中的三个关键处理技术，为掌握多媒体技术打下基础。

2.1 多媒体音频处理技术

音频是多媒体系统中使用较多的信息。音频可被输入或输出，在多媒体计算机系统中，处理音频信息的硬件是音频卡，又叫声音卡，简称声卡，是多媒体计算机系统不可缺少的重要组成部分。多数情况下声卡以插卡的形式安装在计算机主板的扩展槽上，或者与主板集成在一起。本节主要学习有关声卡及音频处理的相关技术。

2.1.1 声音与计算机音频处理

1. 声音

声音是人们表达思想和情感的重要媒体，通过声音人们传递语言、交流思想、表示信息，通过声音欣赏美妙的音乐，也可以通过声音来感知丰富多彩的大自然。那么声音是怎样产生的？人们又是怎样听到声音的呢？

自然界中，一切能发出声音的物体叫声源。声音就是由于声源的振动而产生的，由于声源的振动，借助于周围的空气介质，把这种振动以机械波的形式由近及远地传播，这样就形成了声波。声波传入人耳后，使耳膜产生振动，这种振动被传导到听觉神经，就产生了“声音”的感觉。

声源产生的声音是一种模拟信号，可以用波形来表示，声音波形可以近似看作逐渐衰减的正弦曲线。一个声音的模拟波形曲线包括三个基本要素：基线、周期和振幅。

基线是波形曲线中最高点和最低点之间的平均线；振幅即波形的最高点(或最低点)与基线间的距离，它表示了声音音量的大小；周期是波形中两个相邻波峰(或波谷)之间的距离，它表示完成一次振动过程所需要的时间，其大小体现了振动速度的快慢。从物理学中可以知道，频率是周期的倒数，周期越短，频率越高。频率的单位为赫兹(Hz)。

人的耳朵只能感觉到振动频率在20～20 000Hz之间的声波，超出此范围的振动波不能引起听觉器官的感觉。

2. 声音的计算机处理

人耳听到的声音是一种声波，计算机要处理这种声波，可以通过话筒把机械振动转变成相应的电信号，它是一种连续的模拟信号。而计算机只能处理数字信号，只有把这种模拟信号转换成数字信号，计算机才能够处理声音，这种转换就是模/数(Analog/Digital，A/D)转换，它是由模/数转换电路实现的。

声音经 A/D 转换后得到的数字声音信号交给计算机处理，处理后的数据经过数/模(D/A)转换电路，还原成模拟信号，再进行放大输出到喇叭或耳机，变成人耳能够听到的声音。

综上所述，声音(模拟信号)经过计算机处理并回放的过程是：声音信号经过模/数转换电路，将模拟信号转换成数字信号，经过计算机处理后，再经过数/模转换还原为声音。这一过程就是音频的数字化技术。音频的数字化转换技术是多媒体声音处理技术中最基本也是最主要的技术。

模拟信号到数字信号的转换过程包括采样、量化及编码三个步骤。声音信号的数字化处理过程如图 2.1 所示。

图 2.1　声音信号的数字化过程

经过数字化处理后的数字信息就能够像文字和图形信息一样进行存储、编辑及处理了。声音的数字化曲线如图 2.2 所示。

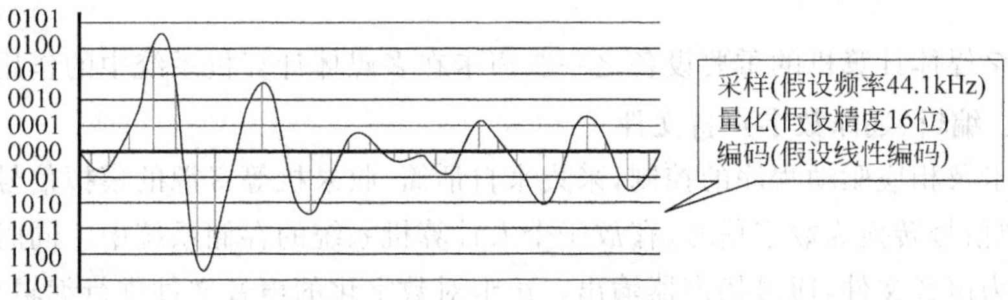

图 2.2　声音信号数字化曲线

(1) 采样

在声音信号数字化过程中，最重要的就是采样，那么采样是如何进行的呢？采样的过程就是每隔一段相同的时间间隔读取一次声音波形的振幅，将读取的时间和波形的振幅记录下来。这样记录的数据便不是连续的了，同时振幅的取值也不是连续的。单位时间抽样的次数称为采样频率。频率越高，所得到的离散幅值的数据点就越接近于连续的音频信号，同时采样所得到的数据量也越大。

按照奈奎斯特(Harry Nyquist)采样定律，采样频率高于输入信号中最高频率的两倍，就可以从采样信号中重构原始信号。人的耳朵能听到的声音范围为 20Hz～20kHz，因此采用 40kHz 以上的采样频率就可以听到高保真的声音效果了。多媒体系统中常用的采样频率为 44.1kHz、22.05kHz 及 11.025kHz。

(2) 量化

采样所得到的数据是一定的离散值，将这些离散值用若干二进制的位来表示，这一过程称为量化。

离散化的数据经量化变成二进制表示一般会损失一些精度，这主要是因为计算机只能表示有限的数值。例如用 8 位二进制表示十进制整数，只能表示出 2^8 个等级，也就是 256

个量化级。如果用16位二进制数,则具有2^{16}(65 536)个量化级。量化级对应的二进制位数称为量化位数,也称为"量化精度"。虽然量化位数越多,量化精度就越高,对原始波形的模拟越细腻,声音的音质就越好,但数据量也越大。16位精度比8位精度的声音质量好,但数据量将增大一倍。一般来说,讲话内容以8位,11.025 kHz的频率采样,所得的音质可与调幅广播的音质相媲美。

(3) 编码

采样量化后的二进制音频数据还要按一定的规则进行组织,以利于计算机处理,这就是编码。最简单的编码方案是直接用二进制的补码表示,也称为脉冲编码调制(Pulse Code Modulation,PCM)。关于编码的理论知识和编码方法将在第3章介绍,此处不再详述。

在声音信号中还有一个重要的指标——声道数。它表示在采集声音波形时是产生一个还是两个波形,一个波形为单声道,两个波形为双声道,即立体声。立体声听起来要比单声道丰满圆润,但数据量要增加一倍。

计算机要完成模拟信号和数字信号的相互转化,就必须增加相应的转换电路设备,这就是声卡。声卡是一块可以插在计算机主板上的电路板。

2.1.2 声卡的功能

声卡是多媒体计算机的重要设备之一。声卡在多媒体计算机系统中的作用如下。

1. 采集、编辑、还原数字声音文件

通过声卡及相应驱动程序的控制,采集来自话筒、收录机等音源的模拟信号,经过数、模转换器,模拟信号转换为数字信号,存放于个人计算机系统的存储系统中。同时可以将数字化信息还原为声音文件,通过扬声器输出。声卡对数字化的声音文件进行编辑加工,以达到某一特殊效果。通过控制音源的音量,对各种音源进行混合完成混响器的功能。

2. 压缩音频信号

音频压缩技术指的是对原始数字音频信号流(PCM编码)运用适当的数字信号处理技术,在不损失有用信息,或所引入损失可忽略的条件下降低(压缩)其码率,也称为压缩编码。声卡在采集数据信号的同时对数字化声音信号进行压缩,以便存储;播放时,对压缩的数字化声音文件进行解压缩。

3. 语音合成

通过声卡朗读文件信息(如读英文单词或句子),完成信息的输出。语音合成是通过机械的、电子的方法产生人造语音的技术。它是将计算机自己产生的,或外部输入的文字信息转变为可以听得懂的、流利的语音输出的技术。

4. 语音识别

语音识别技术所涉及的领域包括信号处理、模式识别、概率论和信息论、发声机理和听觉机理、人工智能等。语音识别是一门交叉学科。近二十年来,语音识别技术取得显著进步,开始从实验室走向市场。近几年语音识别技术已进入工业、家电、通信、汽车电子、医疗、家庭服务、消费电子产品等各个领域。通过声卡识别操作者的声音实现人机对话,完成信息的输入。

5. 提供 MIDI 功能

使计算机可以控制多台具有 MIDI 接口的电子乐器。同时在驱动程序的控制下，声卡将以 MIDI 格式存放的文件输出到相应的电子乐器中，发出相应的声音。

2.1.3 声卡的组成

声卡由声音处理芯片、功率放大器、总线连接端口、输入输出端口、MIDI 及游戏杆接口(共用一个)、CD 音频连接器等构成。

1. 声音处理芯片

声音处理芯片通常是声卡中最大的一块集成电路。声音处理芯片决定了声卡的性能和档次，其基本功能包括采样和回放控制、处理 MIDI 指令等，有的还有混响、合声等功能。

2. 功率放大芯片

从声音处理芯片出来的信号不能直接驱动喇叭，功率放大芯片(简称功放)将信号放大以实现这一功能。

3. 总线接口

声卡插入到计算机主板上的接口称为总线连接端口，它是声卡与计算机交换信息的桥梁。根据总线接口类型可把声卡分为 PCI 声卡和 ISA 声卡。目前市场多为 PCI 声卡。

4. 输入输出端口

在声卡与主机箱连接的一侧有 3～4 个插孔，声卡与外部设备的连接通常包括 Speaker、Line In、Line Out、Mic 等接口。

① Speaker：连接外部音箱或耳机，将信息输出。

② Line In：连接外部音响设备的 Line Out 端，向声卡输入信息。

③ Line Out ：连接外部音响设备的 Line In 端，从声卡输出信息。

④ Mic：用于连接话筒，可录制解说或者通过其他软件(如汉王、天音话王等)实现语音录入和识别。

上述 4 种端口传输的是模拟信号，如果要连接高档的数字音响设备，需要有数字信号输出、输入端口。高档声卡能够实现数字声音信号的输入、输出功能，输出端口的外形和设置随厂家不同而异。

2.1.4 声音的压缩与合成

1. 声音压缩

(1) 声音文件压缩的必要性

声音信号数据化处理后得到的数据量可用下式来计算。

数据量＝采样频率×采样精度/8×通道个数×时间(秒)(单位：字节)。

例如，一段一分钟双声道、采样频率 44.1kHz、采样精度 16 位的声音数字化后不压缩，数据量为 44.1×1000×2×16/8×60≈10.1MB。表 2.1 列出了一分钟立体声，不同采样频率及采样精度的声音文件的数据量及使用范围。

表 2.1　一分钟声音文件的数据量一览表

采样频率(kHz)	采样精度(位)	存储容量(MB)	音质及应用范围
44.1	16	10.1	相当于 CD 音质,质量很高
22.05	16	5.05	相当于 FM 音质,可用于伴音、音效
	8	2.52	
11.025	16	2.52	相当于 AM 音质,可用于解说、伴音
	8	1.26	

由此可见,未经压缩的数字音频的数据量相当大,因此对声音文件进行压缩处理是十分必要的。

(2) 数据压缩的分类

数据压缩就是采用一定的算法将数据尽可能减少的处理,其实质就是查找和消除信息的冗余量。被压缩的对象是原始数据,压缩后得到的数据是压缩数据,二者容量之比为压缩比,对应压缩的逆处理就是解压缩。

① 无损压缩。压缩后信息没有损失的压缩方法,用于要求重构的信号与原始信号完全一致的情况。无损压缩方法可以把数据压缩到原来的 1/2 或 1/4,即压缩比为 2∶1 或 4∶1。其基本方法是将相同的或相似的数据归类,使用较少的数据量来描述原始数据,达到减少数据量的目的。一般用于磁盘文件的压缩。常用的无损压缩方法有 Haffman、Lempei-Eiv 法。

② 有损压缩。压缩后的信息有一些损失的压缩方法,用于重构的信号不一定非得要与原始信号完全相同的场合。这种压缩采取在压缩的过程中丢掉某些不致对原始数据产生误解的信息,它是有针对性地化简一些不重要的数据,从而加大压缩力度,大大提高压缩比。

有损压缩包括 ADPCM(Adaptive Differential Pulse Code Modulation,自适应差值脉冲编码调制算法)、MPEG(Moving Pictures Experts Group,动态图像专家组)等算法。

压缩算法往往涉及许多较复杂的数学理论,这里只介绍压缩的基本思想,具体压缩算法在第 3 章介绍。

2. 声音合成

在计算机中对声音信号处理时会产生大量的数据量,在数据传输时还必须考虑传输速度问题,为了达到使用少量的数据来记录音乐的目的,产生了合成音效技术。目前常用的有调频合成(Frepuency Modulation,FM)和波表合成(Wave Table,WT)两种方式。

(1) FM 合成

FM 合成音乐的方法是利用硬件电子电路产生具有一定基频的正弦波,通过频率的高低控制音高,通过波形的幅度去控制响度,时值的控制由信号的持续时间来确定。利用处理谐波可以改变增益、衰减等参数,这样便可创造出不同音色的音乐。

FM 合成方法的成本较低,但由于很难找出模拟真实乐器的完美谐波的组合,合成出来的乐器声音与真实乐器的声音相比较还有一定的差距。FM 合成的声音比较单调,缺乏真实乐器的饱满度和力度的变化,真实感较差。

(2) 波表合成

波表合成是为了改进 FM 合成技术的缺点而发展起来的。其原理是将乐器发出的声音采样后,将数字音频信号事先存放于 ROM 芯片或硬盘中构成波形表。存储于 ROM 中的采样样本通常称为硬波表，存储于硬盘中的称为波表。当进行合成时，再将波表中相应乐器的波形记录播放出来。因此所发出的声音比较逼真，但各波形文件也需要大量的存储空间来记录真实乐音，因此一般同时要采用数据压缩技术。

目前许多带波表合成的声卡上都有处理芯片及存储器等部件，配备了音乐创作和演奏软件，提供FM音乐文件，并可利用文字编辑器写成类似简谱格式的文件，然后生成FM音乐文件。因此，波表合成声卡价格比一般声卡价格高。

2.1.5 声音文件格式与特点

在对声音进行处理的过程中，不同的压缩与编码方法将生成不同格式的声音文件。声音的文件格式多种多样，常见的主要有以下几种。

1. WAV格式

WAV格式也称为波形文件，是常见的声音文件之一。WAV是微软公司专门为Windows开发的一种标准数字音频文件，该文件能记录各种单声道或立体声的声音信息，并能保证声音不失真。它把声音的各种变化信息(频率、振幅、相位等)逐一转成0和1的电信号记录下来，其记录的信息量相当大，具体大小与记录的声音质量高低有关。WAV文件有一个致命的缺点，就是它所占用的磁盘空间太大，因此常用于配备解说及短时间的声音。

2. MP3格式

MP3格式是目前最流行的音乐文件，采用MPEG2 Layer 3标准对WAVE音频文件进行压缩而成，其特点是能以较小的比特率、较大的压缩率达到近乎完美的CD音质(其压缩率可达12∶1左右，每分钟CD音乐大约只需要1 MB的磁盘空间)。正是基于这些优点，可先将CD上的音轨以WAV文件的形式抓取到硬盘上，然后再将WAV文件压缩成MP3文件，这样既可以从容欣赏音乐，又可以减少光驱磨损。

3. WMA格式

WMA(Windows Media Audio)格式是微软公司推出的与MP3格式齐名的一种新的音频格式。WMA格式文件在压缩比和音质方面都超过了MP3，更是远胜于RA(Real Audio)，即使在较低的采样频率下也能产生较好的音质。同样的声音文件在音质不变的情况下，WMA格式文件的体积是MP3的1/2甚至1/3，非常适用于网络传输。

4. MIDI格式

MIDI(Musical Instrument Digital Interface，乐器数字接口)是由世界上主要电子乐器制造厂商建立起来的一个通信标准，用以规范计算机音乐程序及电子合成器和其他电子设备之间交换信息与控制信号的方法。

MIDI文件并没有记录任何声音信息，而只是记载了用于描述乐曲演奏过程中的一系列指令，这些指令包含了音高、音长、通道号等主要信息，并以扩展名为.MID的文件格式存储起来。在播放时对这些记录进行合成，因而占用的磁盘空间非常小，但其效果相对来说要差一些。MID文件只适合于记录乐曲，不适合对歌曲进行处理。

5. Real Audio

Real Audio(即时播音系统)是Progressive Networks公司开发的一种新型流式音频(Streaming Audio)文件格式。RealAudio主要适用于网络上的在线播放。常用的RealAudio文件格式主要有RA、RM(RealMedia，RealAudio G2)和RMX(RealAudio

Secured)三种,这些文件的共性在于随着网络带宽的不同而改变声音的质量,在保证大多数人听到流畅声音的前提下,令带宽较宽敞的听众获得较好的音质。

其他声音文件格式还有很多,此处不再详述。

2.2 多媒体图像处理技术

图形和图像是人们非常乐于接受的信息载体,是多媒体技术的重要组成部分。一幅图画可以形象生动地表示大量的信息,具有文本和声音所无法比拟的优点。因此了解图形图像处理相关知识是非常必要的。

2.2.1 图形和图像

在计算机领域,图形(Graphics)和图像(Picture 或 Image)是两个不同的概念。

1. 图形

图形又称为矢量图形,是计算机根据数学模型计算而生成的几何图形,如直线、圆、矩形、任意曲线和图表等。图形是由点、线、二维或三维图片构成的,构成图形的点、线和面由坐标及相关参数生成,如用 Illustrator、CorelDraw 等绘制的图形。图形的优点是可以不失真缩放、占用存储空间小。但矢量图形仅能表现对象结构,表现对象质感方面的能力较弱。

2. 图像

图像是指由输入设备捕获的实际场景画面或以数字化形式存储的自然画面,是真实物体重现的影像。计算机对图片逐行、逐列进行采样(取样点),并用光点(称为像素点)表示并存储,即为数字图像,又称为位图(Bitmap)或点阵图。

图像主要用于表现自然景色、人物等,能表现对象的颜色细节和质感。具有形象、直观、信息量大的优点。但图像文件的数据量很大,存储一幅大小为 640×480、24 位真彩色的 BMP 格式图像约需 900KB 存储空间。所以需要对图像数据进行压缩,即利用视觉特征去除人眼不敏感的冗余数据。目前最为流行、且压缩效果好的位图压缩格式为 JPEG,其压缩比高达 30∶1 以上,而且图像失真较小。

图形和图像的共同特点是二者都是静态的,和时序无关。它们之间的差别是:图形是用一组命令通过数学计算生成的,这些命令用来描述画面的直线、圆、曲线等的形状、位置、颜色等各种属性和参数;而图像是通过画面上的每一个像素的亮度或颜色来形成画面的。图形可以容易地分解成不同成分单元,分解后的成分间有明显的界限;而要将图像分解成不同的成分则较难,各个成分间的分界往往有模糊之处,有些区间很难区分该属于哪个成分,它们彼此平滑地连接在一起。

当图形很复杂时,计算机需要花费很长时间去执行绘图指令。此外,矢量图也很难描述一幅真实世界的彩色场景,因此自然景物适合用位图表示。

矢量图与位图相比,显示位图比显示矢量图要快。矢量图和位图之间可以用软件进行转换,由矢量图转换成位图采用光栅化(Rasterizing)技术,这种转换相对要容易一些;由位图转换成矢量图用跟踪(Tracing)技术,这种技术在理论上说比较容易,但在实际中很难实现,尤其对复杂的彩色图像更是如此。

2.2.2 图像的文件格式

多媒体计算机中,可以通过扫描仪、数字化仪或者光盘上的图像文件等多种方式获取图像,每种获取方法又是由不同的软件开发商研制开发的,因而就出现了多种不同格式的图像文件。常见的图形图像文件格式有以下 9 种。

1. GIF 格式

GIF(Graphics Interchange Format)是美国 Compu Serve 公司制定的格式,分为静态 GIF 和动态 GIF 两种,支持透明背景图像,适用于多种操作系统,"体型"很小,适合在 Web 中使用,是 Internet 上重要文件格式之一,支持 64 000 像素的图像。

2. BMP 格式

BMP(Bitmap)是一种与设备无关的图像文件格式,它是和微软 Windows 操作系统绑定在一起的一种位图图像格式,Windows 软件的画图程序生成的图像信息默认以该格式存储。最大优点是能被大多数软件"接受",所以又称为"通用格式"。其文件分为三部分:文件头、信息头和图像数据。文件头用来说明文件类型、实际图像数据长度和起始位置、分辨率等,信息头是彩色映射。

3. PCX 格式

PCX 格式是 ZSOFT 公司在开发图像处理软件 Paintbrush 时开发的一种格式,基于 PC 的绘图程序的专用格式,一般的桌面排版、图形艺术和视频捕获软件都支持这种格式。PCX 支持 256 色调色板或全 24 位的 RGB,图像大小最多达 64K×64K 像素。不支持 CMYK 或 HSI 颜色模式,Photoshop 等多种图像处理软件均支持 PCX 格式。PCX 压缩属于无损压缩。

4. TIFF 格式

TIFF(Tagged Image File Format,也缩写成 TIF)是由原 Aldus 和微软公司合作开发的用于扫描仪和桌面出版系统的文件格式,称为标记图像文件格式。有压缩和不压缩两种格式,以其灵活而获得青睐,多数应用程序都支持这种格式。

5. JPG 格式

JPEG(Joint Photographic Expert Group)是由静态图像专家组制定的图像标准,其目的是解决专业摄影人员高质量图片的存放问题。JPEG 文件的扩展名为 JPG,其最大特点是采用 JPEG 方法压缩而成,其压缩比高,并可在压缩比和图像质量之间平衡,用最经济的存储空间得到较好的图像质量。文件非常小,而且可以调整压缩比,用 JPG 格式存储的文件大小是其他格式的 1/20～1/10,一般文件大小只有几十千字节或一二百千字节,而色彩数可达到 24 位,图像质量与照片没有多大差别。所以它被广泛运用于 Web 上。

6. PSD 格式

PSD 格式是图像处理软件 Photoshop 专用的图像文件格式,文件一般比较大。

7. PCD 格式

PCD 格式是 PhotoCD 专用的存储格式,一般应用在 CD-ROM 上。PCD 文件中含有从专业摄影照片到普通显示用的多种分辨率的图像,所以文件都非常大。但是 PhotoCD 的应用非常广,现在的图像处理软件基本上都可以读取 PCD 文件或将其转换成其他格式图像文件。

8. EPS格式

EPS(Encapsulated PostScript)是 Adobe System 公司的 PostScript 页面描述语言的产物,它是用来表示矢量图形的 PostScript 语言。由于桌面出版领域多使用 PostScript 打印输出,因此无论是 Windows 还是 Macintosh 平台,几乎所有的图像、排版软件都支持 EPS 格式。

9. WMF格式

WMF(Windows MetaFile)是一种比较特殊的文件格式,可以说是位图和矢量图的一种混合体,在桌面出版领域应用十分广泛,许多 ClipArts 图像就是以这种格式存储的。

除上述标准格式外,多数图像软件还支持其他格式文件的输入输出,有的系统还有自己的图像文件格式。表 2.2 列出了在 PC 上的一些其他常用图像文件格式。

表 2.2 其他常见图像文件格式

扩展名	文件简要描述
AI	矢量格式,是 Adobe Illustrator 文件格式
CDR	矢量格式,是 CorelDraw 的标准文件格式
CPT	矢量格式/位图格式,是 CorelPhoto-Paint 的文件格式
DXF	矢量格式,AutoCAD 的绘图交换文件格式
3DS	矢量格式,为 3D Stdio 的动画原始图形文件格式
FIF	位图格式,分形图像文件格式,使用分形方法进行压缩
DRW	矢量格式,一种绘图文件格式
WPG	矢量格式/位图格式,是 WordPerfect 使用的图形文件格式

2.2.3 图像的获取方法

计算机获取图像的方法常用的有以下几种。

1. 用图形图像处理软件制作

利用 Paint Brush、Photoshop、CorelDraw 等图形图像软件去创作所需要的图片,这些软件都具有大致相同的功能,能用鼠标(或数字化仪)描绘各种形状的图形,并可填色、填图案、变形、剪切、粘贴等,也可标注各种文字符号。用这种方法可以很方便地生成一些小型简单的画面,如图案、标志等,设计修改都很方便,成本较低。

2. 用工具软件获取图像

获取图像的工具软件很多,常见的有 SnagIt、Hapersnag 等。SnagIt 是一款非常著名的优秀屏幕、文本和视频捕获、编辑与转换软件。可以捕获 Windows 屏幕、DOS 屏幕;RM 电影、游戏画面;菜单、窗口、客户区窗口、最后一个激活的窗口或用鼠标定义的区域。捕获视频只能保存为 AVI 格式,文本只能够在一定的区域进行捕捉,图像可保存为 BMP、PCX、TIF、GIF、PNG 或 JPEG 格式,使用 JPEG 可以指定所需的压缩级(1%~99%)。可以选择是否包括光标,添加水印。另外还具有自动缩放、颜色减少、单色转换、抖动,以及转换为灰度级。

此外,SnagIt 在保存屏幕捕获的图像之前还可以用其自带的编辑器编辑;也可选择自动将其送至 SnagIt 虚拟打印机或 Windows 剪贴板中,或直接用 E-mail 发送。

SnagIt 具有将显示在 Windows 桌面上的文本块直接转换为机器可读文本的独特能力,

有些类似某些 OCR 软件，这一功能甚至无需剪切和粘贴。还能嵌入 Word、PowerPoint 和 IE 浏览器中。

3. 图像扫描

图像扫描仪主要应用在图纸之类平面图像采集的场合，根据其外形和产生图像的方式通常将其分为手持式、平板式和滚筒式三种类型，根据其对颜色的辨别能力又分为单色、灰度和彩色三种。

滚筒式扫描仪多用于输入较大尺寸的图像。平板式扫描仪带有感应窗的自动移动装置，只需将扫描对象平放在扫描面板上即可，是投资较低并能获得较高质量图像的较理想的选择。手持式扫描仪造价低廉，可直接对书本杂志上的图像进行扫描，而不必将图像裁剪下来，因而在 MPC 中使用较多。

4. 数字摄像输入

利用电视摄像机或数字式照相机，可把照片、艺术作品甚至实际场景输入计算机来产生一幅幅数字图像。这种方式与普通照相机、录像机相比，省去了胶片及冲洗过程，可以直接将采集的数字图像信息保存在内部存储器中。

摄像机与扫描仪的差别是：扫描仪只能输入平面的图像，而摄像机可以捕获三维空间的景物，即使是输入平面的图像，速度也比扫描仪快。扫描仪只能输入静止的图像，而摄像机既可输入静止图像，也能输入活动图像。

5. 视频抓帧

打开“超级解霸”播放器，播放 VCD 光盘；如果播放到某一精彩画面，立即按下暂停键，让画面静止；然后再单击有照相机外形的按钮，出现一个对话框，提示将此时的图像画面存盘；最后在对话框中输入存储文件名及存盘路径，单击 OK 按钮即可将这一精彩镜头抓取存盘，此图像文件以后就可以随时调用。

6. 从图片库中获取

现有的图片大多都以光盘形式保存，收集了世界上各地著名摄影师所拍摄的各类图片，包括自然风光、花鸟鱼虫、风土人情、城市景观、边框水纹、装饰按钮等，可以根据不同场合选择使用。

7. 从网络下载

现在因特网已经普及，网络图像资源十分丰富，各种类型的图像可以通过网络下载获取。

除去以上获取图片的方法外，还可以使用键盘上的 Print Screen 键截取显示器上的静止图像；通过 Alt＋Print Screen 键截取当前活动窗口。截取后的图像存放在系统的粘贴板上，通过在应用程序中粘贴操作，将截取的内容展现在程序文件中。

2.3 图像的数字化

2.3.1 图像技术基础

1. 色彩基础

在太阳光线照射下，人们会看到万紫千红的大千世界，呈现出一幅幅美丽的画卷。在不同的光线照射下,同一种景物具有各种不同的颜色,这是由于物体的表面具有不同的吸收光线与反射光线的能力,反射光不同,眼睛就会看到不同的色彩,因此色彩的发生是光对人的视觉和大脑发生作用的结果,是一种视知觉。由此看来,需要经过光—眼—神经的过程才能见到色彩。色彩是光的产物,没有光便没有色彩感觉,色彩的形成和光有最密切的关系—光是色之母,色是光之子,无光也就是无色。

(1) 光

光进入视觉通过以下三种形式。

① 光源光:光源发出的色光直接进入视觉,像霓虹灯、饰灯、烛灯等的光线都可以直接进入视觉。

② 透射光:光源光穿过透明或半透明物体后再进入视觉的光线称为透射光,透射光的亮度和颜色取决于入射光穿过被透射物体之后所达到的光透射率及波长特征。

③ 反射光:反射光是光进入眼睛的最普遍的形式,在有光线照射的情况下,眼睛能看到的任何物体都是该物体的反射光进入视觉所致。

(2) 三原色

三原色通常分为两类,一类是色光三原色,另一类是颜料三原色,但在美术上又把红、黄、蓝定义为色彩三原色。但是美术实践证明,品红加少量黄可以调出大红(红=M100+Y100),而大红却无法调出品红;青加少量品红可以得到蓝(蓝=C100+M100),而蓝加绿得到的却是不鲜艳的青;用黄、品红、青三色能调配出更多的颜色,而且纯正并鲜艳;用青加黄调出的绿(绿=Y100+C100)比蓝加黄调出的绿更加纯正与鲜艳,而后者调出的却较为灰暗;品红加青调出的紫是很纯正的(紫=C20+M80),而大红加蓝只能得到灰紫等。此外,从调配其他颜色的情况来看,都是以黄、品红、青为其原色,色彩更为丰富、色光更为纯正而鲜艳。

综上所述,无论是从原色的定义出发,还是以实际应用的结果验证,都足以说明把黄(柠檬黄)、品红、青(湖蓝)称为三原色,较红、绿、蓝为三原色更为恰当。

① 间色:是指两个不同的原色相混合所产生的另一个色,故称为第二次色,也称为间色。间色是指橙、绿、紫。

② 固有色:从视觉感觉的概念出发,人们习惯于把白色阳光下物体呈现的色彩效果称为"固有色"。例如绿色的草原、金黄色的麦浪、红色的旗帜等。

③ 环境色:指一个物体的周围物体所反射的光色,它体现在距离较近的物与物之间或某种大范围内所形成的某种色彩环境。

(3) 色彩三要素

视觉所感知的一切色彩形象都具有明度、色相和纯度三种性质,这三种性质是色彩最基本的构成元素。

① 明度(Value,V)。色彩的明暗强度就是所谓的明度,明度高是指色彩较明亮,而相对的明度低就是色彩较灰暗。

计算明度的基准是灰度测试卡。黑色为0,白色为10,在0～10之间等间隔地排列9个阶段。色彩可以分为有彩色和无彩色,但后者仍然存在着明度。作为有彩色,每种色各自的亮度、暗度在灰度测试卡上都具有相应的位置值。彩度高的色对明度有很大的影响,不太容易辨别。在明亮的地方鉴别色的明度比较容易,在暗的地方就难以鉴别。

② 色相，即色名(Hue，H)，是区分色彩的名称，也就是色彩的名字。

色彩是由于物体上的物理性的光反射到人眼视神经上所产生的感觉。色的不同是由光的波长的长短差别所决定的。作为色相，指的是这些不同波长的色的情况。波长最长的是红色，最短的是紫色。把红、橙、黄、绿、蓝、紫和处在它们各自之间的红橙、黄橙、黄绿、蓝绿、蓝紫、红紫这6种中间色——共计12种色作为色相环，如图2.3所示。在色相环上排列的色是纯度高的色，被称为纯色。这些色在环上的位置是根据视觉和感觉的相等间隔进行安排的。在色相环上，与环中心对称，并在180°的位置两端的色被称为互补色。

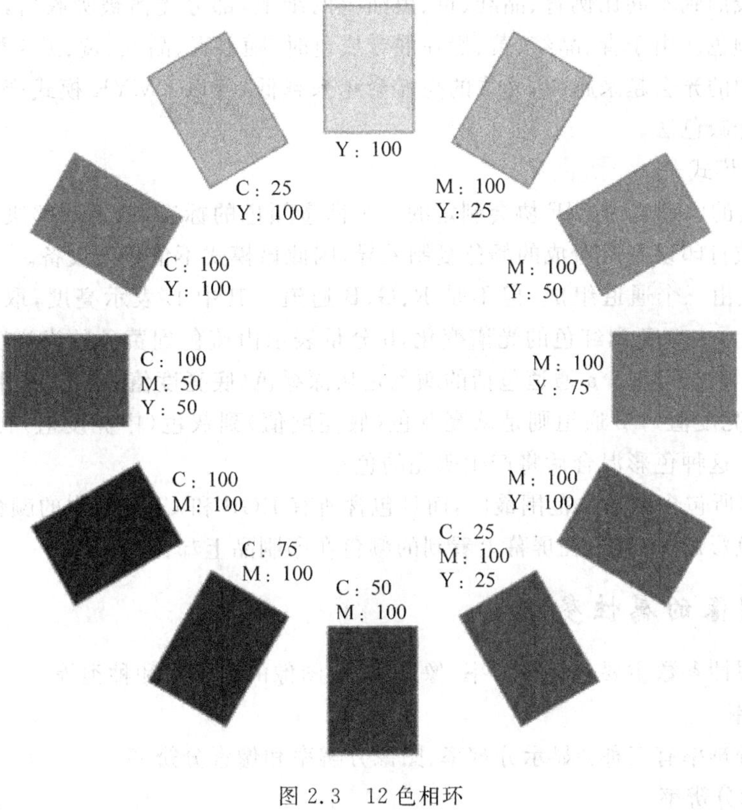

图2.3　12色相环

③ 纯度，也称为彩度(Chroma，C)。用数值表示色的鲜艳或鲜明的程度称为彩度。有彩色的各种色都具有彩度值，无彩色的色的彩度值为0。对于有彩色的色的彩度(纯度)的高低，区别方法是根据这种色中含灰色的程度来计算。彩度由于色相的不同而不同，而且即使是相同的色相，因为明度的不同，彩度也会随之变化。

2. 色彩模式

计算机是通过数字化方式定义颜色特性的，通过不同的色彩模式显示图像，比较常用的色彩模式有RGB模式(R—红色、G—绿色、B—蓝色)、CMYK模式(C—青色、M—品红色、Y—黄色、K—黑色)、Lab模式、Crayscale灰度模式、Bitmap(位图)模式。

(1) RGB模式

RGB模式是基于自然界中三种基色光的混合原理，将红(R)、绿(G)、蓝(B)三种基色按照0(黑色)～255(白色)的亮度值在每个色阶中分配，从而指定其色彩。当不同亮度的基色混合后，便会产生出256×256×256种颜色，约为1670万种。例如，一种明亮的红色，其各项数值可能是 R=246、G=20、B=50。当三种基色的亮度值相等时,产生灰色;当三种亮度值都为 255 时,产生纯白色;当三种基色亮度值都为 0 时,产生纯黑色。三种色光混合生成的颜色一般比原来的颜色亮度值高,所以 RGB 模式又被称为色光加色法。

(2) CMYK 模式

CMYK 模式是一种印刷模式,其中 4 个字母分别指青(Cyan)、品红(Megenta)、黄(Yellow)、黑(Black),在印刷中代表 4 种颜色的油墨。CMYK 模式和 RGB 模式是使用不同的色彩原理进行定义的。在 RGB 模式中由光源发出的色光混合生成颜色,而在 CMYK 模式中由光线照到不同比例青、品红、黄、黑油墨的纸上,部分光谱被吸收后,反射到人眼中的光产生的颜色。由于青、品红、黄、黑在混合成色时,随着青、品红、黄、黑 4 种成分的增多,反射到人眼中的光会越来越少,光线的亮度会越来越低,所以 CMYK 模式产生颜色的方法又被称为色光减色法。

(3) Lab 模式

Lab 模式的原型是由 CIE 协会制定的一个衡量颜色的标准,此模式解决了由于使用不同的显示器或打印设备所造成的颜色复制差异,因此该模式不依赖于设备。

Lab 模式由三个通道组成,但不是 R、G、B 通道。其中 L 表示亮度,取值范围为 0~100,a 分量表示由绿色到红色的光谱变化,b 分量表示由蓝色到黄色的光谱变化,a 和 b 的取值范围是-120~120。a 通道包括的颜色是从深绿色(底亮度值)到灰色(中亮度值)再到亮粉红色(高亮度值);b 通道则是从亮蓝色(底亮度值)到灰色(中亮度值)再到黄色(高亮度值)。因此,这种色彩混合后将产生明亮的色彩。

Lab 模式所包含的颜色范围最广,而且包含所有 RGB 和 CMYK 中的颜色。CMYK 模式所包括的色彩最少,有些在屏幕上看到的颜色在印刷品上却无法实现。

2.3.2 图像的属性参数

图像的属性参数主要包含分辨率、像素深度、图像的表示法和种类等。

1. 分辨率

常见的分辨率有三种:显示分辨率、图像分辨率和像素分辨率。

(1) 显示分辨率

显示分辨率又称为屏幕分辨率,是指显示屏幕上能够显示出的像素数目,具体与显示模式有关。例如,标准 VGA 图形卡的最高屏幕分辨率为 640×480 像素,整个显示屏就含有 307 200 个像素点。同样大小屏幕能够显示的像素越多,分辨率就越高,显示的图像质量越高。

(2) 图像分辨率

图像分辨率是指组成一幅图像的像素密度,即数字化图像的大小,以水平和垂直的像素点数来表示。同一幅图,如果组成该图的图像像素数目越多,则说明图像的分辨率越高,看起来就越逼真;相反,图像就显得粗糙。图像分辨率实际上决定了图像的显示质量。

在用扫描仪扫描彩色图像时,通常要指定图像扫描的分辨率,也称为扫描分辨率,用每英寸像素点的数目来表示,即 DPI(Dots Per Inch)。扫描分辨率可以用来间接地描述图像分辨率。例如,用 300DPI 来扫描一幅 8″×10″的彩色图像,就得到一幅 2400×3000 个像素的图像。

图像分辨率与显示分辨率是两个不同的概念。图像分辨率是确定组成一幅图像的像素数目,而显示分辨率是确定显示图像的区域大小。如果显示器的分辨率为 640×480,那么一幅 320×240 的图像只占显示屏的 1/4；相反，2400×3000 的图像在这个显示屏上就不能显示一个完整的画面，只能通过滚动的方式浏览全部图像内容。另外，图像的质量与显示分辨率没有直接联系，也就是说，即使提高了显示分辨率，也无法真正改善图像的质量。

(3) 像素分辨率

像素分辨率是指一个像素的宽和高之比，通常为 1∶1，不同的像素宽高比将导致图像变形，因此在这种情况下必须进行比例调整。

(4) 打印分辨率

打印分辨率表示一台打印机输出图像的技术指标，由打印头每英寸输出的点数决定，单位是 DPI，高清晰度的打印分辨率一般在 600DPI 以上。

2. 色彩深度

色彩深度是指存储每个像素所用的二进制位(bit)数，用来度量图像的颜色数，也叫色像素深度。色彩深度决定了彩色图像的每个像素可能有的颜色数，或者确定灰度图像的每个像素可能有的灰度级数。

位图中每个像素点的色彩深度可分为 2 色、16 色、256 色或 16 位、24 位、32 位真彩色等格式。色彩深度为 1 的图像只能有两种颜色(黑色和白色)，通常称为单色图像；深度为 4 的图像可以有 16 种颜色(2^4)；深度为 8 的图像可表示 256 种颜色(2^8)。

3. 图像数据量

一幅位图图像在计算机中所需的存储空间也叫图像数据量，可用下式计算：

图像文件的数据量＝位图高度(像素数)×位图宽度(像素数)×色彩深度(位)/8

例如，一幅分辨率为 640×480 的 256 色原始图像(未经压缩)的数据量为(640 像素×480 像素×8 位)/8＝307 200(Byte)。

图像的每个像素都是用 R(Red)、G(Green)、B(Blue)三个分量表示的，即每个像素是由红、绿、蓝三种颜色按一定的比例混合而得到的，若每个分量用 8 位，那么一个像素共用 24 位表示，就说像素的深度为 24，每个像素可以是 2^{24}＝16 777 216(16M)种颜色中的一种。由于组成的颜色数目几乎可以模拟出自然界中的任何颜色，因此也称为真彩色(True Color)。

2.3.3 图像数字化过程

要在计算机中处理图像，必须先把真实的图像(照片、画报、图书、图纸等)通过数字化转变成计算机能够处理的显示和存储格式，然后再用计算机进行分析处理。图像的数字化过程主要分为采样、量化和压缩编码三个步骤。

1. 采样

采样的实质就是要用多少点来描述一张图像。采样的结果就是通常所说的图像的分辨率。简单来讲，对二维空间上连续的图像在水平和垂直方向上等间距地分割成矩形网状结构，所形成的微小方格称为像素点。一幅图像就被采样成有限个像素点构成的集合。例如一幅 640×480 像素的图像，表示这幅图像是由 307 200 个像素点组成。采样频率是指一秒钟内采样的次数，它反映了采样点之间的间隔大小，采样频率越高，得到的图像样本越细腻逼真，图像的质量越高，但占用的存储空间也越大。

在进行采样时，采样点间隔大小的选取很重要，它决定了采样后的图像能真实地反映原图像的程度。一般来说，原图像中的画面越复杂，色彩越丰富，则采样间隔应越小。由于二维图像的采样是一维的推广,根据信号的采样定理,要从取样样本中精确地复原图像,可得到图像采样的奈奎斯特(Nyquist)定理,图像的采样频率必须大于或等于源图像最高频率分量的两倍。

2. 量化

量化是指要使用多大范围的数值来表示图像采样后的每一个点。量化的结果是图像能够容纳的颜色总数,它反映了采样的质量。例如,如果以4位存储一个像素点,就表示图像只能有16种颜色;若采用16位存储一个点,则有 $2^{16}=65\,536$ 种颜色,所以量化位数越大,表示图像可以拥有更多的颜色数,也就可以产生更为细致的图像效果,但是也会占用更大的存储空间。二者的基本问题都是视觉效果和存储空间的取舍。

经过这样采样和量化得到的一幅空间上表现为离散分布的有限个像素点,在量化时所确定的离散取值个数称为量化级数。为表示量化的色彩值(或亮度值)所需的二进制位数称为量化字长,一般可用8位、16位、24位或更高的量化字长来表示图像的颜色,量化字长越大,越能真实地反映原有图像的颜色,但得到的数字图像的容量也越大。

3. 压缩编码

图像数字化后得到的数据量十分巨大,必须采用编码技术来压缩其信息。一定意义上讲,编码压缩技术是实现图像传输与存储的关键。

目前已有许多成熟的编码算法应用于图像压缩,常见的有图像的预测编码、变换编码、分形编码、小波变换图像压缩编码等。

当需要对所传输或存储的图像信息进行高比率压缩时,必须采取复杂的图像编码技术。但是,如果没有一个共同的标准做基础,不同系统间不能兼容,除非每一编码方法的各个细节完全相同,否则各系统间的连接十分困难。

为了使图像压缩标准化,20世纪90年代后,国际电信联盟(ITU)、国际标准化组织(ISO)和国际电工学会(IEC)已经制定并仍在继续制定一系列静止和活动图像编码的国际标准。现在使用的标准主要有JPEG标准、MPEG标准、H.261等。这些国际标准的出现,也使图像编码尤其是视频图像编码压缩技术得到了飞速发展,目前按照这些标准做的硬件、软件产品和专用集成电路已经在市场上大量涌现(如图像扫描仪、数码相机、数码摄录像机等),这对现代图像通信的迅速发展及开拓图像编码新的应用领域发挥了重要作用。

2.4 多媒体视频处理技术

视觉是人类感知外部世界的一个最重要的途径。在人类的信息活动中,所接受的信息70%来自视觉,视觉媒体以其直观生动而备受人们的欢迎,而活动图像是信息量最丰富、直观、生动、具体的一种承载信息的媒体,它是人类通过视觉传递信息的媒体,简称视频。视频是多媒体的重要组成部分,是人们容易接受的信息媒体,包括静态视频(静态图像)和动态视频(电影、动画)。

动态视频信息是由多幅图像画面序列构成的,每幅画面称为一帧。每幅画面保持一个极短的时间,利用人眼的视觉暂留效应快速更换到另一幅画面,如此连续不断,就在人的视觉上产生了连续运动的感觉。如果把音频信号也加进去,就可以实现视频、音频信号的同时播放。

2.4.1 多媒体视频

1. 视频基础知识

(1) 视频

人们通常所说的视频(Video)是指动态视频,就其本质而言,它是内容随时间变化的一组静态图像(25 帧/秒或 30 帧/秒),直观理解就是以一定速度连续投射到屏幕上的一幅幅静止的图像。按照处理方式的不同,视频分为模拟视频和数字视频。

需要说明的是,图像和视频是两个既有联系又有区别的概念:静止的图片称为图像;运动的图像称为视频。

(2) 模拟信号与模拟视频

模拟信号是指用连续变化的物理量所表达的信息,如温度、湿度、压力、长度、电流、电压等。通常又把模拟信号称为连续信号,它在一定的时间范围内可以有无限多个不同的取值。

模拟视频(Analog Video,AV)是由连续的模拟信号组成的视频图像,早期视频的记录、存储和传输都是采用模拟方式。例如,人们在普通电视机上所看到的视频是以一种模拟电信号的形式来记录的,它依靠模拟调幅的手段在空间传播,再用盒式磁带录像机将其作为模拟信号存储在磁带上。模拟视频具有成本低和还原度好的优点。但其缺点是经长期存放后,视频质量会下降,经多次复制后,图像会有明显失真,而且模拟视频不适合网络传输,也不便于分类、检索和编辑。

(3) 数字信号与数字视频

数字信号就是一系列的 0 和 1 组成的一串数字组成的信号,因为只有 0 和 1,在传输过程中很容易用电平的低和高来表示(低电平代表 0,高电平代表 1),容易传输,也就不容易失真。

数字视频(Digital Video,DV)是基于数字技术生成的视频。数字视频有两层含义:一是将模拟视频信号输入计算机进行视频数字化转换、编辑和存储,最后制成数字化视频产品;二是视频图像由数字摄像机拍摄下来,从信号源开始就是无失真的数字视频。当输入计算机时,也不再考虑视频质量的衰减问题,可直接进行视频编辑,制成数字化视频产品。

现在的数字视频技术主要是指第一层含义,即模拟视频的数字化。当视频信号数字化后,就克服了模拟视频的缺点,可以不失真地无限次复制;可以用许多新方法对数字视频进行创造性的编辑,如增加电视特技等,而且再现性好;适合网络应用,从而大大降低视频的传输和存储费用;可以真正实现将视频融进计算机系统中及实现用计算机播放电影节目。

(4) 全动态和全屏幕视频

全动态视频就是每秒显示 30 帧图像的视频。用这种显示速度去刷新画面,足以消除任何不稳定的感觉,不会产生闪烁和跳跃。

全屏幕视频是指显示的视频图像充满整个屏幕,而不是局限于一个小窗口中,这与显示分辨率有关。在 VGA 方式(640×480)中可以将原先的视频基本充满屏幕。但在 SVGA 方式(800×600 或 1024×768)中,全动态视频的画面将只占屏幕的一部分,而不是充满整个屏幕。如果充满全屏,画面就会变得粗糙许多。

(5) 视频的数字化

各种制式的普通电视信号都是模拟信号,然而计算机只能处理数字信号,因此必须将模拟信号的视频转化为数字信号的视频，即视频的数字化。视频的数字化就是指在一段时间内，以一定的速度对视频信号进行捕获并加以采样后形成数字化数据的处理过程。

视频信号数字化与音频信号数字化一样，要经过采样、量化(A/D 转换)、编解码和彩色空间变换等处理过程。将视频数字化的过程也常称为视频捕捉或视频采集。完成视频捕捉的多媒体硬件是视频采集卡，简称视频卡。

2. 视频文件格式

视频信号数字化后的数据以不同的文件格式存储。常用的视频文件格式有以下几种。

(1) AVI 文件

Windows 默认的视频文件格式称为 AVI(Audio Video Interactive)格式，也称为音频-视频交错文件，因其扩展名规定为 AVI，简称 AVI 文件。

由于数字化的视频信号实际上包括图像和声音两部分数据，而 AVI 文件能将这两部分数据交叉组合在一起，形成一个文件，因而在播放时可以达到声音与图像同步播放的效果。

(2) MPEG 文件

MPEG 是 PC 上视频文件的另一主要格式，扩展名为 MPG 或 MPEG，也可简称为 MPG 文件。它是按 MPEG 标准进行压缩的全运动视频图像，在 1024×768 的分辨率下可以以 25 帧/秒或 30 帧/秒的速率同步播放，有 128 000 种颜色的全运动视频图像和 CD 音质的伴音。一般需要有专门的 MPEG 压缩卡来制作它们的文件，播放时也要有 MPEG 压缩技术支持，或是在带图形加速功能的显示适配器的配合下，采用软件解压缩方法来处理。

(3) DAT 文件

DAT 是 Video CD 或 Karaoke CD 数据文件的扩展名。这种文件的结构与 MPG 文件格式基本相同。目前市场上流行的 VCD 光盘中的节目大多以 DAT 文件格式存放。DAT 文件中的片段可以通过某些解压软件提供的摄像功能来截取并转换成 MPG 文件。

(4) MOV 文件

MOV 是 Apple 公司在 QuickTime for Windows 视频应用软件中使用的专用视频文件。该视频应用软件原先在 Macintosh 系统中运行，现已和 Microsoft 的 Windows 环境互相兼容。

(5) Dir 文件

Dir(Director Movies)是 Macromedia 公司使用的 Director 多媒体创作工具生成的电影文件格式。

3. 电视视频制式标准

电视信号是视频处理的重要信息源，电视信号的标准也称为电视制式。目前世界上常用的彩色电视制式有三种：NTSC 制、PAL 制和 SECAM 制，此外还有正在普及的 HDTV(High Definition Television，高清晰度电视)。

(1) NTSC 制式

NTSC(National Television Standard Committee)是美国国家电视标准委员会于 1952 年制定的彩色电视广播标准，称为正交平衡调幅制，主要定义了彩色电视机对于所接收的电视信号的解码方式、色彩处理方式、屏幕扫描频率等指标。主要在美国、加拿大、日本、韩国、菲律宾和中国台湾等国家和地区应用。

(2) PAL 制式

PAL(Phase-Alternative Line)是原西德 1962 年制定的一种兼容的彩色电视广播标准，

称为相位逐行交变，又称为逐行倒相制。德国、英国及中国、朝鲜等国家采用这种制式。

(3) SECAM 制式

SECAM(Sequential Color and Memory System)称为顺序传送彩色与存储制，由法国制定。法国、俄罗斯及东欧国家采用这种制式。

NTSC 制、PAL 制和 SECAM 制都是兼容制制式。也就是说，黑白电视机能接收彩色电视信号，显示的是黑白图像；彩色电视机能接收黑白电视信号，显示的也是黑白图像。

三种电视制式的主要参数如表 2.3 所示。

表 2.3 电视制式的主要参数

制　式	行数(行)	行频(kHz)	场频(Hz)	颜色频率(MHz)
PAL	625	15.625	50.00	4.433619
NTSC	525	15.734	59.94	3.579545
SECAM	625	15.625	50.00	4.43369

(4) HDTV

高清晰度电视(High Definition Television，HDTV)是继黑白模拟电视、彩色模拟电视之后的第三代电视系统。HDTV 垂直分辨率在 1000 线以上，图像清晰度在水平和垂直方向比现在的电视提高一倍以上，像素和信息量比现行电视增加约 5 倍，视觉效果达到或接近 35mm 宽银幕电影的水平。采用 30 英寸以上 16∶9 幅型比的大屏幕显示器观看，图像细腻逼真，在图像高度的大约三倍距离处能看到清楚细节，并配以多路环绕立体声音响，有很强的临场感，是现代多种科技的结晶。

数字电视(Digital TV)包括数字 HDTV、数字 SDTV 和数字 LDTV 三种。三者区别主要在于图像质量和信道传输所占带宽的不同。从视觉效果来看，HDTV(1000 线以上)的图像质量可达到或接近 35mm 宽银幕电影的水平；SDTV(500～600 线)即标准清晰度电视，主要是对应现有电视的分辨率量级，其图像质量为演播室水平；LDTV(200～300 线)即普通清晰度电视，主要是对应现有 VCD 的分辨率量级。因为电视全数字化是今后的趋势，所以目前提 HDTV 及 SDTV、LDTV 如无特别说明，均指全数字体制。

HDTV 有以下特点：频道利用率高，现有模拟电视信号带宽可传输 1 路数字 HDTV 信号、4 路数字 SDTV 或 6～8 路数字 LDTV 信号，抗干扰能力强，清晰度高，音频效果好。

2.4.2 视频信号的压缩

视频信号所占用的存储空间远远大于声音和图形图像文件，因此必须进行压缩处理，以减少存储空间和传输时间。压缩方式有硬件压缩和软件压缩，现在主要采用软件的方式进行压缩。软件压缩包括有损压缩和无损压缩。

如果丢失个别的数据不会造成太大的影响，这时忽略它们可以减少信号量，这种压缩就是有损压缩。如果要求压缩数据必须准确无误，这就是无损压缩。

数据图像压缩一般采用有损压缩。有损压缩利用了图像的两种特性：一种是利用图像信息本身包含的许多冗余信息。例如，相邻像素之间往往含有相同的颜色值，这叫做像素之间的冗余度。此外，还有相邻的行或列间，帧与帧之间都有很大的相关性，因而整体上数据的冗余度很大，使视频图像数据具有很大的压缩潜力，因此在允许一定限度失真的前提下，可以对视频图像数据进行大幅度的压缩。另一种是利用人的视觉和听觉对某些信号不那么敏感的生理特性,因而对丢失一些信息不至于产生误解。

图像的压缩有静态图像压缩编码国际标准(Joint Photographic Experts Group,JPEG)和动态图像压缩编码国际标准(Moving Pictures Experts Group,MPEG)。JPEG是一种压缩比为20:1的帧内压缩方法,MPEG是一种压缩比可达100:1的帧间压缩法。

MPEG标准包括MPEG视频、MPEG音频和MPEG音视频同步系统三个部分。该压缩标准的目标是将具有电视质量的视频、音频联合,单一数据流速率降至1.5Mb/s,是针对运动图像设计的。其基本方法是:在单位时间里采集并保存第一帧的信息,以后就只存储其余帧相对第一帧发生变化的部分,以达到压缩的目的。MPEG压缩标准实现帧间压缩,压缩效率非常高,在计算机上有统一格式,兼容性好。

视频信号压缩后,必须经过解压处理才能在计算机上播放,早期采用硬件解压卡对视频信号解压处理,但是随着计算机技术的发展,硬件解压卡逐渐被解压软件所取代,包括Windows系统中的媒体播放机、豪杰超级解霸、金山影霸、暴风影音等,这些软件为人们欣赏视频作品提供了极大的方便。

2.5 多媒体光盘制作技术

多媒体的信息包括文本、图形、图像、声音、视频等,由于这些媒体的信息量大,数字化后同样要占用大量的存储空间。传统的存储设备无法满足这一要求,光存储技术的应用和发展为多媒体信息提供了保证。

光存储技术是通过激光在记录介质上进行读写数据的存储技术。光存储系统由光盘驱动器和光盘盘片组成。

2.5.1 光盘及光存储系统

20世纪70年代初期,荷兰飞利浦(Philips)公司的研究人员开始研究利用激光来记录和重放信息,并于1972年9月向全世界展示了长时间播放电视节目的光盘系统,这就是1978年正式投放市场并命名为LV(Laser Vision)的光盘播放机。从此,利用激光来记录信息的革命便拉开了序幕。它的诞生对人类文明进步的影响不亚于纸张的发明对人类的贡献。

1. CD光盘

(1) CD光盘的标准

大约从1978年开始,技术人员把声音信号变成用1和0表示的二进制数字,然后记录到以塑料为基片的金属圆盘上,历时4年,Philips公司和Sony公司终于在1982年成功地把这种记录有数字声音的盘推向了市场。由于这种塑料金属圆盘很小巧,因此用英文Compact Disc(CD)来命名,而且还为这种盘制定了标准,这就是世界闻名的“红皮书(Red Book)标准”。这种盘又称为数字激光唱盘(Compact Disc-Digital Audio,CD-DA)。

CD原来是指激光唱盘,用于存放数字化的音乐节目,现在通常把CD-G(Graphics)、CD-V(Video)、CD-ROM、CD-I(Interactive)、CD-I FMV(Full Motion Video)、卡拉OK(Karaoke)CD、Video CD等通称为CD。

尽管CD系列中的产品很多,但是它们的大小、重量、制造工艺、材料、制造设备等都相同，只是根据不同的应用目的存放不同类型的数据。它们之间的差别主要是：

① CD-DA 存放数字化的音乐节目；

② CD-G 存放静止图像和音乐节目；

③ CD-V 存放模拟的电视图像和数字化的声音；

④ CD-ROM 存放数字化的文、图、声、像等；

⑤ CD-I 存放数字化的文、图、声、像(静止的)、动画等；

⑥ CD-I FMV 存放数字化的电影、电视等节目；

⑦ 卡拉 OK CD 存放数字化的卡拉 OK 节目；

⑧ Video CD 存放数字化的电影、电视等节目；

⑨ Photo-CD 存放的主要是照片、艺术品。

为了存放不同类型的数据，制定了许多标准，这些标准如表 2.4 所示。

表 2.4　部分 CD 产品标准

标准名称	名　称	应用目的	播放时间	显示的图像
Red Book (红皮书)	CD-DA	存储音乐节目	74 分钟	
Yellow Book (黄皮书)	CD-ROM	存储文图声像等多媒体节目	存储 650MB 的数据	动画、静态图像、动态图像
Green Book (绿皮书)	CD-I	存储文图声像等多媒体节目	存储多达 760 MB 的数据	动画、静态图像
Orange Book (橙皮书)	CD-R	读/写入文图声像等多媒体节目		
White Book (白皮书)	Video CD	存储影视节目	70 分钟 (MPEG-1)	数字影视 (MPEG-1)质量
Red Book (红皮书)	CD-Video	存储模拟电视数字声音	5～6 分钟(电视) 20 分钟(声音)	模拟电视图像数字声音
CD-Bridge	Photo CD	存储照片		静态图像
Blue Book (蓝皮书)	LD(LaserDisc)	存储影视节目	200 分钟	模拟电视图像

(2) CD 光盘的组成结构

激光唱盘、CD-ROM、Video CD 等统称为 CD 盘。CD 盘主要由保护层、反射激光的铝反射层、刻槽和聚碳脂衬垫组成。CD 盘的外径为 120 mm，重量约为 14～18g。CD 盘分为三个区：导入区、导出区和数据记录区，如图 2.4 所示。

CD 盘光道的结构与磁盘磁道的结构不同，它的光道不是同心环光道，而是螺旋形光道。CD 盘转动的角速度在光盘的内外区是不同的，而它的线速度是恒定的，即光盘的光学读出头相对于盘片运动的线速度是恒定的，通常用 CLV(Constant Linear Velocity)表示。由于采用了恒定线速度，因此内外光道的记录密度(位数/英寸)可以保持相同，这样盘片就得到充分利用，可以达到它应有的数据存储容量，但随机存储特性变得较差，控制也比较复杂。

2. DVD 光盘

(1) DVD 光盘的标准

VCD 和 DVD 都是光学存储媒体，但 DVD 的存储容量和带宽都明显高于 CD。1994 年

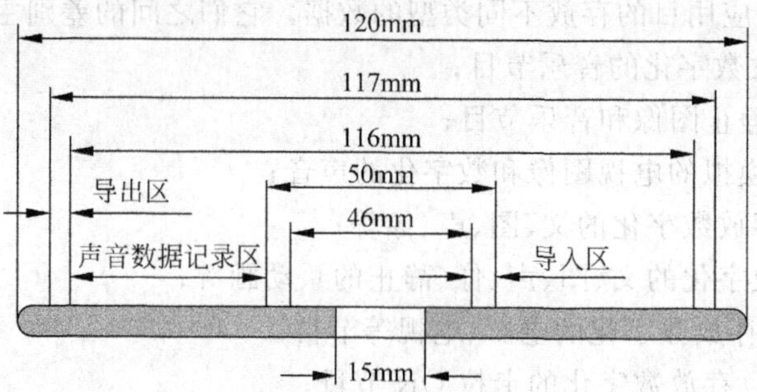

图 2.4 CD 盘的结构

12 月 16 日,大名鼎鼎的索尼公司和飞利浦公司率先发表了“单面双层 12cm 高密度多媒体 CD 的格式与技术指标”,简称多媒体光盘系统(Multi Media Compact Disc,MMCD),可以说这是第一个提出来的 DVD 技术规格。

DVD(Digital Video Disk,数字视频光盘或数字影盘)利用 MPEG2 的压缩标准来储存影像。也有人称 DVD 是 Digital Versatile Disk,即数字多用途光盘。DVD 的特点是存储容量大,最高可达到 17 GB。一片 DVD 盘的容量相当于现在的 25 片 CD-ROM(650 MB),而 DVD 盘的尺寸与 CD 相同。DVD 所包含的软硬件要遵照由计算机、消费电子和娱乐公司联合制定的规格,目的是为了能够根据这个新一代的 CD 规格开发出存储容量大和性能高的兼容产品,用于存储数字电视和多媒体软件。DVD 的规格主要有以下几种。

- DVD-ROM:只读光盘,用途类似 CD-ROM。
- DVD-RAM:计算机软件可读写光盘,用途类似 CD-RAM。
- DVD-Video:家用的影音光盘,用途类似 LD 或 Video CD。
- DVD-Audio:音乐盘片,用途类似音乐 CD。
- DVD-R(或称为 DVD-Write-Once):限写一次的 DVD,用途类似 CD-R。
- DVD-RW(或称为 DVD-Rewritable):可多次读写的光盘,用途类似 CD-RW。

DVD 光盘的容量类别和比较如表 2.5 所示。

表 2.5 DVD 光盘容量类别及比较

物理格式		120mm 光盘存储容量(GB)
DVD-ROM DVD-Video (DVD-Audio)	单面单层	4.7
	单面双层	8.5
	双面单层	9.7
	双面双层	17
DVD-R DVD-RAM	单面双层	3.9
	双面双层	7.8
	单面双层	2.6
	双面双层	5.2
CD\HDCD		650MB
VCD		650MB
超级 VCD		650MB

(2) DVD-Video 的规格

DVD-Video 的规格如表 2.6 所示。DVD 盘上的电视信号都采用 MPEG-2 的电视标准。NTSC 的声音采用 Dolby AC-3 标准，MPEG-2 Audio 作为选用；PAL 和 SECAM 的声音采用 MPEG-2 Audio 标准，Dolby AC-3 作为选用。

表 2.6　DVD 视频图像规格

技术内容	技术规格
数据传输率	可变速率，平均速率为 4.69Mb/s(最大速率为 10.7Mb/s)
图像压缩标准	MPEG-2 标准
声音标准	NTSC：Dolby AC-3 或 LPCM，可选用 MPEG-2 Audio PAL：MPEG MUSICAM×5.1 或 LPCM，可选用 Dolby AC-3
通道数	多达 8 个声音通道和 32 个字幕通道

(3) DVD 光盘数据的组织方式

与 CD/VCD 盘相似，每一层 DVD 盘上的数据均分为导入区、数据区和导出区三个区域。对双层盘而言，还有一个中间区。

导入区、数据区、导出区和中间区所含的扇区数是可变的，主要取决于程序内容的长度。

导入区由参考码和控制数据组成，主要包括盘的物理格式信息、盘的制造信息和节目提供者信息。

数据区的数据是用户数据。

导出区的数据主要是数据和操作的结束终止信息。

(4) DVD 光盘与 CD 光盘的差别

从外观和尺寸方面来看，DVD 盘与现在广泛使用的 CD 盘没有什么差别，直径均为 120 mm，厚度为 1.2 mm；新的 DVD 播放机能够播放现在已经有的 CD 激光唱盘上的音乐和 VCD 节目。但不同的是，DVD 盘光道之间的间距由原来的 1.6mm 缩小到 0.74mm，而记录信息的最小凹凸坑长度由原来的 0.83mm 缩小到 0.4mm，这是 DVD 盘的存储容量可提高到 4.7GB 的主要原因。

3. 可刻录光盘简介

在光存储系统中，与只读型光盘相比，可刻录光盘占有了越来越重要的地位。常见的可刻录光盘主要有 CD-R、CD-RW 和 DVD-R。

(1) CD-R

CD-R(CD Recordable)属于 WORM(Write Once，Read Multiple)盘片的一种，它只能一次写入，但可多次读取，在刻录完成后可以像一般标准的 CD 盘片一样使用。

CD-R 盘片与 CD 盘片类似，与只读类 CD 所不同的是反射层的材料不再是铝，而是金或银。同时盘基上有螺旋形的预刻槽，预刻槽深 60nm，宽 1100nm，在反射层和盘基中间涂了一层染料。CD 刻录机使用较高功率的激光照射预刻槽中的填充材料加热使其熔解(染料层吸收激光在瞬间将光能转变成热能，造成局部高温，约 250℃)，形成像 CD 上的坑的效果。经由驱动器的光学头将 CD 格式信号直接写在光盘上，但是由于染料层在被写入后并不能复原，因此 CD-R 只能写一次。

由于染料和盘片层的不同，CD-R 盘片呈现了不同的颜色，人们使用盘片的颜色来对

CD-R 盘片进行分类。目前,市场上主要有金盘、绿盘和蓝盘三类。

绿盘是以花菁(Cynanine)为染料,以金或银为反射层的 CD-R 盘片,在市场上最为普遍,价格也很便宜。

金盘是以酞菁(Phthalocyanine)为染料,一般使用金作为反射层。它的优点是抗光性很好,可延长存放数据的时间,Kodak(柯达)称此类盘可以保存 100 年。但其感光波长范围窄,在 DVD-R 中尚未被采用。

蓝盘是以偶氮(Azo-metal Complex)为有机染料,银为反射层,其颜色为深蓝色。它的优点在于对数据有较高的准确性,表现出非常低的块误码率,有防刮伤层,并且在防紫外线上有良好的表现。

(2) CD-RW

CD-RW 兼容 CD-ROM 和 CD-R,CD-RW 驱动器允许用户读取 CD-ROM、CD-R 和 CD-RW 盘,可以刻录 CD-R 盘,擦除和重写 CD-RW 盘。由于 CD-RW 仍沿用了 CD 的 EFM 调制方式和 CIR 检纠错方法,CD-RW 盘与 CD-ROM 盘具有相同的物理格式和逻辑格式,因此 CD-RW 驱动器与 CD-R 驱动器的光学、机械及电子部分类似,一些零部件甚至可以互换,大大节省了 CD-RW 的开发和生产费用,降低了 CD-RW 驱动器的成本,具有更广泛的应用前景。

(3) DVD-R

DVD-R 是可以写入一次数字信息的 DVD 规格。DVD-R 用有机染料作记录,其原理与 CD-R 的刻录方式类似,使用较高功率的激光照射在染料层上刻出凹坑以记录数据,可以提供给 DVD-ROM 读取,也可以制作成 DVD-Video 在 DVD 播放机中播放。

当对 DVD-R 进行刻录时,红色激光聚焦在碟片上的染料层,使上面的化学物质发生改变,留下永久的"刻录"痕迹。底层的盘基是一种洁净的聚碳酸脂,通过旋转盘片的方式将染料均匀地涂抹在聚碳酸脂的表面。盘基也是铸造而成的,并且上面有很多精细的螺旋形凹槽轨道。在刻录过程中,这些凹槽会起到引导激光束定位的作用,在刻录之后这些凹槽也用来存储刻录的信息,这些突起和凹槽还可以用来辅助寻址。一层薄薄的金属层粘在数据记录层上,这样在使用激光进行读取操作时,记录层就能够反射出激光信号。最后在金属层的上面还粘连有一个保护层,用来保护盘片的数据。

在回放读取 DVD-R 时所采用的都是低功率的激光,一般照射在盘片表面的激光波长都为 635~650nm。照射在盘片上一条条的突起,它上面有许多烧录过的凹坑。这些凹坑在激光照射时就会把光线反射到光头中。这些微弱的反射光被转化成电信号,经过驱动器中逻辑芯片的处理就可以还原成最初刻录时的数字信号。

4. 常用的可刻录光盘驱动器

(1) CD-R 刻录机

CD-R 刻录机和一般的 CD-ROM 驱动器相类似,也有内置和外置两种类型,也有 SCSI、IDE 和并口等多种接口。

CD-R 刻录机利用 775~795nm 的激光束在 CD-R 有机染料记录面直接加热而烧出凹坑或者是使有机染料层发生化学性退化。通常将 CD-R 光盘上被加热改变的部分称为光标记录(Optical Marks),这些光标记录都是由 CD-R 刻录机上的高功率激光照射后所产生,这部分介质无法反射激光,功能类似一般 CD 光盘上的坑,而其他部分介质则可以靠金属层反射激光而被CD驱动器侦测到，这样就可以和一般CD光盘一样存放数字信息0或1了。总而言之，就是通过改变有机染料记录面对激光的反射率来实现对信息的记录。

为保证与CD类盘片一致，在刻录时CD-R刻录机是采用恒定线速度。这代表在CD-R刻录机中的盘片转速是变动的，CD-R刻录机会在读写头靠近盘片内圈时转得比较快，而当读写头靠近光盘外圈时会把转速降下来。

CD-R刻录机在刻录之初会在CD-R盘片的PCA区域内进行功率优化，通常在这一区域内依据不同的刻录速度选定一刻录功率，在此刻录功率附近进行变功率刻录。然后在这一刻录区中寻找最佳BETA值(一种HF信号的不对称性的表示)，以此功率在整盘上进行刻录。

(2) CD-RW刻录机

CD-RW刻录机(CD-ReWritable)是允许用户在同一张可擦写光盘上反复进行数据擦写操作的光盘驱动器，由RICOH公司首先推出。CD-RW采用相变技术来存储信息。相变技术是指在盘片的记录层上，某些区域是处于低反射特性的非晶体状态，数据是通过一系列的由非晶体到晶体的变迁来表示。CD-RW驱动器在进行记录时，通过改变激光强度来对记录层进行加热，从而导致从非晶体状态到晶体状态的变迁。与CD-R驱动器相比，CD-RW具有明显的优势：CD-R刻录机所记录的数据是永久性的，刻成就无法改变。若刻录中途出错，既浪费时间又浪费CD-R光盘。而CD-RW驱动器一旦遭遇刻录失败或需重写，可立即通过软件下达清除数据的指令，令CD-RW光盘重获“新生”，又可重新写入数据。

(3) 康宝光驱(COMBO)

COMBO在英文里的意思是“结合物”，而康宝驱动器就是把CD-RW刻录机和DVD光驱结合在一起的“复合型一体化”驱动器。简单地说，COMBO就是集CD-ROM、DVD-ROM、CD-RW三位一体的一种光存储设备，也可以说成是康宝光驱可以读取CD、DVD光盘，但只能够刻录CD盘。最初它是被用在高端的笔记本计算机上，由于具有三重本领，因此迅速在台式计算机领域普及开来。

2.5.2 多媒体光盘的制作

刻录多媒体光盘的软件很多，操作方法也十分相似，常用刻录软件如下。

(1) Easy CD Creator

Easy CD Creator是市面上许多刻录机都自带的软件，功能强大，不仅支持各种形式的光盘对拷(SCSI to SCSI、SCSI to IDE、IDE to IDE、IDE to SCSI)，还有音乐CD播放功能。兼容性是最好的，其标准ISO 9660模式光盘几乎在所有光盘驱动器(如CD-ROM、CD-R、CD-R/CD-RW、DVD-ROM)上都可以使用。

(2) Nero

Nero是一个由德国Ahead公司出品的光盘刻录程序，也是全球应用最多的光介质媒体刻录软件。支持ATAPI(IDE)的光盘刻录机，支持中文长文件名刻录，支持多国语系(包括简繁体中文)，可以刻录资料CD、音乐CD、Video CD、Super Video CD、DDCD或是DVD等多种类型的光盘，是一个相当不错的光盘刻录程序。

(3) Direct-CD

Direct-CD是Adaptec公司推出的刻录软件，其文件系统和CD-Maker十分相似，操作也相当简单。该软件可以将CD-RW光盘的刻录过程模拟为copy软盘，而且它是真正的模拟，能用新资料覆盖原有CD-RW上的数据。还可以对空白CD-R/CD-RW进行格式化操作，在格式化后的光盘上进行各种文件操作。

(4) CD-Marker

CD-Marker Sony光盘刻录机随机自带刻录软件，虽然它仅支持经Sony认证的产品(主要是Sony的光驱)，但功能十分强大，能够制作不同格式的光盘，包括CD-ROM、音频CD、视频CD、超级CD和混合方式CD。

1. 用Nero刻录多媒体光盘

Nero即Nero StartSmart，是由德国的AHEAD公司出品的光盘刻录软件，支持中文长文件名刻录，也支持ATAPI(IDE)的光盘刻录机。另外，它可以只用一只刻录机进行光盘复制刻录，无需另外一只光驱。

Nero软件的安装与一般应用软件没什么区别，一直单击NEXT按钮就可以了。Nero启动后的主界面如图2.5所示。

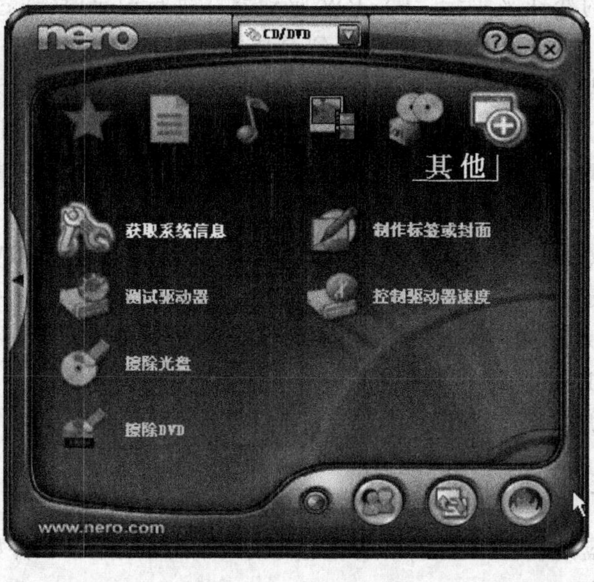

图2.5 Nero的主界面

如果将鼠标移至各个类别图标的上方，即可显示该类别中可以执行的任务。可根据图标来选择标准模式还是高级模式进行显示，标准模式中仅显示最常用的任务，高级模式中显示所有任务。

(1) 收藏夹图标

安装Nero以后，“收藏夹”区域将包含最常用的任务。要添加条目，先选中一个任务，在选中的任务上右击，然后从弹出的快捷菜单中选择“添加到收藏夹”命令。要从收藏夹中删除一个任务，则右击相关任务，然后从弹出的快捷菜单中选择“从收藏夹中删除”命令。

(2) 数据图标

该类别包含对数据光盘执行的任务。

• 标准模式：制作数据光盘、格式化/准备可重写光盘、制作音频与数据光盘(仅CD)。

- 高级模式：制作数据光盘、格式化/准备可重写光盘、制作音频与数据光盘(仅 CD)、制作可引导光盘、制作 UDF 光盘、制作 UDF/ISO 光盘、制作混合光盘(仅 CD)、制作混合模式光盘(仅 CD)。

(3) 音频图标

该类别包含可以对音频光盘执行的任务。

- 标准模式：制作音频光盘(仅 CD)、制作音频＋数据光盘(仅 CD)、制作 MP3 光盘、制作 WMA 光盘。
- 高级模式：制作音频光盘(仅 CD)、制作音频＋数据光盘(仅 CD)、制作 MP3 光盘、制作 WMA 光盘、剪切光盘轨道(仅 CD)、编辑音频、混合音频光盘(仅 CD)、Encode Audio Tracks、录制音频、将录音带转换成光盘(仅 CD)、将 LP 转换成光盘(仅 CD)、制作混合模式光盘(仅 CD)，8 个以上的任务可以单击小箭头显示其余任务。

(4) 照片和视频图标

该类别包含可以对照片和视频编辑执行的任务。

- 标准模式：制作视频光盘(VCD)(仅 CD)、制作超级视频光盘(SVCD)(仅 CD)、制作视频光盘幻灯片显示(仅 CD)、制作超级视频光盘幻灯片显示(仅 CD)、捕获视频、制作或修改 DVD＋VR(DVD＋R /＋RW)、制作 DVD 幻灯片显示(仅 DVD)。
- 高级模式：制作视频光盘(VCD)(仅 CD)、制作超级视频光盘(SVCD)(仅 CD)、制作视频光盘幻灯片显示(仅 CD)、制作超级视频光盘幻灯片显示(仅 CD)、捕获视频、制作或修改 DVD＋VR(DVD＋R /＋RW)、制作 DVD 幻灯片显示(仅 DVD)、制作电影、制作 Mini DVD(仅 CD)、制作 DVD 视频(仅 DVD)、直接刻录到光盘(仅 DVD＋R/＋RW)。

(5) 复制和备份图标

该项包含与复制和备份有关的任务。

- 标准模式：复制光盘、将映像刻录到光盘上、备份文件、恢复备份、时序表备份。
- 高级模式：复制光盘、将映像刻录到光盘上、备份文件、恢复备份、时序表备份等。

(6) 其他图标

包含与光盘相关的更多任务。

- 标准模式：测试驱动器、抹除光盘、制作标签或封面、控制驱动器速度。
- 高级模式：测试驱动器、抹除光盘、制作标签或封面、控制驱动器速度、获取系统信息、光盘信息、安装光盘映像。

2. 应用实例

(1) 制作数据光盘

将鼠标指向“收藏夹”图标，选择“制作数据光盘”选项右击，从弹出的快捷菜单中选择“运行”→Nero Burning ROM 命令，如图 2.6 所示，弹出图 2.7 所示窗口，在“文件浏览器”列表框中选择需要刻录的文件，例如“智能陈桥五笔 5.4”，选中并拖放到“名称”列表框中，然后选择“刻录器”→“刻录编译”命令，再单击“刻录”按钮开始刻录，如图 2.8 所示。刻录结束后将出现图 2.9 所示结束界面，单击“完成”按钮即可完成刻录过程。

制作数据 DVD、制作音频光盘、制作视频光盘等过程与上述制作数据光盘类似，在此不

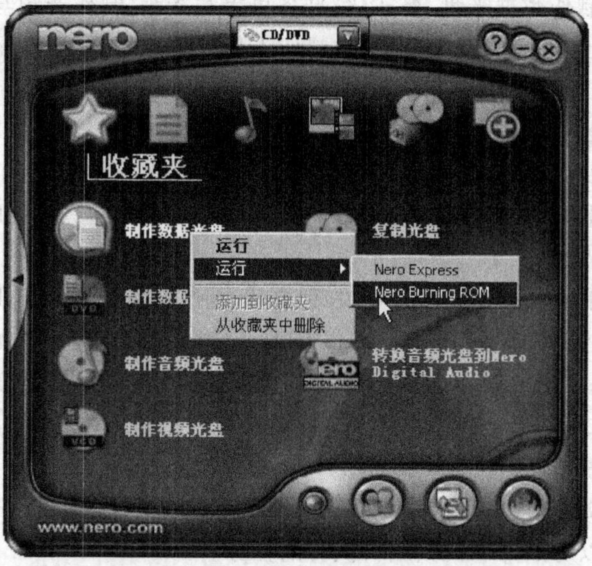

图 2.6　选择 Nero 制作数据光盘

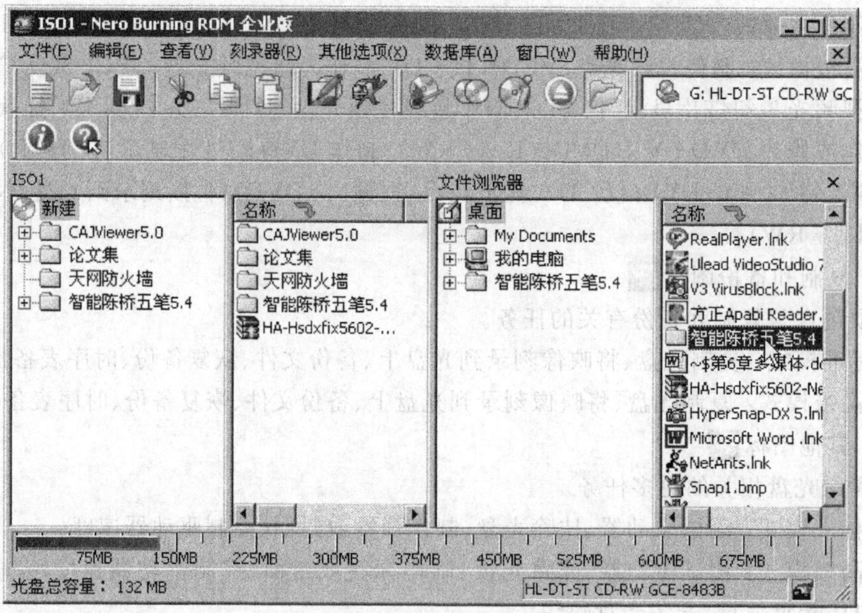

图 2.7　Nero Burning ROM 界面

再赘述。

(2) 复制光盘和复制 DVD

将要复制的源光盘插入驱动器(或插入刻录机中)，右击“复制光盘”，从弹出的快捷菜单中选择“运行”→Nero Burning Rom 命令，将弹出图 2.10 所示对话框，单击“复制”按钮即可。

在复制刻录过程中会提示用户更换光盘，插入空白盘，此时将空白的目标光盘插入刻录机中，按照提示操作即可。

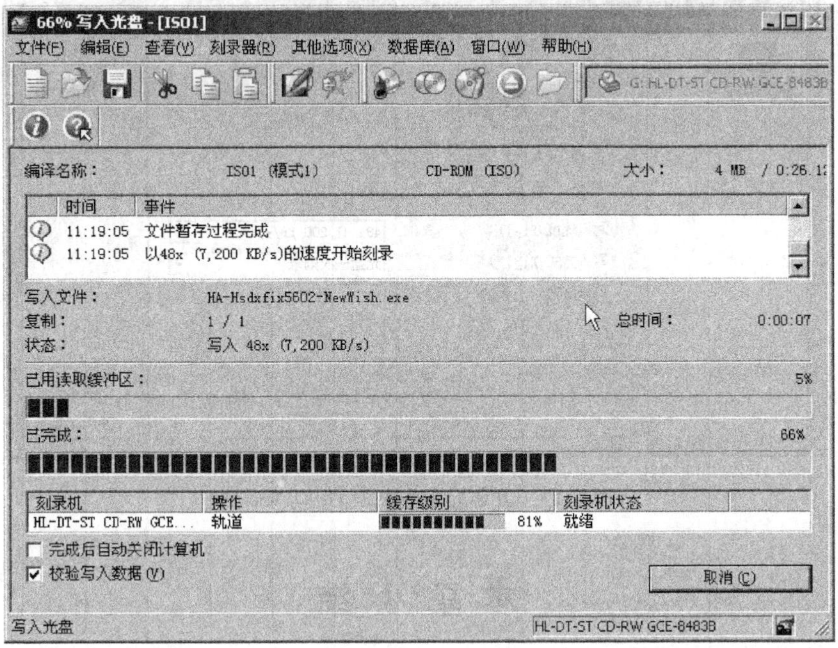

图 2.8 Nero 刻录过程

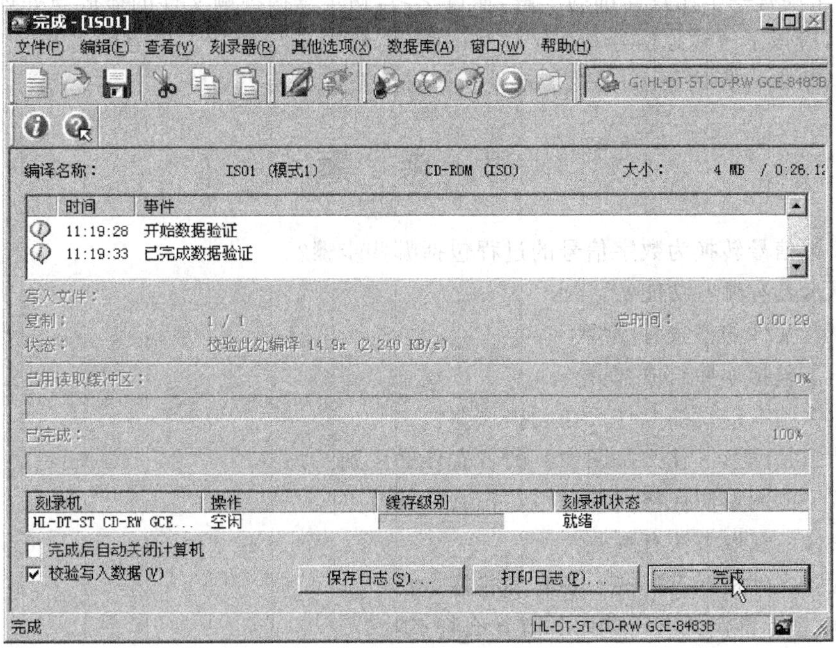

图 2.9 Nero 刻录完成

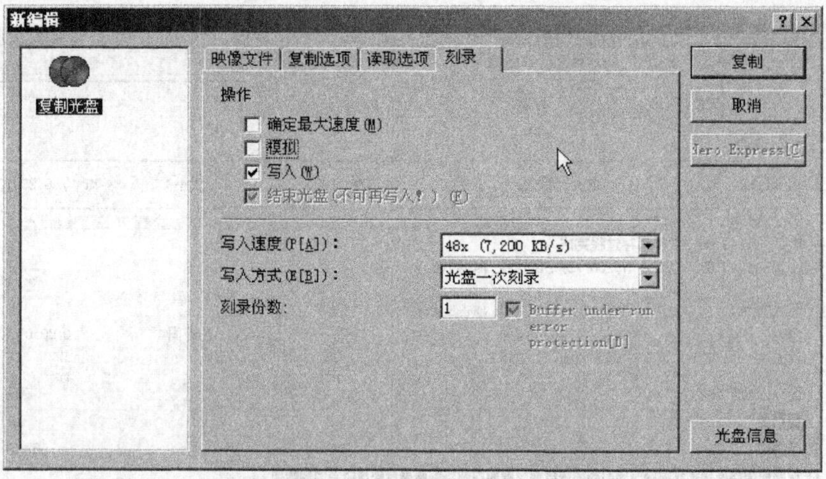

图 2.10　复制光盘和复制 DVD 对话框

本章小结

本章对多媒体技术进行了较为系统的论述。着重阐述了多媒体音频处理技术，音频的压缩与合成，常见的声音文件类型特点，多媒体图形图像处理技术，图形图像文件格式及其参数，图像数字化基本知识。最后介绍了多媒体视频处理技术与光存储技术相关知识，使我们对视频文件有一个比较详细的了解，通过学习，初步掌握视频文件的播放与处理。通过本章的学习，应该了解模拟信号和数字信号的特点，模拟信号向数字信号的转换，了解压缩技术的概念，掌握音频信号、图形图像和视频信号的获取方法。

思考题

1. 模拟信号转换为数字信号的过程包括哪些步骤?
2. 声卡具有哪些功能?
3. 声音文件的格式有哪些?
4. 声卡包括哪些组成部分?
5. 什么是有损压缩? 什么是无损压缩?
6. 什么是图形? 什么是图像? 两者有什么区别?
7. 常见的图形图像格式有哪些? 各有什么特点?
8. 图像的获取方法有哪些?
9. 视频文件格式有哪些? 各有哪些特点?
10. 电视标准制式有哪些? 各有什么特点?

第3章　媒体信息压缩编码

数字化后的音频和视频等媒体信息具有数据海量特性，与当前硬件技术所能提供的存储资源和网络带宽之间有很大差距（虽然现在存储器的容量越来越大），解决这一问题的关键技术就是数据压缩技术，即多媒体数据压缩编码的必要性。由于数据中存在着大量的冗余，因此多媒体数据压缩是可行的。

本章重点介绍一些重要的压缩编码方法，同时介绍现有的多媒体数据压缩的国际标准，这些压缩算法和国际标准可以广泛地应用于多媒体计算机、多媒体数据库、常规电视数字化、高清电视（HDTV）及交互式电视（Interactive TV）系统中。

3.1　媒体信息压缩的必要性与可行性

3.1.1　信息熵与信息压缩

1. 信息熵

信息是一个很抽象的概念。人们常常说信息很多，或者信息较少，但很难说清楚信息到底有多少，如一本50万字的中文书到底有多少信息量。直到1948年，香农（Claude Shannon）提出了“信息熵”的概念，才解决了对信息的量化度量问题。“信息熵”这个词是香农从热力学中借用过来的。热力学中的“热熵”是表示分子状态混乱程度的物理量。香农用“信息熵”的概念来描述信源的不确定度。

信息熵是信息论中用于度量信息量的一个概念。一个系统越是有序，信息熵就越低；反之，一个系统越是混乱，信息熵就越高。所以，信息熵也可以说是系统有序化程度的一个度量。

信息熵的计算是非常复杂的，而具有多重前置条件的信息更是几乎不能计算的。所以在现实世界中信息的价值大多是不能被计算出来的。但因为信息熵和热力学熵的紧密相关性，所以信息熵是可以在衰减的过程中被测定出来的。因此，信息的价值是通过信息的传递体现出来的。在没有引入附加价值（负熵）的情况下，传播得越广、流传时间越长的信息越有价值。

数据压缩起源于20世纪40年代由Claude Shannon首创的信息论，而且其基本原理即信息究竟能被压缩到多小，至今依然遵循信息论中的一条定理，这条定理借用了热力学中的名词“熵（Entropy）”来表示一条信息中真正需要编码的信息量。

考虑用0和1组成的二进制数码为含有n个符号的某条信息编码，假设符号Fn在整条信息中重复出现的概率为Pn，则该符号的熵，即表示该符号所需的位数为：

$$En = -\log_2^{(Pn)}$$

整条信息的熵,即表示整条信息所需的位数为 $E=\sum En$。

举个例子,对下面这条只出现了 a、b、c 三个字符的字符串:

Aabbaccbaa

字符串长度为 10,字符 a、b、c 分别出现了 5,3,2 次,则 a、b、c 在信息中出现的概率分别为 0.5,0.3,0.2,它们的熵分别为:

$Ea=-\log_2{}^{(0.5)}=1\quad Eb=-\log_2{}^{(0.3)}=1.737\quad Ec=-\log_2{}^{(0.2)}=2.322$

整条信息的熵,即表达整个字符串需要的位数为:

$E=Ea\times5+Eb\times3+Ec\times2=14.855$ 位

如果用计算机中常用的 ASCII 码一个字符进行编码需要用 8 个位表示,那么表示上面的字符串需要整整 80 位。这就是信息为什么能被压缩而不丢失原有信息内容的原因。简单地讲,用较少的位数表示较频繁出现的符号,这就是数据压缩的基本原则。

2. 信息量和信息熵

信息是用不确定性的量度定义的。一个消息的可能性越小,其信息越多;消息的可能性越大,其信息越少。在数学上,所传输的消息是其出现概率的单调下降函数。所谓信息量是指从 N 个相等可能事件中选出一个事件所需要的信息度量或含量,也就是在辨认 N 个事件中特定的一个事件的过程中所需要提问"是"或"否"的最少次数。例如,要从 1~64 整数集合中选定某一个数,可以先提问"是否大于 32",不论回答是或否都消去了半数的可能事件,这样继续下去,只要提问 6 次这类问题,就能从这 64 个数中选定该数。这是因为每提问一次都会得到 1 位的信息量。因此在 64 个数中选定某个数所需要的信息量是:

lb64=6(b)

信息论把一个事件(字符 xi)所携带的信息量定义为:

$I(xi)=-\log_2{}^{P(xi)}\quad i=1,2,\cdots,n$

其中 $P(xi)$ 为事件发生(字符出现)概率,$I(xi)$ 即信源 X 发出 xi 时所携带的信息量。

信源 X 发出的 $xi(i=1,2,\cdots,n)$,共 n 个随机事件的自信息统计平均(求数学期望),即

$$\begin{aligned}H(X)&=E\{I(xi)\}\\&=\sum_{i=1}^{n}P(xi)\cdot I(xi)\\&=\sum_{i=1}^{n}P(xi)\cdot\log_2{}^{P(xi)}\end{aligned}$$

$H(X)$ 在信息论中称为信源 X 的熵,它的含义是信源 X 发出任一个随机变量的平均信息量。熵的大小与信源的概率模型有着密切的关系。

3. 多媒体数据压缩的必要性

多媒体信息包括文本、数据、声音、动画、图像、图形、视频等多种媒体信息。它们经过数字化处理后,其数据量是非常大的,如果不进行数据压缩处理,计算机系统就无法对它们进行存储和交换。另一个原因是图像、音频和视频这些媒体具有很大的压缩潜力。因为在多媒体数据中存在着空间冗余、时间冗余、结构冗余、知识冗余、视觉冗余、图像区域的相同性冗余、纹理的统计冗余等,它们为数据压缩技术的应用提供了可能的条件,因此在多媒体系统中采用数据压缩技术是十分必要的。表 3.1 给出了未经过压缩的信息数据的例子。

表 3.1 未经过压缩的信息数据

未经压缩的数据情况	数据大小(约)
一幅大小为 1024×768、24 位真彩图像	2.25MB
监测卫星采用四波段,采样精度为 7 位,按 30 幅/天的频率传输 3240×2340 真彩图像	759 MB
一分钟的立体声 CD-A 激光唱盘,采样频率为 44.1kHz,量化位为 16	10.09MB
一分钟 24 位真彩图像、大小为 720×576、25 帧/秒的 PAL 电视信号	1779.8MB

从以上的例子可以看出,数字化信息的数据量十分庞大,无疑给存储器的存储量、通信干线的信道传输率及计算机的速度都增加了极大的压力。如果单纯靠扩大存储器容量、增加通信干线传输率的办法来解决问题是不现实的。通过数据压缩技术可以大大降低数据量,以压缩的形式存储和传输,既节约了存储空间,又提高了通信干线的传输效率,同时也使计算机得以实时处理音频、视频信息,保证播放出高质量的视频和音频节目。

3.1.2 多媒体数据压缩的可行性

数据压缩是以一定的质量损失为前提,按照某种方法从给定的信源中推出已简化的数据表述方法。这里所说的质量损失一般都是在人眼允许的误差范围之内,压缩前后的图像如果不做非常细致的对比是很难觉察出二者的差别的。处理是由两个过程组成:一是编码过程,即将原始数据经过编码进行压缩,以便存储与传输;二是解码过程,此过程对编码数据进行解码,还原为可以使用的数据。

多媒体数据中存在大量的冗余,数据压缩技术就是研究如何利用数据的冗余性来减少数据量的方法。媒体信息的冗余如下。

(1) 空间冗余

在静态图像中有一块块表面颜色均匀的区域,在这个区域中所有点的光强和色彩及色饱和度都相同,具有很大的空间冗余。同一景物表面上各采样点的颜色之间往往存在着空间连贯性,但是基于离散像素采样来表示物体颜色的方式通常没有利用景物表面颜色的这种连贯性,从而产生冗余。

(2) 时间冗余

电视图像、动画等序列图片,当其中物体有位移时,后一帧的数据与前一帧的数据有许多相同的地方,如背景等位置不变,只有部分相邻帧改变的画面,显然是一种冗余,这种冗余称为时间冗余。同理,在言语中,由于人在说话时发音的音频是一个连续的渐变过程,而不是一个完全在时间上独立的过程,因而也存在时间冗余。

(3) 结构冗余

在有些图像的纹理区,图像的像素值存在着明显的分布模式。例如,方格状的地板图案等,这称为结构冗余。如果已知分布模式,就可以通过某一过程生成图像。

(4) 知识冗余

对于图像中重复出现的部分,可以构造出基本模型,如人脸的图像有固定的结构,嘴的上方有鼻子,鼻子的上方有眼睛,鼻子位于正面图像的中线上等。这类规律性的结构可由先验知识和背景知识得到,这就是知识冗余。根据已有的知识,对某些图像中所包含的物体,构造出描述模型,并创建对应的各种特征的图像库,进行图像的存储只需要保存一些特征参数,从而大大减少数据量。知识冗余是模型编码主要利用的特征。

(5) 视觉冗余

事实表明,人的视觉系统对图像的敏感性是非均匀性和非线性的。在记录原始的图像数据时,对人眼看不见或不能分辨的部分进行记录显然是不必要的。因此,大可利用人视觉的非均匀性和非线性,降低视觉冗余。

(6) 图像区域的相同性冗余

图像区域的相同性冗余是指在图像中的两个或多个区域所对应的所有像素值相同或相近,从而产生的数据重复性存储,这就是图像区域的相似性冗余。在以上的情况下,当记录了一个区域中各像素的颜色值,则与其相同或相近的其他区域就不需要记录其中各像素的值了。

(7) 听觉冗余

人的听觉具有掩蔽效应,这是强弱不同的声音同时存在或在不同时间先后发生时出现的现象。人耳对不同频段声音的敏感程度不同,并不能察觉所有频率的变化,对某些频率变化不特别关注,通常对低频端较之高频端更敏感。人耳对语音信号的相位变化不敏感。

(8) 信息熵冗余(编码冗余)

由信息理论的有关原理可知,表示图像信息数据的一个像素,只要按其信息熵的大小分配相应的位数即可。然而对于实际图像数据的每个像素,很难得到它的信息熵,在数字化一幅图像时,对每个像素使用相同的符号,这样必然存在冗余。比如,使用相同码长表示不同出现概率的符号,则会造成位数的浪费。如果采用可变长编码技术,对出现概率大的符号用短码字表示,对出现概率小的符号用长码字表示,则可去除符号冗余,从而节约码字。

随着对人的视觉系统和图像模型的进一步研究,人们可能会发现图像中存在着更多的冗余性,使图像数据压缩编码的可行性越来越大,从而推动图像压缩技术的进一步发展。

3.1.3 多媒体数据压缩的分类

数据压缩就是减少信号数据的冗余性。数据压缩常常又称为数据信源编码,或简称为数据编码。与此对应,数据压缩的逆过程称为数据解压缩,也称为数据信源解码,或简称为数据解码。多媒体数据压缩的方法根据不同的依据可产生不同的分类。

1. 压缩后信息是否有损失

常用的压缩编码方法可根据压缩后质量是否有损失分为两大类:一类是无损压缩法(冗余压缩法);一类是有损压缩法(熵压缩法),或称为有失真压缩法。

(1) 无损压缩法

无损压缩法(Lossless Compression Coding)也称为可逆压缩、无失真编码、熵编码等。工作原理为去除或减少冗余值,但这些被去除或减少的冗余值可以在解压缩时重新插入到数据中以恢复原始数据。它大多使用在对文本和数据的压缩上,压缩率比较低,大致为2:1~5:1。典型算法有哈夫曼编码、香农-费诺编码、算术编码、游程编码和Lenpel-Ziv编码等。

(2) 有损压缩法

有损压缩法(Loss Compression Coding)也称为不可逆压缩和熵压缩等。这种方法在压缩时减少的数据信息是不能恢复的。在语音、图像和动态视频的压缩中经常采用这类方法。用这种方法对自然景物的彩色图像进行压缩，压缩比可达到几十倍甚至上百倍。

有损压缩法压缩了熵，会减少信息量，因为熵定义为平均信息量，而损失的信息是不能再恢复的，因此这种压缩是不可逆的。

由于无损压缩法不会产生失真，在多媒体技术中一般用于文本、数据压缩，它能保证百分之百地恢复数据。但这种方法的压缩率比较低，如 LZ 编码、游程编码、Huffman 编码的压缩比一般在 2∶1～5∶1 之间。

有损压缩法由于允许一定程度上的失真，可用于对图像、声音、动态视频等数据压缩，如采用混合编码的 JPEG 标准，它对自然景物的灰度图像，一般可压缩几倍到几十倍，而对于彩色图像，压缩比将达到几十倍到上百倍。采用 ADPCM 编码的声音数据，压缩比通常也能达到 4∶1～8∶1，压缩比最高的是动态视频数据，采用混合编码的 DVI 多媒体系统，压缩比通常可达 100∶1～200∶1。

2. 根据编码算法来分

(1) 预测编码(Predictive Coding，PC)

这种编码器记录与传输的不是样本的真实值，而是真实值与预测值之差。对于语音，就是通过预测去除语音信号时间上的相关性；对于图像来讲，帧内的预测去除空间冗余、帧间预测去除时间上的冗余。预测值由预编码图像信号的过去信息决定。由于时间、空间相关性，真实值与预测值的差值变化范围远远小于真实值的变化范围，因而可以采用较少的位数来表示。另外，若利用人的视觉特性对差值进行非均匀量化，则可获得更高压缩比。

(2) 变换编码(Transform Coding，TC)

在变换编码中，由于对整幅图像进行变换的计算量太大，所以一般把原始图像分成许多个矩形区域，对子图像独立进行变换。变换编码的主要思想是利用图像块内像素值之间的相关性，把图像变换到一组新的“基”上，使得能量集中到少数几个变换系数上，通过存储这些系数而达到压缩的目的。采用离散余弦编码 DCT 变换消除相关性的效果非常好，而且算法快速，被普遍接受。

(3) 统计编码

最常用的统计编码是哈夫曼编码，出现频率大的符号用较少的位数表示，而出现频率小的符号则用较多位数表示，编码效率主要取决于需要编码的符号出现的概率分布，越集中则压缩比越高。哈夫曼编码可以实现熵保持编码，所以是一种无损压缩技术，在语音和图像编码中常常和其他方法结合使用。

压缩算法还有很多种不同的分类方法，其余方法不再详述，如图 3.1 所示。

3.1.4 压缩编码方法与指标

1. 压缩编码方法

(1) 脉冲编码调制 PCM

数据编码方式之一。主要过程是将话音、图像等模拟信号每隔一定时间进行取样，使其离散化，同时将抽样值按分层单位四舍五入取整量化，同时将抽样值按一组二进制码来表示抽样脉冲的幅值。

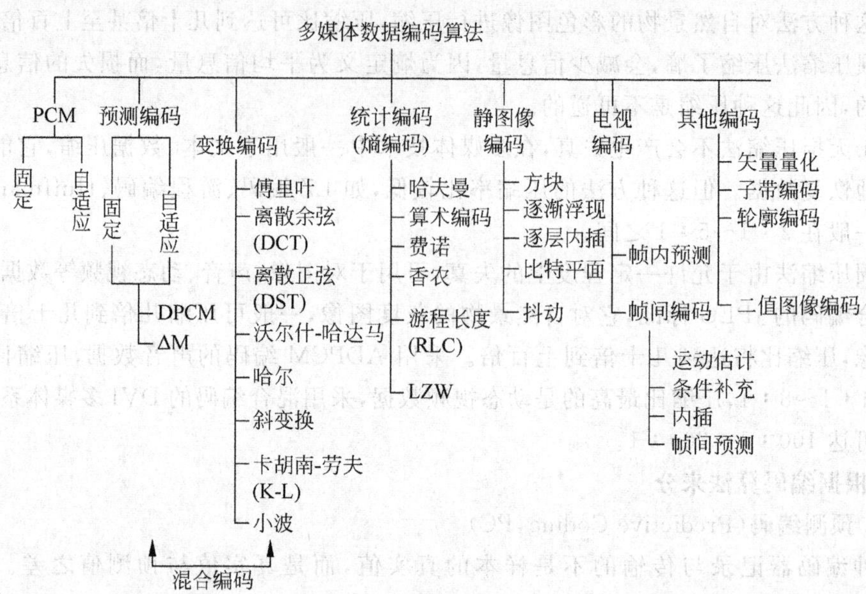

图 3.1 编码算法一览图

(2) 预测编码

编码器记录的不是样本的真实值,而是它对预测值的差。这种编码方式称为差值脉冲编码调制(DPCM)。预测值由欲编码图像信号的过去信息决定。通常采用线性预测。由于空间相关性,真实值与预测值的差值的变化范围远远小于真实值的变化范围,因而可以用较少的位数来表示。另外,若利用人的视觉特性对差值进行非均匀量化,则会获得更高的压缩比。

(3) 变换编码

其主要思想是利用图像块内像素值之间的相关性,把图像变换到一组新的基上,使得能量集中在少数变换系数上,通过存储这些系数从而达到压缩图像的目的。在变换编码中,由于对整幅图进行变换的计算量太大,所以一般把原始图像分成许多个矩形区域子图像独立进行变换。如 DCT 变换。

(4) 统计编码

最常用的统计编码是 Huffman 编码。其基本原理是根据信源的频率进行编码。对于出现频率大的符号用较少的位数来表示,而对于出现频率小的符号用较多位数来表示。这种方法的压缩率取决符号的分布频率,分布越集中压缩效果越好。

还有一种算术编码方法,也是统计编码。算术编码适合于信源符号概率比较接近的情况。在 JPEG 的扩展系统中,用算术编码代替 Huffman 编码。

(5) 混合编码

一般是将预测编码和变换编码合并使用。比如在一个方向上进行变换,在另一个方向上用 DPCM 对变换系数进行预测编码。或是对动态图像二维变换加上时间方向上的 DPCM 预测。

2. 压缩性能指标

衡量一种数据压缩技术的好坏有 3 个重要指标。

① 压缩比要大，即压缩前后所需要的信息存储量之比要大；

② 实现压缩的算法要简单，压缩、解压速度要快，尽可能地做到实时压缩解压；

③ 恢复效果要好，要尽可能地恢复原始数据。

3.2 压缩算法介绍

信息论中介绍了几种典型的熵编码方法，如 Shannon 编码法、Fano 编码法和 Huffman 编码法，其中尤其以哈夫曼编码法为最佳，在多媒体编码系统中常用这种方法作熵保持编码。

3.2.1 香农-范诺算法

1. 香农简介

克劳德·艾尔伍德·香农(Claude Elwood Shannon)，美国数学家、电子工程师和密码学家，被誉为信息论的创始人。1937 年 21 岁的香农是麻省理工学院的硕士研究生，他在其硕士论文中提出，将布尔代数应用于电子领域，能够构建并解决任何逻辑和数值关系，被誉为有史以来最具水平的硕士论文之一。1948 年香农发表了划时代的论文《通信的数学原理》，奠定了现代信息理论的基础。“二战”期间，香农为军事领域的密码分析，密码破译和保密通信，做出了很大贡献。

香农定理描述了有限带宽，有随机热噪声信道的最大传输速率与信道带宽，信号噪声功率比之间的关系。

在信号处理和信息理论的相关领域中，通过研究信号在经过一段距离后如何衰减以及一个给定信号能加载多少数据后得到了一个著名的公式，叫做香农(Shannon)定理。它以位每秒(bps)的形式给出一个链路速度的上限，表示为链路信噪比的一个函数，链路信噪比用分贝(dB)衡量。因此，可以用香农定理来检测电话线的数据速率。

2. 香农-范诺编码

香农-范诺(Shannon-Fano)编码是一种基于一组符号集及其概率(估量或测量所得)从而构建前缀码的技术。该技术是香农(Claude Shannon，1948 年)和范诺(Robert Fano，1949 年)各自独立发现的，因此被称为香农-范诺算法。

香农-范诺编码，符号从最大可能到最小可能排序，将排列好的符号分化为两大组，使两组的概率和近于相同，并各赋予一个二元码符号 0 和 1。只要有符号剩余，以同样的过程重复这些集合，以此确定这些代码的连续编码数字。依次下去，直至每一组只剩下一个信源符号为止。当一组已经降低到一个符号，显然这意味着符号的代码是完整的，不会形成任何其他符号的代码前缀。

香农-范诺编码的目的是产生具有最小冗余的码词(Code Word)。其基本思想是产生编码长度可变的码词。码词长度可变指的是被编码的一些消息的符号可以用比较短的码词来表示。估计码词长度的准则是符号出现的概率。符号出现的概率越大，其码词的长度越短。

现举例说明香农-范诺编码思想。假如一串编码由 A～E 共 5 个符号组成，这 5 个可被编码的字母有如下出现次数：一组字符串总共 39 个字符，出现 A 的次数为 15，出现 B 的次数为7,出现C的次数为6,出现D的次数为6,出现E的次数为5,如表3.2所示。

表3.2　一组字符出现的次数与概率

符　号	A	B	C	D	E
计数	15	7	6	6	5
概率	0.38461538	0.17948718	0.15384615	0.15384615	0.12820513

Shannon-Fano 的编码算法可以用二叉树描述,树是根据一个有效的代码表的规范建立的。建立方法如下。

① 对于一个给定的符号列表,制定了相应概率的列表或频率计数,使每个符号的相对发生频率是已知的。

② 根据频率的符号列表排序,最常出现的符号在左边,最少出现的符号在右边。

③ 清单分为两部分,使左边部分的总频率和尽可能接近右边部分的总频率和。

④ 该列表的左半边分配二进制数字0,右半边分配二进制数字1。这意味着,第一半符号代码都是从0开始,第二半的代码都从1开始。

⑤ 对左、右半部分递归应用步骤(3)和(4),细分群体,并添加位的代码,直到每个符号成为一个相应的代码树的叶。

算法结构树如图3.2所示。

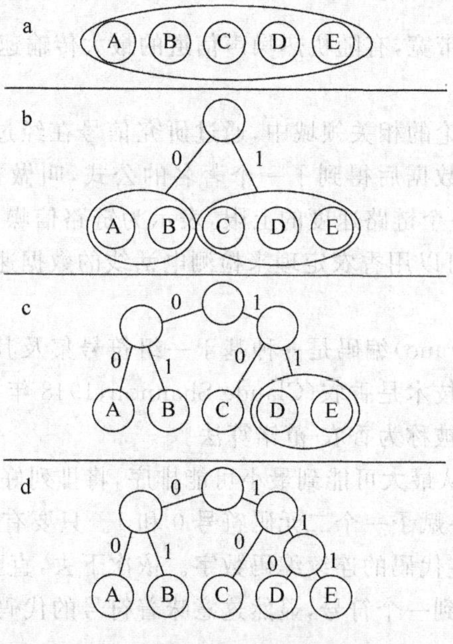

图3.2　香农-范诺编码算法结构图

从左到右,所有的符号以它们出现的次数划分。在字母B与C之间划定分割线,得到了左右两组,总次数分别为22,17。这样就把两组的差别降到最小。通过这样的分割,A与B同时拥有了一个以0为开头的码字,C、D、E的码字则为1,如表3.3所示。随后在树的左半边,于A、B间建立新的分割线,这样A就成为码字为00的叶子节点,B的码字为01。经过4次分割,得到了一个树形编码。在最终得到的树中,拥有最大频率的符号被两位编码,其他两个频率较低的符号被三位编码。

表 3.3　编码表

符号	A	B	C	D	E
编码	00	01	10	110	111

根据 A、B、C 两位编码长度，D、E 的三位编码长度，最终的平均码字长度是：

$$\frac{2\text{bit}(15+7+6)+3\text{bit}(6+5)}{39\text{Symbol}}\approx 2.28\text{bit per Symbol}$$

从上面编码表可知，如果用 ASCII 编码每个字符需要的位数是 8 位，用香农-范诺编码每个字符只需要 2.28 位，大大节省了存储空间。

3.2.2　哈夫曼编码算法

香农-范诺编码算法并非总能得到最优编码。1952 年 David A. Huffman 提出了一个不同的算法，这个算法可以为任何的可能性提供一个理想的树。香农-范诺编码是从树的根节点到叶子节点所进行的编码，哈夫曼编码算法却是从相反的方向，即从叶子节点到根节点的方向编码。

哈夫曼编码方法于 1952 年问世，迄今为止仍经久不衰，广泛应用于各种数据压缩技术中，且仍不失为熵编码中的最佳编码方法。

Huffman 编码法利用了最佳编码定理：在变字长码中，对于出现概率大的信息符号以短字长编码，对于出现概率小的信息符号以长字长编码。如果码字长度严格按照符号概率大小的相反顺序排列，那么平均码字长度一定小于按任何其他符号顺序排列方式得到的码字长度。

哈夫曼码字长度和信息符号出现概率大小次序正好相反，即大概率信息符号分配码字长度短，小概率信息符号分配码字长度长。Huffman 算法结构如图 3.3 所示。

① 为每个符号建立一个叶子节点，并加上其相应的发生频率。

② 当有一个以上的节点存在时，进行下列循环：

- 把这些节点作为带权值的二叉树的根节点，左右子树为空。
- 选择两棵根结点权值最小的树作为左右子树构造一棵新的二叉树，且至新二叉树根结点的权值为其左右子树上根结点的权值之和。
- 把权值最小的两个根节点移除。
- 将新的二叉树加入队列中。

③ 最后剩下的节点即为根节点，此时二叉树已经完成。

按照 Huffman Algorithm 编码方法，采用以上 Shannon - Fano 例子所使用的数据表如表 3.2 所示，进行分析。

在这种情况下，D、E 的最低频率和分配分别为 0(D)和 1(E)，分组结合的概率为 0.28205128。现在最低的一对是 B 和 C，所以它们就分配 0(B)和 1(C)组合，结合概率为 0.33333333。这使得 BC 和 DE 最低，每组都分配 0(BC)和 1(DE)，它们的代码和它们结合的概率最低。然后离开，只剩余一个 A 和 BCDE，此时分别分配为 0(A)和1(BCDE)，最后结合。生成代码如表 3.4 所示。这次 A 代码的代码长度是 1 位，其余字符是 3 位。

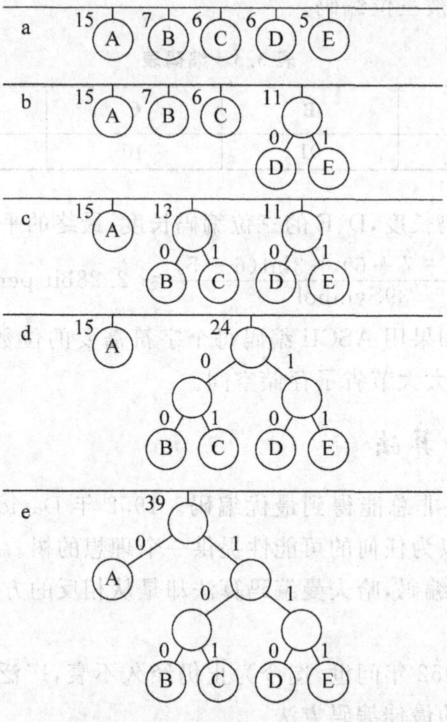

图 3.3　Huffman 算法结构图

表 3.4　Huffman 编码

字符	A	B	C	D	E
代码	0	100	101	110	111

结果是：

$$\frac{1\text{bit}\cdot 15+3\text{bit}\cdot(7+6+6+5)}{39\text{Symbol}}\approx 2.23\text{bit per Symbol}$$

从以上计算可知，按照 Huffman 编码，每个字符只需要 2.23 位即可，大大压缩了存储空间。

3.2.3　其他常见的压缩算法

(1) 字典算法

字典算法是最为简单的压缩算法，它把文本中出现频率比较多的单词或词汇组合成一个对应的字典列表，并用特殊代码来表示这个单词或词汇。例如，有字典列表如下：

00＝Chinese

01＝People

02＝China

源文本：I am a Chinese people，I am from China，压缩后的编码为：I am a 00 01，I am from 02。压缩编码后的长度显著缩小，这样的编码在 SLG 游戏等专有名词比较多的游戏中比较容易出现。

(2) 固定位长算法

固定位长算法(Fixed Bit Length Packing)是把文本用需要的最少的位来进行压缩编码。

比如 8 个十六进制数 1,2,3,4,5,6,7,8,转换为二进制为 00000001,00000010,00000011,00000100, 00000101,00000110,00000111,00001000。每个数只用到了低 4 位,而高 4 位没有用到(全为 0),因此对低 4 位进行压缩编码后得到 0001,0010,0011,0100,0101,0110,0111,1000,然后补充为字节得到 00010010, 00110100,01010110,01111000。所以原来的 8 个十六进制数缩短了一半,得到 4 个十六进制数 12,34,56,78。

这也是比较常见的压缩算法。

(3) RLE 算法

RLE(Run-Length Encoding,游程编码),又称为行程长度编码或变动长度编码法(Run Coding),在控制论中对于二值图像而言是一种编码方法,对连续的黑、白像素数(游程)以不同的码字进行编码。游程编码是一种简单的非破坏性资料压缩法,其好处是压缩和解压缩都非常快。

这种压缩编码是一种变长的编码,RLE 根据文本不同的具体情况会有不同的压缩编码变体与之相适应,以产生更大的压缩比率。

变体 1：重复次数+字符。

文本字符串：A A A B B B C C C C D D D D,编码后得到：3 A 3 B 4 C 4 D。

变体 2：特殊字符+重复次数+字符。

文本字符串：A A A A A B C C C C B C C C,编码后得到：B B 5 A B B 4 C B B 3 C。编码串的最开始说明特殊字符 B,以后 B 后面跟着的数字就表示重复的次数。

变体 3：把文本每个字节分组成块,每个字符最多重复 127 次。每个块以一个特殊字节开头。那个特殊字节的第 7 位如果被置位,那么剩下的 7 位数值就是后面字符的重复次数。如果第 7 位没有被置位,那么剩下 7 位就是后面没有被压缩字符的数量。

文本字符串：A A A A A B C D E F F F,编码后得到：85 A 4 B C D E 83 F(85H= 10000101B、4H= 00000100B、83H= 10000011B)。

以上三种 RLE 变体是最常用的,还有很多其他变体算法,这些算法在 Winzip、Winrar 压缩软件中是经常用到的。

除此之外还有很多压缩算法,这些编码也非常著名,而且压缩效率极高,不过这些编码的算法相对比较烦琐,规则也很复杂,由于篇幅有限就不逐一介绍了。

3.3 数据压缩编码国际标准

从 20 世纪 80 年代开始,世界上已有几十家公司纷纷投入到多媒体计算机系统的研制和开发工作中。20 世纪 90 年代已有不少精彩的多媒体产品问世,诸如荷兰菲利浦和日本索尼联合推出的 CD-I,苹果公司以 Macintosh 为基础的多媒体计算机系统,Intel 和 IBM 公司联合推出的 DVI。此外,还有 Microsoft 公司的 MPC 及苹果公司的 Quick Time 等,这些多媒体计算机系统各具特色,丰富多彩,竞争异常激烈。

在色彩缤纷、变幻无穷的多媒体世界中,用户如何选择产品,如何自由地组合、装配来自不同厂家的产品部件,构成自己满意的系统,这就涉及一个不同厂家产品的兼容性问题,因此需要一个全球性的统一的国际技术标准。

国际标准化协会(International Standardization Organization,ISO)、国际电子学委员会(International Electronics Committee, IEC)、国际电信协会(International Telecommunication Union,ITU)等国际组织于20世纪90年代领导制定了多个重要的多媒体国际标准,如H.261、H.263、JPEG、MPEG等标准。

H.261是被可视电话、电视会议采用的视频、图像压缩编码标准,由CCITT制定,于1992年正式通过。CCITT是法语Comité Consultatif International Téléphonique et Télégraphique的缩写,英文是International Telegraph and Telephone Consultative Committee,中文为国际电报电话咨询委员会。

JPEG是由ISO与CCITT成立的"静态图像专家组(Joint Photographic Experts Group,JPEG)"制定的,用于连续变化的静止图像编码标准。

MPEG是以H.261标准为基础发展而来的。它是由IEC和ISO成立的"运动图像专家组(Moving Picture Experts Group,MPEG)"制定的,于1992年通过了MPEG-1,并在后来的几年中陆续推出了MPEG-2、MPEG-4、MPEG-7等标准。

3.3.1 JPEG编码

国际通用的标准JPEG是一个适用范围很广的静态图像数据压缩标准,既可用于灰度图像,也可以用于彩色图像。其目的是为了给出一个适用于连续色调图像的压缩方法,使之满足以下要求:

(1) 达到或接近当前压缩比与图像保真度的技术水平,能覆盖一个较宽的图像质量等级范围,能达到"很好"到"极好"的评估,与原始图像相比,人的视觉难以区分。

(2) 能适用于任何种类的连续色调的图像,且长宽比都不受限制,同时也不受限于景物内容、图像的复杂程度和统计特性等。

(3) 计算的复杂性是可以控制的,其软件可在各种CPU上完成,算法也可用硬件实现。

JPEG算法具有以下4种操作方式:

(1) 顺序编码

每一个图像分量按从左到右,从上到下扫描,一次扫描完成编码。

(2) 累进编码

图像编码在多次扫描中完成。累进编码传输时间长,接收端收到的图像是多次扫描由粗糙到清晰的累进过程。

(3) 无失真编码

无失真编码方法保证解码后完全精确地恢复源图像采样值,其压缩比低于有失真压缩编码方法。

(4) 分层编码

图像按多个空间分辨率进行编码。在信道传输速率慢或接收端显示器分辨率不高的情况下,只需做低分辨率图像解码,也就是说,接收端可以按显示分辨率有选择地解码。

JPEG压缩是有损压缩,它利用了人的视觉系统的特性,去掉了视觉冗余信息和数据本身的冗余信息。在压缩比为25∶1的情况下,压缩后的图像与原始图像相比较,非图像专家难辨“真伪”。

3.3.2 MPEG 编码

ISO 和 CCITT 于 1988 年成立了“运动图像专家组”，研究制定了视频及其伴音国际编码标准。MPEG 阐明了声音电视编码和解码过程，严格规定声音和图像数据编码后组成位数据流的句法，提供了解码器的测试方法等。其最初标准解决了如何在 650MB 光盘上存储音频和视频信息的问题，同时又保留了充分的可发展的余地，使得人们可以不断地改进编码、解码算法，以提高声音和电视图像的质量及编码效率。

目前为止，已经开发的 MPEG 标准有以下几种。

(1) MPEG-1

运动图像专家组在 1991 年 11 月提出了“用于数据速率大约高达 1.5Mb/s 的数字存储媒体的电视图像和伴音编码”，作为 ISO 11172 号建议，于 1992 年通过，习惯上通称 MPEG-1 标准。这个标准主要是针对当时具有这种数据速率的 CD-ROM 开发的，用于在 CD-ROM 上存储数字影视和传输数字影视，PAL 制为 352×288 像素/帧×25 帧/秒，NTSC 制为352×240 像素/帧×30 帧/秒。

MPEG-1 主要用于活动图像的数字存储，它包括 MPEG-1 系统、MPEG-1 视频、MPEG-1 音频、一致性测试和软件模拟 5 个部分。重点放在 MPEG 视频和音频压缩技术上。

(2) MPEG-2

MPEG-2 是数字电视标准。MPEG-2 于 1994 年 11 月正式被确定为国际标准。它是声音和图像信号数字化的基础标准，将广泛用于数字电视(包括 HDTV)及数字声音广播、数字图像与声音信号的传输、多媒体等领域。因而 MPEG-2 是十分重要的，也是非常成功的世界统一标准。

MPEG-2 标准是一个直接与数字电视广播有关的高质量图像和声音编码标准，MPEG-2 视频利用网络提供的更高的带宽(1.5Mb/s 以上)来支持具有更高分辨率图像的压缩和更高的图像质量。MPEG-2 可以说是 MPEG-1 的扩充，这是因为它们的基本编码和算法都相同。与 MPEG-1 视频比较，MPEG-2 可支持隔行扫描电视的编码，还提供了位速率的可变功能等，因而取得了更好的压缩效率和图像质量。MPEG-2 要达到的基本目标是：位速率为 4～9Mb/s，最高达 15Mb/s。

同 MPEG-1 标准一样，MPEG-2 标准也包括系统、视频和音频等部分内容，具体说有系统、视频、音频、一致性测试、软件模拟、数字存储体命令和控制扩展协议、先进声音编码、系统解码器实时接口扩展标准等 10 个部分。它克服并解决了 MPEG-1 不能满足日益增长的多媒体技术、数字电视技术对分辨率和传输率等方面的技术要求的缺陷。

(3) MPEG-3

MPEG-3 是在制定 MPEG-2 标准后准备推出的适用于 HDTV 的视频、音频压缩标准，但是由于 MPEG-2 标准已经可以满足要求，故 MPEG-3 标准并未正式推出。

值得注意的是，MPEG-3 与常说的音频格式 MP3 不是一回事，MP3 音频压缩所采用的是 MPEG-1 和 MPEG-2 当中音频压缩的第三个层次(Layer 3)，采样率为 16-48kHz，编码速率为 8kbps～1.5Mbps。

(4) MPEG-4

MPEG-4 是 1999 年发布的多媒体应用标准。MPEG-4 于 1994 年开始工作，它是为视听数据的编码和交互播放开发的算法和工具，是一个数据速率很低的多媒体通信标准。MPEG-4 的目标是要在异构网络环境下能够高度可靠地工作，并且具有很强的交互功能。

MPEG-4 由于适合在低数据传输速率场合下应用，因此它的应用领域主要在公用电话交换网、可视电话、电视邮件和电子报纸等方面。

(5) MPEG-7

MPEG-7 作为 MPEG 家族中的一个新成员，目前还在研究中。正式名称叫做“多媒体内容描述接口(Multimedia Content Description Interface)”，还是以 MPEG-1、MPEG-2、MPEG-4 等标准为基础，它将为各种类型的多媒体信息规定一种标准化的描述，这种描述与多媒体信息的内容本身一起，支持用户对其感兴趣的各种“资料”的快速、有效地检索。

各种“资料”包括静止图像、图形、音频、动态视频，以及如何将这些元素组合在一起的合成信息。

这种标准化的描述可以加到任何类型的多媒体资料上，不管多媒体资料的表示格式如何，或是什么压缩形式，加上了这种标准化描述的多媒体数据就可以被索引和检索了。

各种类型信息的标准化描述可以分成一些语义上的层次。以视频资料为例：较低层次的描述就是颜色、形状、纹理、空间结构等信息；而最高层次的语义描述信息可以有介于上面层次之间的中间语义描述信息。同样的内容根据不同的应用领域要求，可以携带不同的类型的描述信息。

MPEG-7 的应用领域很广，主要包括以下领域。

① 数字图书馆。例如图像目录、音乐词典等。
② 多媒体目录服务。例如黄页(Yellow Page)等。
③ 广播式媒体的选择。例如无线电频道、TV 频道等。
④ 个人电子新闻服务、多媒体创作等。
⑤ 教育、娱乐、新闻、旅游、医疗和电子商务等。

本章小结

本章对多媒体信息压缩编码技术进行了较为系统的介绍。着重阐述了多媒体信息压缩的必要性与可行性，多媒体数据压缩的分类方法，并详细介绍了香农-范诺、哈夫曼算法理论基础。最后介绍了多媒体图像和视频中常见的 JPEG 和 MPEG 国际编码标准。信息编码理论具有较复杂的数学算法，在学习中只要了解基本思路即可，有兴趣的可以按照这种思路进行深入学习和研究。

思 考 题

1. 简述多媒体信息压缩的必要性和可行性。
2. 什么是有损压缩？什么是无损压缩？分别应用在什么场合？
3. 香农-范诺编码算法的基本思想是什么？
4. 哈夫曼编码算法的基本思想是什么？
5. JPEG 编码的特点是什么？
6. MPEG 编码的特点是什么？

第4章 文本与音频素材制作

在现实生活中，文字（包括字符和各种专用符号）是使用最多的信息交流工具。用文本表达信息，可以给人以充分的想象空间。在多媒体作品中文字主要用于对知识的描述性表示，比如阐述概念、定义、原理和问题，以及显示标题、菜单等内容。

4.1 文字素材的编辑处理

4.1.1 文字素材的特点与属性

1. 文字素材的特点

多媒体素材中的文字有两种形式：文本文字和图形文字，分别应用于不同场合。它们的区别如下。

(1) 产生的软件不同

文本文字多使用字处理软件（如记事本、Word、WPS 等），通过输入、编辑排版后生成；而图形文字多需要使用图形处理软件（如 3ds Max、Photoshop 等）来制作。

(2) 文件的格式不同

文本文字为文本文件格式（如 TXT、DOC、WPS 等），除了包含所输入的字符信息外，还包含排版信息；而图形文字为图像文件格式（如 BMP、C3D、JPG 等），它们都取决于所使用的软件和最终用户所选择的保存格式。图像格式所占的字节数一般要大于文本格式。

(3) 应用场合不同

文本文字多以文本文件形式（如帮助文件、说明文件等）出现在系统中；而图形文字可以制成图文并茂的艺术字，成为图像的一部分，以提高作品的感染力。

2. 文本文件的格式

对于文本信息的处理，可以在文字编辑软件中完成，如使用记事本、Word、WPS 等软件；也可以在多媒体编辑软件中直接制作。建立文本素材的软件非常多，而每种软件大都保存为特定的格式，于是就有了许多不同的文件格式。常用的文本文件的格式有以下几种。

(1) TXT 格式

TXT 是一种纯文本格式。在不同操作系统之间可以通用，兼容于不同的文字处理软件。因无文件头，不易被病毒感染。

(2) WRI 格式

WRI 是一个非常流行的文档文件格式，是 Windows 自带的“写字板”程序所生成的文档文件。

(3) DOC 格式

DOC 文件是由文字处理软件 Word 生成的文档格式,表现力强、操作简便。不过 Word 文档向下的兼容性不太好,用高版本 Word 编辑的文档无法在低版本中打开,在一定程度上影响了使用。

(4) WPS 格式

WPS 是由国产文字处理软件 WPS 生成的文档格式,旧版本的 WPS 所生成的 *.WPS 文件实际上只是一个添加了 1024 字节控制符的文本文件,它只能处理文字信息。而 WPS 97/2000 所生成的 *.WPS 文件则在文档中添加了图文混排的功能,大大扩展了文档的应用范围。值得一提的是,WPS 向下的兼容性较好,即使是采用 WPS 2000 编辑的文档,只要没有在其中插入图片,仍然可以在 DOS 下的旧版本 WPS 中打开。

(5) RTF 格式

RTF 是一种通用的文字处理格式,几乎所有的文字处理软件都能正确地对其进行编辑处理操作。

对相同的文本信息,不同格式生成的文件大小不同。表 4.1 列出了不同文件格式存储一页 16 开版面信息的文件大小。

表 4.1　不同格式存储一页 16 开版面信息的文件大小

软件名称	扩展名	文件大小(KB)
记事本	TXT	2.4
写字板	WRI	3.5
Word	DOC	22.5
WPS	WPS	6.3

3. 文字素材的属性

丰富多彩的文本信息是由文字的多种变化而构成的,即由字体(Font)、大小(Size)、格式(Style)、定位(Align)和颜色(Color)等组合形成的。文字素材的属性一般包括以下内容。

(1) 字体

由于计算机系统上安装的字库不是完全相同的,因此字体的选择也会有所不同。可以通过安装字库来扩充可选择的字体,它们默认保存在 Windows 系统下的 Fonts 文件夹中。字体文件的扩展名多为 FON 及 TT(True Type),TT 支持无级缩放、美观实用,因此一般字体都是 TT 形式。常用的一些装饰标志也可以以字体的形式出现。

(2) 格式

字体的格式主要包括普通、加粗、斜体、下划线、字符边框、字符底纹和阴影等。通过字体的格式设置,可以使文字的表现更加丰富多样。

(3) 大小

字的大小在中文里通常以字号为单位,从初号到八号,由大到小;而在西文中是以磅为单位,磅值越大,字就越大。为了使用方便,表 4.2 列出了文字字号、磅及毫米之间的对应关系。

表 4.2　字号、磅及毫米之间的对应关系

字号	初号	小初	一号	小一	二号	小二	三号	小三
磅值	42	36	26	24	22	18	16	15
毫米	14.82	12.70	9.17	8.47	7.76	6.35	5.64	5.29
字号	四号	小四	五号	小五	六号	小六	七号	八号
磅值	14	12	10.5	9	7.5	6.5	5.5	5
毫米	4.94	4.32	3.7	3.18	2.65	2.29	1.94	1.74

(4) 定位

字符的定位主要有左对齐、右对齐、居中、两端对齐以及分散对齐。一般标题采用居中,其他应根据具体情况设置。

(5) 颜色

对文字指定不同的颜色,使显示效果更加美观漂亮。

4.1.2 文字素材制作——COOL 3D

文字素材制作软件很多,大家熟悉的有 Word、写字板、记事本、国产文字处理软件 WPS 等,这些软件可以制作出十分漂亮的艺术字,操作方法简单、易学。相信大家都有一定的文字处理基础,此处不再赘述。使用平面设计或三维设计等软件也可以制作出美丽的艺术字,这些内容将在以后介绍。现在介绍一个动态文字制作工具——COOL 3D,通过该软件的介绍,可以制作出更加美观漂亮的动态文字效果。

1. 功能及界面介绍

COOL 3D 属于文字制作软件,是 Ulead 公司出品的一个专门制作文字 3D 效果的软件,它可以方便地生成具有各种特殊效果的 3D 动画文字。Ulead COOL 3D 作为一款优秀的三维立体文字特效工具,主要用来制作文字的各种静态或动态特效,如立体、扭曲、变换、色彩、材质、光影、运动等,并可以把生成的文字动画保存为 GIF 和 AVI 文件格式,因此广泛地应用于平面设计和网页制作领域。最新的 COOL 3D 3.5 版本中添加了对 3D 物体的制作,并能输出 Flash 格式的动画,使文本作品如虎添翼。

通过网络下载、安装完成后,运行 Ulead COOL 3D 3.5 程序,出现图 4.1 所示主界面。

其主界面可分为上、中、下三部分,用户可自由调整各部分的大小及布局,上面部分是菜单栏与工具栏;中间部分是工作区域,即所见即所得的立体字图形制作区间;下面部分是特效工具箱,其中左侧是特效功能选项,右侧为该特效的示例。

菜单栏包括 File、Edit、View、Image、Windows、Help 共 6 项,提供了常用的 New(新建)、Open(打开)、Save(保存)、Print(打印)、Undo(撤销)、Copy(复制)、Paste(粘贴)、Cut(剪切)等命令和设置窗口布局及帮助等功能。

2. 工具栏介绍

工具栏中有众多的快捷命令按钮,主要有下述 5 种。

① 对象工具栏。如图 4.2 所示,主要用于插入及编辑文字、图形等。

② 对象编辑工具栏。如图 4.3 所示,包括以下三个按钮。

- 移动按钮:通过拖动鼠标改变对象在屏幕上的位置。
- 旋转按钮:通过拖动鼠标使对象在某个方向上旋转。

• 缩放按钮：缩小或放大对象。

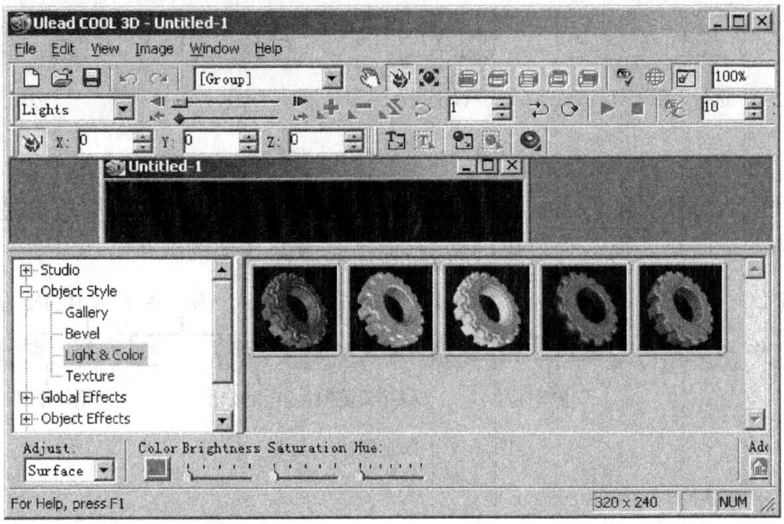

图 4.1　COOL 3D 主界面

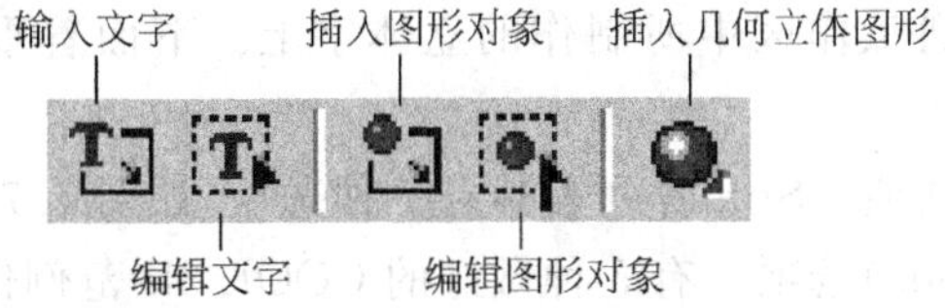

图 4.2　文字对象工具栏

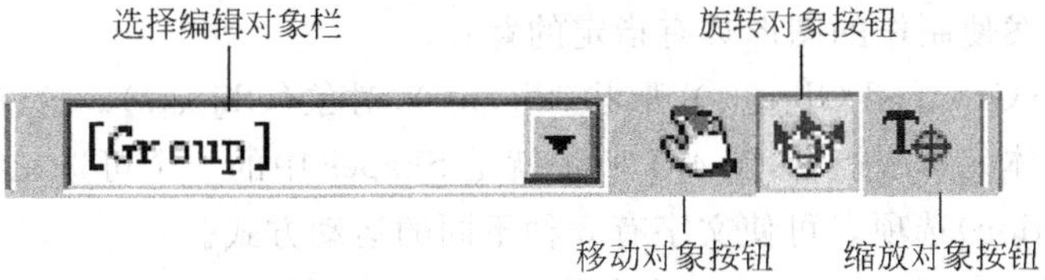

图 4.3　对象编辑工具栏

③ 面板调整工具栏。如图 4.4 所示，COOL 3D 把文字对象看作是由 5 个部分组成的，分别是前面、前面的斜切边缘、边面、后面的斜切边缘和后面。许多效果可以选择施加到不同的面上，按钮按下就代表该面能被添加效果。默认是所有面有效。

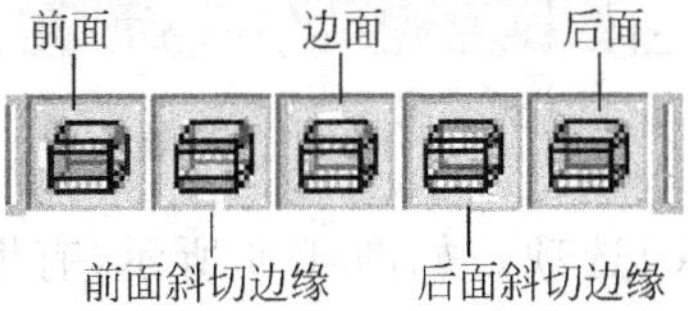

图 4.4　面板调整工具栏

④ 精确定位工具栏。如图 4.5 所示，可以将对象精确定位。

⑤ 动画控制工具栏。如图 4.6 所示，在动画控制工具栏中的“选择属性”下拉列表框中

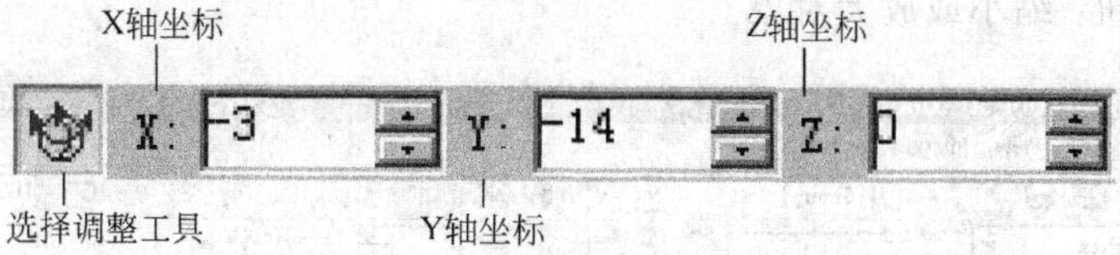

图 4.5 精确定位工具栏

选择一种属性,然后针对这种属性制作动画。这时在关键帧标尺中显示的只是这种属性的关键帧,这样就可以只处理这种效果的动画,而不会影响其他的效果。

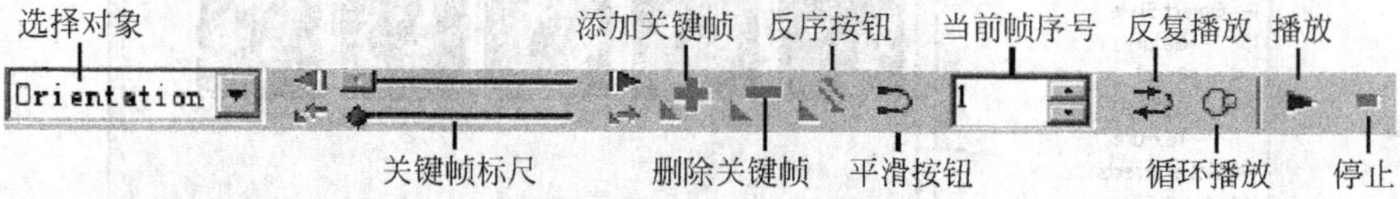

图 4.6 动画控制工具栏

3. 效果工具栏

COOL 3D 中提供了强大的特效功能,使做出的立体字更加生动、丰富。其操作方法都是相同的,首先从左侧功能选择区中选择特效类型,然后再从右侧列出的图例上双击,则该图例中的模式就会应用到工作区中所制作的立体字上。下面着重介绍工具箱中的六大类特效。

① 工作室(Studio)选项。Studio 列表共有 7 种选项,如图 4.7 所示。

- 作品(Compositions)选项。有 5 种做好的 COOL 3D 范例供选用。
- 背景(Background)选项。COOL 3D 默认的背景色是黑色的,如果未选任何背景图案,则新建图的背景色将是黑色的。COOL 3D 提供了大量的背景图案,可以通过选择这些图案使制作的图形具有指定的背景。
- 组合对象(Grouped Objects)、形状(Shapes)、对象(Objects)。这三个选项中提供了现成的物体元素或组合,图 4.7 所示就是 Shapes 中的 5 个可选元素。
- 运动(Motion)选项。可使文字有 5 种不同的运动方式。
- 摄影机(Camera)选项。可以通过摄影机中的不同镜头选项,使图形以选定的角度显示,有 5 种摄影机镜头可供选择。

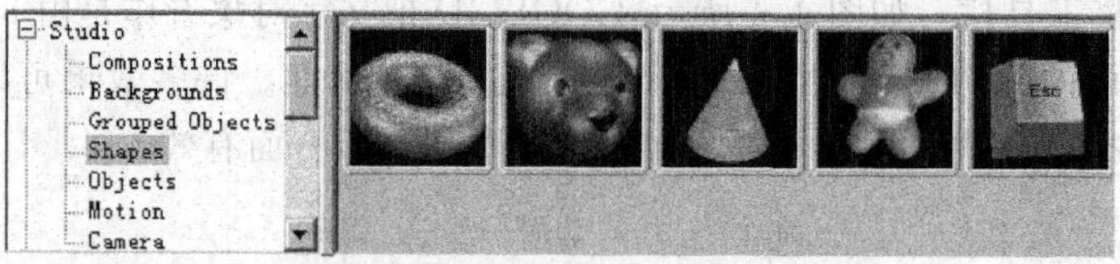

图 4.7 工作室中的特效示例

② 对象风格(Object Style)选项。如图 4.8 所示,有图库、斜面、亮度颜色和纹理三种选项。

- 图库(Gallery)选项。所谓图库,就是预先设置好的一些光影、色彩、纹理、斜面等的组合,这里列出了 5 种可供选取。如果要选中某种立体风格,只要把鼠标移到图库中对应的风格图上,然后双击它,做出立体字的颜色和三维风格就会随之改变。

图 4.8 对象风格特效示例

- 斜面(Bevel)选项。用来决定 3D 对象的厚度、粗细，边缘是直角边还是圆角边。
- 光线与色彩(Light & Color)选项。调整对象的阴暗与明亮，颜色的变化等。通过该选项，可以完成对所选对象的上光与上色。但要注意的是，当选择了本选项时，既会对所选对象上光与上色，同时影响到图中的所有对象。
- 纹理(Texture)选项。用来设置对象的表面底纹。主要完成对所选对象表面进行花纹处理的功能，使该对象看起来具有木材、石料等材质的效果，有很多材质可供选择。

综合运用斜面、光线与色彩、纹理可以任意设置想要的效果。

③ 整体效果(Global Effects)。通过该选项，可以对整个图形进行一些特殊处理，如加入阴影(Shadow)、火焰(Fire)、闪电(Lightning)、使图形发光(Glow)等特效，从而使做好的立体字看起来更有特色。图 4.9 所示是闪电特效。

图 4.9 闪电特效示例

④ 对象效果(Object Effects)。该选项可以对选择的目标进行一些特效处理，如弯曲、倾斜、移动、旋转、跳动、扭曲、爆炸，以及按一定的路径运动等。共有 13 类 65 种效果。图 4.10 所示是扭曲(Twist)效果。

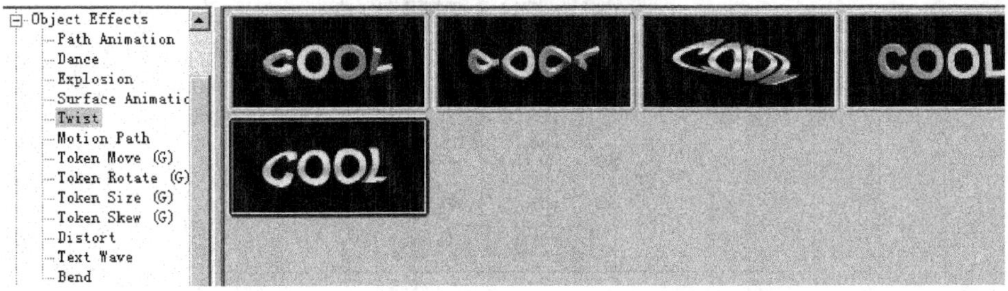

图 4.10 扭曲效果示例

⑤ 过渡效果(Transition Effects)。在制作视频文件或 GIF 动画时用来设置对象出现时的过渡效果。COOL 3D 提供了跳跃(Jump)、爆炸冲击波(Blast)、撞击(Bump)等 15 种动画效果，只要双击某个动画效果，所做的立体字就会按照对应的方式动起来，如图 4.11 所示。

⑥ 斜面效果(Bevel Effects)。在对象风格中已经简单介绍了斜面特效，但那里只是简单的设置。进一步运用斜面效果，可以制作立体字招牌，如图 4.12 所示。

图 4.11　过渡效果

图 4.12　斜面效果

- 烙印(Imprint)效果。模仿将 3D 对象在招牌上刻成阴文。
- 框架(Frame)效果。给 3D 对象加上花边。
- 空心(Hollow)效果。将 3D 对象镂空在招牌上。
- 招牌(Board)效果。模仿将 3D 对象在招牌上刻成阳文,正好与烙印效果相反。
- 自定义斜面(Custom Bevel)效果。允许用户自己设置立体字的倾斜角度、立体字的厚度和倾斜后的形状。

4. 应用实例

1) 制作立体字

以制作“西安市”立体字为例来说明 COOL 3D 的使用方法。

(1) 确定图像大小。运行 COOL 3D 之后,屏幕上便会出现一个默认的 320×240 像素的工作空间。在制作特效字之前,首先确定要完成的特效字画布的大小,选择 Image(图像)→Dimension(尺寸)命令,弹出图 4.13 所示 Dimensions 对话框,用于设置画布大小。

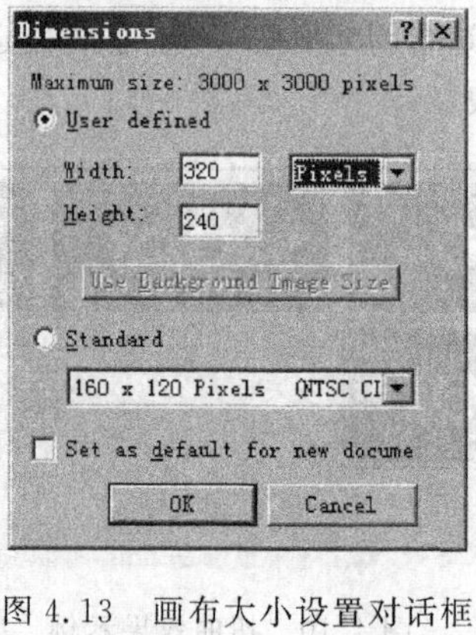

图 4.13　画布大小设置对话框

一般情况下,选择默认值就可以了。如果是用于网页上的动画文件,建议不要做得太大,否则会影响下载速度。如果必须制作一个大画面,最好将每个字做成一个独立的文件,这样当浏览该网页时,相当于有几个进程同时下载,可以减少因下载速度过慢对浏览者造成的等待时间。

(2) 输入文字。单击对象工具栏上的 Insert Text(插入文字)按钮(如图 3.2 所示),或按 F3 键,弹出输入文字对话框,如图 4.14 所示。

在文本框中输入“西安市”三个字,在字型下拉框中选择字型,有隶书、宋体、仿宋、黑体

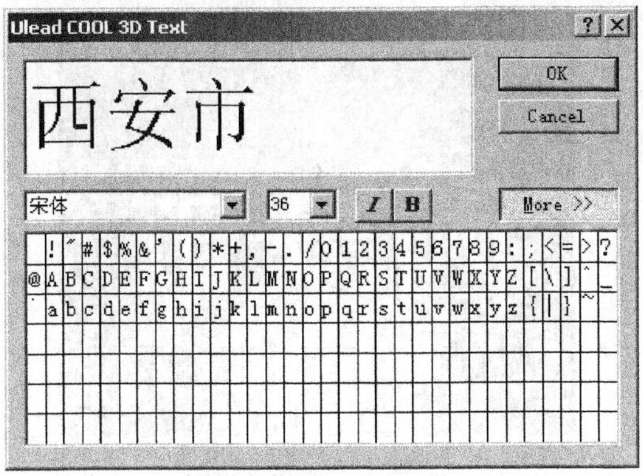

图 4.14 输入文字对话框

等字型。选择宋体,单击 OK 按钮后,输入的文字就在屏幕上显示出来。如果要对输入的文字做修改,可单击对象工具栏上的 Edit Text(编辑文字)按钮,或按 F4 键,再次弹出文字输入对话框,对文字对象进行修改。

(3) 改变立体字的大小和字间距离。单击常用工具栏中的"改变对象大小"按钮,移动鼠标到工作窗口,这时会发现鼠标变成十字形,向下或向右拖动,文字会变长或变宽;反之,文字则变小或变扁。还可以通过位置工具栏来精确设定立体字的大小。文本工具栏中有两个标着 AB 的按钮,可以通过选择 View→Text Toolbar 命令弹出文字工具栏,它们是用来改变字符间距离的,一个是增大间距,另一个是缩小间距。

(4) 移动或调整立体字。按下工具栏中一个小手形状的按钮,把鼠标移到立体字上,就可以移动立体字,拖动鼠标把立体字移到合适的位置。按下工具栏中表示旋转的按钮,把鼠标移到立体字上,便能以 X 轴或 Y 轴为轴心旋转立体字,把它们调到合适的角度,调整时既可以在 X 轴上旋转,也可以在 Y 轴上旋转。

(5) 选择立体字风格。所有的 3D 对象刚刚显示出来时都是灰色的,可以在此基础上添加各种特效。在图 4.8 所示效果栏中,在 Gallery 选项中选择一种立体字风格(例如金黄色的)双击,稍等片刻,立体字即变为该三维风格。

(6) 加上背景。在图 4.7 所示效果栏中,在 Background 选项中选择一个合适的背景,例如选红色光盘彩色背景图案,双击该背景图案,则立体字的背景就变成了该图案。

(7) 让立体字动起来。在图 4.7 所示效果栏中,在 Motion 选项中选择一种立体字旋转的方式,例如绕 X 轴旋转或者绕 Y 轴旋转等,双击该旋转方式,立体字就动起来。效果如图 4.15 所示。

2) 制作爆炸、燃烧特效字体

(1) 给立体字添加爆炸特效,步骤如下。

① 用前面介绍的方法先创建出立体字。

② 在特效工具箱中选择 Object Effects→Explosion 选项,如图 4.16 所示。

③ 选择一种爆炸效果,双击即可应用到立体字上。

④ 单击动画工具栏中的播放按钮便可欣赏。如果对制作的效果不满意,还可以通过改变属性工具栏中的参数(如图 4.16 所示)来创建自己的爆炸特效。属性工具栏中共有 6 种设置,它们依次是:

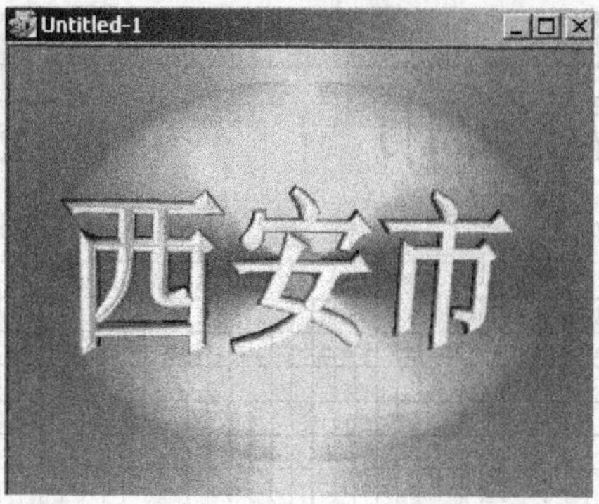

图 4.15　实例效果图

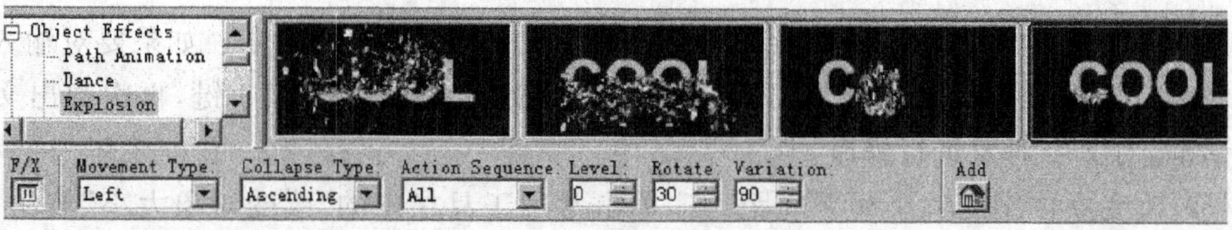

图 4.16　爆炸特效设置对话框

- 运动方式(Movement Type)。即爆炸后碎片的运动方式,分为粉碎(Shatter)、重力(Gravity)、下降(Descend)、上升(Ascend)、向前(Forward)、向后(Backward)、向左(Left)和向右(Right)共8种。
- 崩塌方式(Collapse Type)。可以设定爆炸从每个字母的开始位置。All表示爆炸从整个字母开始;Random表示爆炸从字母上随机选定的点开始;Descend表示字母由上而下爆炸;Ascend表示字母自下而上爆炸。
- 动作次序(Action Sequence)。可以设定爆炸从哪个字母开始,按什么顺序进行。All表示爆炸同时开始;Random表示爆炸从随机选定字母开始;Forward及Backward表示按字母顺序或逆序爆炸。
- 级别(Level)。用于设定爆炸的程度,取值范围为0～100,数值越大,爆炸程度也越大。
- 旋转(Rotation)。用于设定爆炸时碎块的旋转程度,取值范围为0～100,100表示旋转一圈。
- 变化(Variation)。用于设定爆炸时碎块是否在大小、形状上有所不同,取值范围为0～100,数值越大,差异也越大。

对上述属性进行综合设置,可以得到意想不到的效果。

(2) 给立体字添加燃烧效果,步骤如下。

① 用前述方法创建出立体字。

② 在特效工具箱中选择Global Effects→Fire选项,如图4.17所示。

③ 选择一种效果,双击即可应用到立体字上。

④ 单击动画工具栏中的播放按钮便可欣赏。如果对制作的效果不满意,可以通过改变属性工具栏中的参数来创建自己的火焰特效。属性工具栏中共有7种设置,分别是:

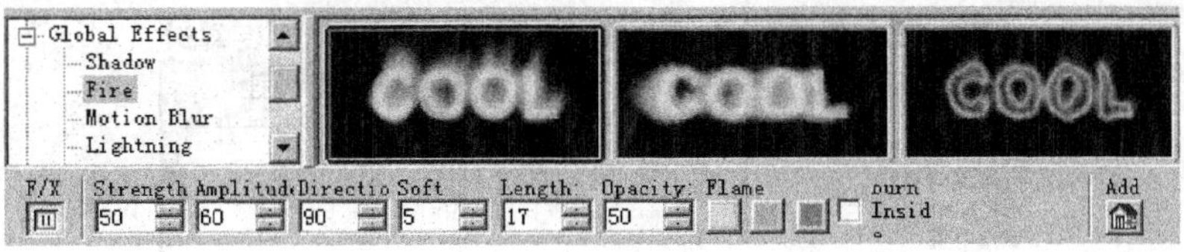

图 4.17　火焰特效设置对话框

- 强度(Strength)。用于设定火焰的最高程度,取值范围为 10～200,数值越大,火焰越高。
- 振幅(Amplitude)。用于设定火焰的摇摆幅度,取值范围为 10～100,数值越大,火焰摇摆的幅度越大。
- 方向(Direction)。用于设定火焰的摇摆方向,可以制作出火焰被风吹的效果。取值范围为 0～359,数值表示沿 X 轴逆时针旋转的角度。
- 柔化(Soft)。表示 3D 对象与火焰的融合效果,取值范围为 0～10,数值越大表示 3D 对象与火焰越融合在一起。
- 长度(Length)。表示火焰的长度,取值范围为 10～50,数值越大表示 3D 对象越烧越旺。
- 不透明性(Opacity)。用于设定火焰的烈度,取值范围为 1～100,取值越小,火势越小。
- 火焰颜色(Flame)。三种颜色分别代表火焰的内焰、中焰和外焰的颜色,单击进行修改。

5. 作品输出

在完成一幅作品后,可以保存为 COOL 3D 默认的文件格式,以备将来编辑修改。但多数情况是将其保存为其他格式,以便在其他应用程序中调用。

(1) 静态 3D 文字的保存

选择 File→Create Image Files 命令,可以选择保存为 BMP、JPG、GIF、TGA 等格式图形文件。

若保存为 JPEG 文件,还可以选择图像的压缩质量(从 0 到 100),如图 4.18 所示。对于网页制作者,要特别注意 Progressive Compression(步进压缩)选项,选择该选项后,当网页被浏览时,图像是边下载边显示。

若保存为 GIF 格式的文件,则提供如图 4.19 所示的选项。其中 Transparent Background(背景透明)选项是将原来的黑色设置为透明色; Dither(抖动)使图像看起来更精细; Interlace(隔行扫描)是一种边显示边下载的方式,在显示时隔几行显示一部分,这样可以产生图像渐渐清晰的效果。

(2) 动态 3D 文字的保存

选择 File→Create Animation(创建动画文件)命令可保存为动画格式。

若要保存为动画 GIF 文件时,选项同保存为静态图像文件时类似,另外还有一个视频文件特有的帧延迟选项,可以选择动画中的每一帧显示多长时间,以百分之一秒为单位,默

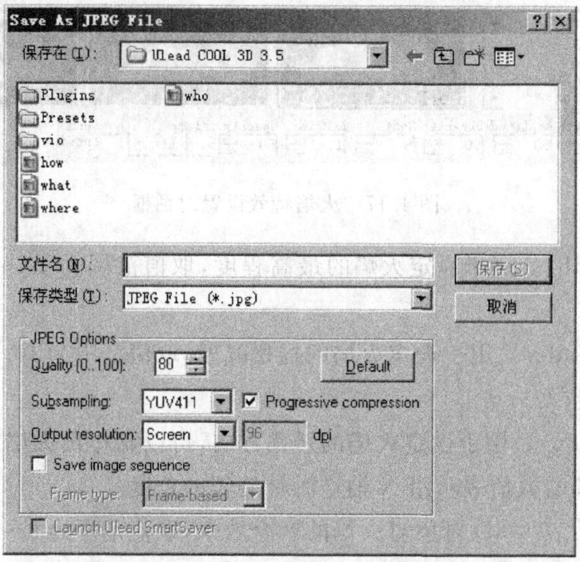

图 4.18　存储 JPG 文件参数设定

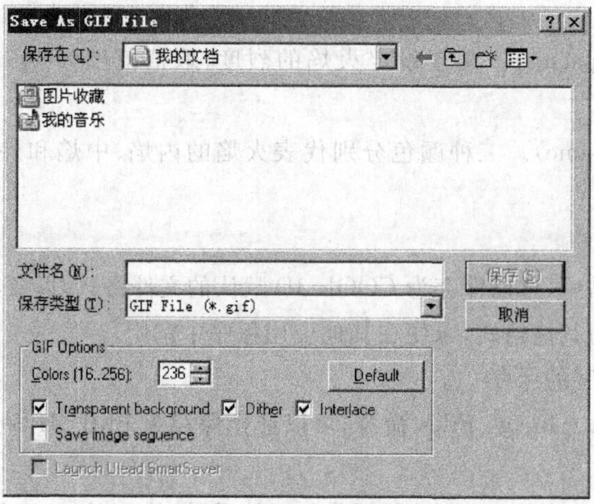

图 4.19　存储 GIF 文件参数设定

认值为十分之一秒。

在另存为 AVI 文件时,单击保存对话框中的 Options 按钮,根据需要打开不同的选项卡,可以设置每秒显示动画的帧数(1～30),还可以设置动画的类型是基于帧的、基于域序列 A 的还是域序列 B 的。一般情况下,如果 AVI 文件在计算机上播放,则选择基于帧的。如果用于别的视频播放,则要根据不同的设备选择后面两种之一,如图 4.20 所示。

若不想保存为动画文件,还可以将它们保存为一系列静态图像文件。选择 Save image sequence(保存图像序列)复选框,将动画的帧保存为一系列 BMP 文件,第一个文件名字自动设定为文件名后加 00000,以后依此类推。

图 4.20　存储 AVI 文件参数设置对话框

4.2　声音处理软件

现成的一些声音素材往往不符合需要，通常要经过编辑处理后才可以使用，这样音频编辑软件便应运而生。目前，各种各样的音频编辑软件一般都有友好直观的操作界面，只是在处理的细节上各有特点，如 Windows 自带的录音机，尽管功能不是很强大，但它确实小巧实用；Animator Studio 中的 SoundLab 和 Ulead Media Studio 中的 Audio Editor 都非常不错；超级解霸中的音频解霸能将波形文件存为 MP3 格式的文件；同时，一些声卡自带的声音处理软件也很实用，像 Sound Blaster 系列所带的 WaveStudio 等。因此，只要掌握其中的一种便可触类旁通。下面对几个典型音频编辑工具加以介绍。

4.2.1　录音机

“录音机”是 Windows 操作系统中自带的声音处理程序。可以通过选择“程序”→“附件”→“娱乐”→“录音机”命令运行“录音机”程序，其对应的是 Windows 目录下的 Sndrec32.exe 文件。运行后界面如图 4.21 所示。录音机提供了录音、混合声音、添加回音、加速等最基本的操作。

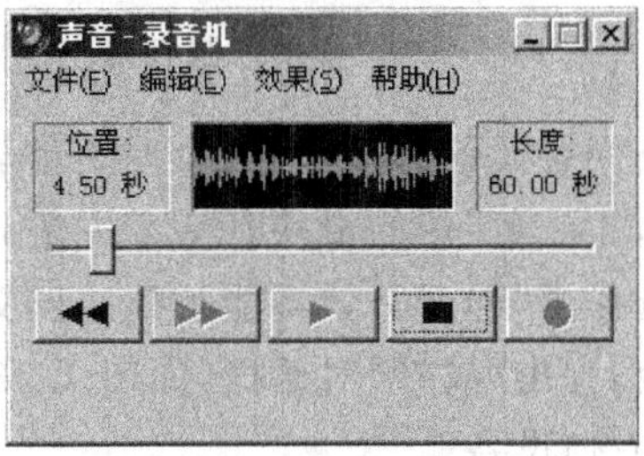

图 4.21　录音机程序界面

1. 录制声音

录制声音的步骤如下：

① 启动录音机程序,将话筒插入声卡的 MIC IN 插孔中。

② 单击红色的"录音"按钮开始录音,这时声波窗口中出现波形。

③ 单击"停止"按钮结束录音。

④ 选择"文件"→"另存为"命令,输入文件名后保存即可。

2. 插入另一个声音文件

在一个声音文件中插入另一个声音文件的操作步骤如下。

① 选择"文件"→"打开"命令,打开一个声音文件。

② 拖动滑块,定位拟插入点的位置。

③ 选择"编辑"→"插入文件"命令。

④ 从"插入文件"对话框中选取要插入的波形文件名,单击"确定"按钮即可。

3. 删除声音文件中的一部分

如果想删除声音文件中的一部分内容,操作步骤如下。

① 选择"文件"→"打开"命令,打开一个声音文件。

② 拖动滑块,定位拟删除起始点的位置。

③ 选择"编辑"菜单中的"删除当前位置以前的内容"或"删除当前位置以后的内容"命令,单击"确定"按钮即可。

4. 音量控制

选择"程序"→"附件"→"娱乐"→"音量控制"命令,弹出"音量控制"窗口,如图 4.22 所示。

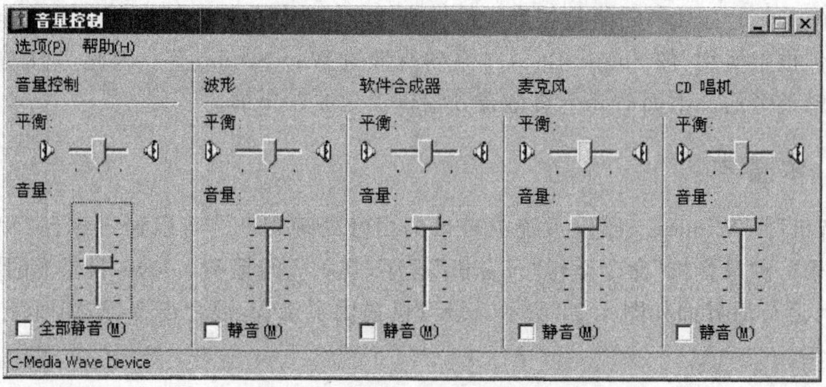

图 4.22 "音量控制"窗口

"音量控制"窗口显示了不同音源的音量、均衡及是否静音等情况。拖动"音量"下的滑块,可以设置不同音源的音量;"平衡"处的滑块代表着左右声道的音量分配。如果此处的"音量控制"或"波形"有一个选择了"静音",就不能听到波形文件的声音了。

选择"选项"→"属性"命令,弹出"属性"对话框,如图 4.23 所示。可以设置是回放窗口,还是录音窗口,以及该窗口中有何设备。

如果用话筒录音,就必须保证"录音控制"窗口中的"麦克风音量"下的"选择"复选框被选中,如图 4.24 所示。

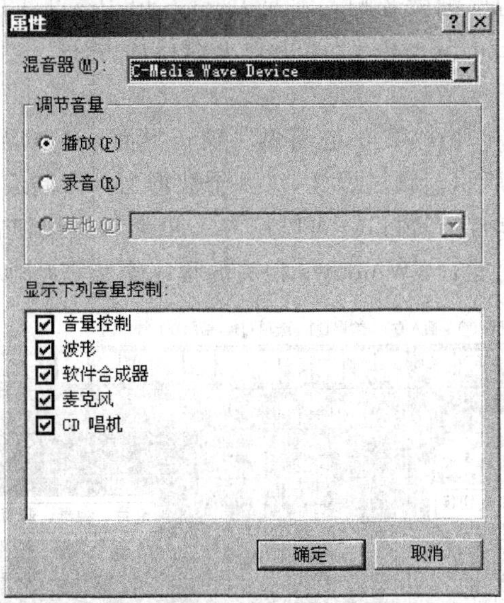

图 4.23　音量控制属性对话框

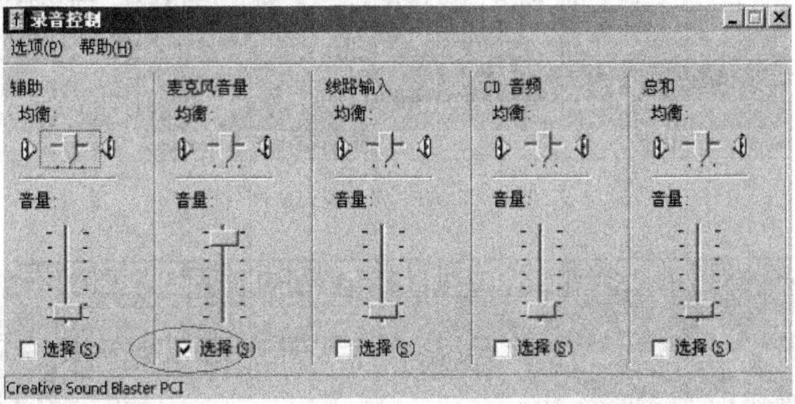

图 4.24　录音控制音源设置

4.2.2　Cool Edit Pro V2.0 功能简介

Cool Edit Pro(CEP)是 Syntrillium Software 公司出品的声音编辑处理软件,具备各种专业的音频处理功能(超过 45 种效果)和很高的采样频率及采样精度支持(最高 32 位,192k 采样速率)。CEP 功能强大,容易上手,对系统的要求也不高。

Cool Edit Pro 是一个专业音频编辑和混合环境,在 2003 年被 Adobe 公司收购后改名为 Adobe Audition。Audition 专为在照相室、广播设备和后期制作设备方面工作的音频和视频专业人员设计,可提供先进的音频混合、编辑、控制和效果处理功能。最多混合 128 个声道,可编辑单个音频文件,创建回路并可使用 45 种以上的数字信号处理效果。

Audition 是一个完善的多声道录音室,可提供灵活的工作流程并且使用简便。无论是录制音乐、无线电广播,还是为录像配音,Audition 中恰到好处的工具均可为用户提供充足动力,以创造高质量的丰富、细微音响。它是 Cool Edit Pro 2.1 的更新版和增强版。为了使用方便,下面继续以 Cool Edit Pro 2.0 为例介绍使用方法。

1. 录制音频

安装后运行 Cool Edit Pro V2.0,它有两种窗口界面:多轨混音窗口和单轨音频编辑窗口,如图 4.25 和图 4.26 所示。顾名思义,对一个波形文件录制编辑操作用单轨音频编辑窗口,多轨录制或混合用多轨混音窗口。可以用左上角的转换按钮在两个窗口之间切换。本节着重介绍常用及实用功能,与 Windows 相关的程序安装等基础操作不再赘述。

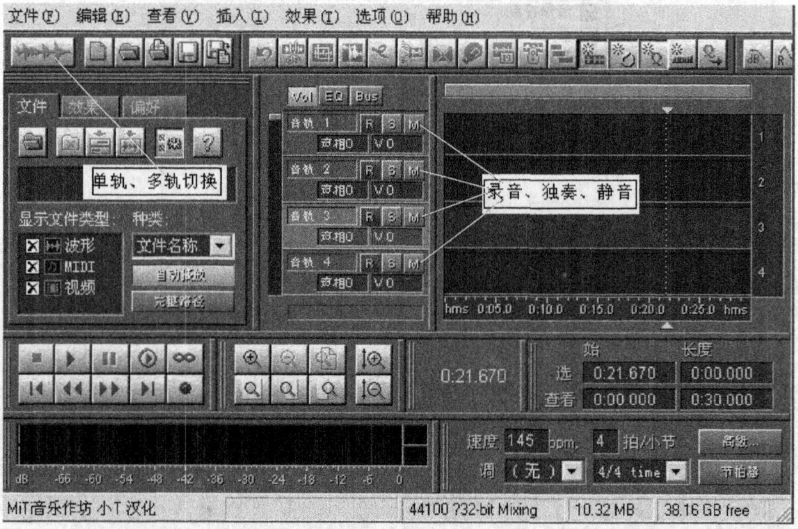

图 4.25 CEP 多轨混音窗口

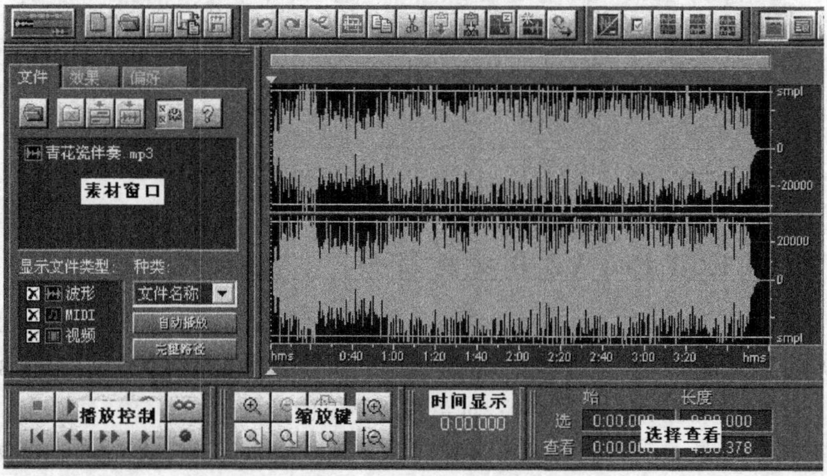

图 4.26 CEP 单音频编辑窗口

现在以制作一段声音为例对其功能做一简要介绍。其他作品的制作与此类似。切换至单轨窗口,如图 4.26 所示。在菜单栏中选择"选项"→"录制调音台"命令,打开"录音控制"窗口,如图 4.27 所示。

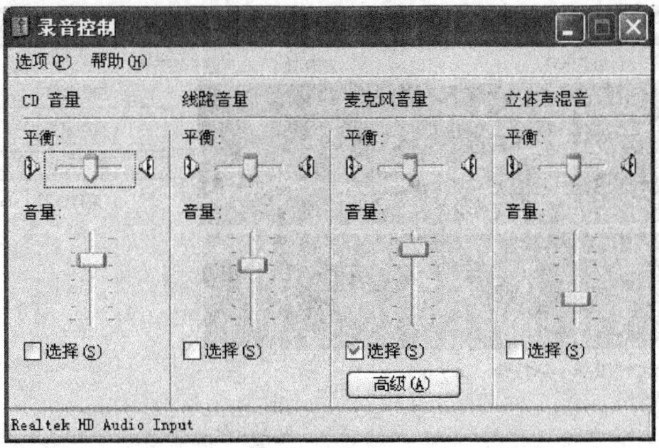

图 4.27 “录音控制”窗口

选择信号源，这里要录下自己的声音，所以在“麦克风音量”选项中选中“选择”复选框。先不要关闭窗口，然后右击电平表(界面最下面的区域)，选择最上面的“录音电平监视”(选择“选项”→“录音电平”命令)，试着对话筒说话，在“录音控制”窗口中调整话筒音量，使电平表低于 0db(不出现红色)的情况下尽量大些，一般－6db 即可。

设置完成后就开始准备录音了。选择“文件”→“新建”命令，出现“新建波形”对话框，如图 4.28 所示。

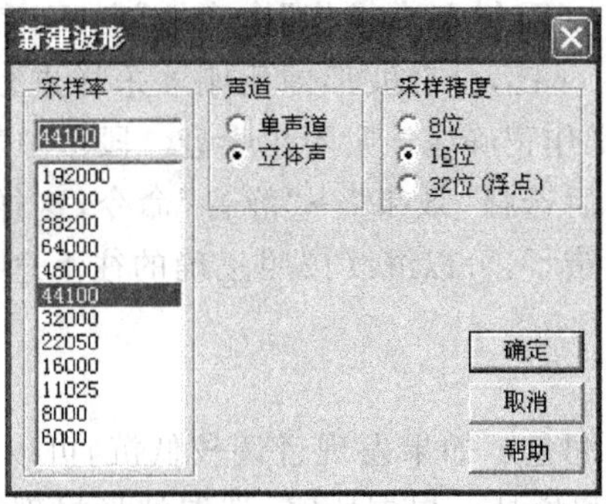

图 4.28 “新建波形”对话框

默认采样率为 44.1kHz，声道为“立体声”，采样精度为 16 位。单击“确定”按钮，然后就可以对着话筒说话了，同时可以看到波形在实时地显示着。录制完毕后，单击录音停止键。波形分为上、下两部分，分别代表左、右声道，与下文将要介绍的多轨窗口中出现的相同。

这时可以试听一下自己的声音，可能不太完美，下面就对它进行加工处理。

2. 降噪处理

降噪处理一般情况下要切换到单音频轨道进行。首先必须提供一个噪音样本：按住鼠标左键不放，在波形上拖动选取一段没有话音波形却有持续噪音的段落，一般可在开头或是结尾处选取，不要包含人的声音或是其他短促的噪音。如要选部位太短小、看不清、拖不准，可用缩放控制按钮左右、上下放大波形区域。或是拖动水平滚动条的两侧直接控制波形显示比例。拖动可用按住 Shift 键分别单击开始与结束部位代替。选择菜单栏中的“效果”→“噪音消除”→“降噪器”命令，打开“降噪器”对话框，如图 4.29 所示。

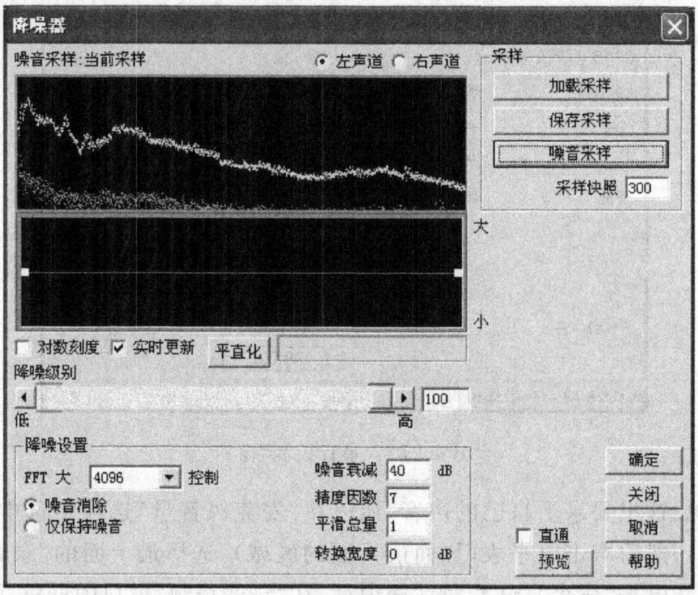

图 4.29 “降噪器”对话框

单击“噪音采样”按钮,提取噪音样本,噪音频谱将会显示。单击“确定”按钮,则选中的段落将被降噪。这只是局部的降噪,必须将全部声音波形处理完好,所以按 Ctrl+A 组合键选取整个波形,选择“编辑”→“重复上次操作”命令(或按 F2 键),再次打开“降噪器”对话框,单击“确定”按钮或按 Enter 键,全部波形即用刚才采样进行降噪,完成后可以单击播放键(或按空格键)试听一下,操作正确应该听不出噪音。段落中若是有不想要的声音,比如开头的短促声响,先选取它,然后选择“效果”→“静音”命令,这样就只剩下清晰的人的声音。如果在录音过程中有哪句读错了,可以继续按照正确的往下念,最后选中错误的那句话,按 Del 键删除。

3. 音调调整

现在可以对声音做一些润色。如果发现音调较低沉,可以提升高音使它更清晰;如果声调偏高,可将它调整得柔和悦耳。根据所需,选取波形局部或全部,选择“效果”→“滤波器”→“图形均衡器”命令,打开“图形均衡器”对话框,如图 4.30 所示。对话框中有三个选项卡,分别是“10 段均衡(1 个八度)”、“20 段均衡(1/2 个八度)”和“30 段均衡(1/3 个八度)”,任选其一,做适当的调整,单击“预览”按钮试听效果,可边听边调整,调整满意后单击“确定”按钮。注意,为了提高运行与预览的速度,可以只选一小部分波形来操作,完成后再应用于全部波形,操作方法如下:

① 单击工具栏中的“撤销”按钮取消刚才的调整作用。

② 选取全部波形,按 F2 键(“重做”的快捷键),再按 Enter 键即可。

4. 美化声音

通过以上的几步,声音已经很清晰了。如果还想再修饰一下声音的效果,可以通过 CEP 提供的超过 45 种的效果器来实现。在菜单栏中“效果”下的“常用效果器”菜单中还有几个子菜单,分别是合唱、延迟、动态延迟、混响、房间混响、回声等。可选中一部分波形打开相应对话框,然后单击“预览”按钮边试听,边调整。因为涉及大量专业术语,建议采用预设

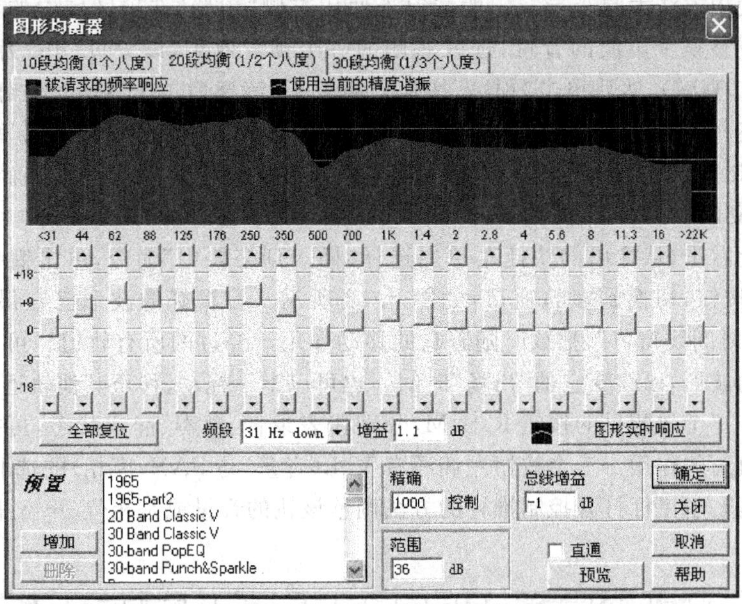

图 4.30 “图形均衡器”对话框

窗口中提供的现成效果，比自己调整滑杆效果要强得多。这样用效果器为自己的声音加上恰当的诸如回声、混响等效果。

5. 音量量化

如果发现声音波形过小或是太大，CEP 提供了相应的调整工具。波形小比波形大要好处理得多，波形过大就会造成波形上下两边特别整齐，这表明已经大于 0db，形成了“消峰”失真，虽然有工具提供这种消峰现象的修整，但要尽量地避免。音量控制效果器是 CEP 中用处最广泛的效果器。先选取波形，然后选择“效果”→“波形振幅”→“渐变”命令，打开“波形振幅”对话框，如图 4.31 所示。可以分别选择“恒量改变”与“淡入/出”两个选项卡，这两

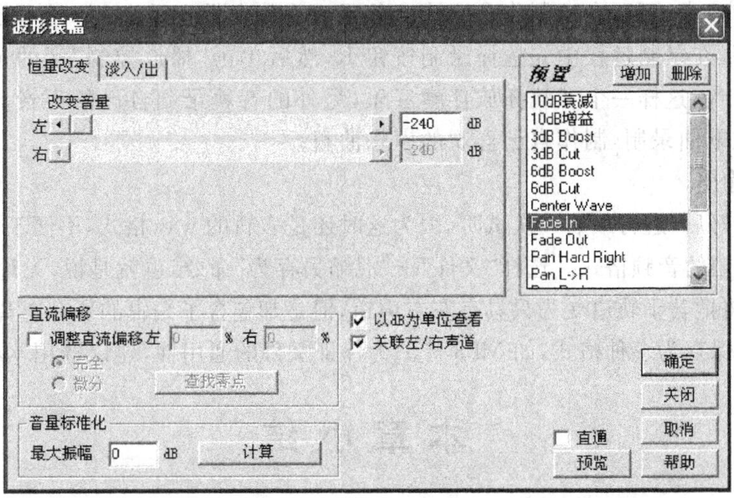

图 4.31 Amplify 音量控制对话框

个选项卡的使用方法大同小异。一般情况下使用右侧"预置"选项区域中的预置效果就可以。如果要调整整个声波的音量,选取右侧的一个预置效果,以分贝(db)为单位的Boost(提升)或Cut(衰减),然后单击"预览"按钮监听效果,满意后单击"确定"按钮。淡入、淡出的效果与上述相似,选取开头或结尾约5s以下的波形片段,再在预置效果里选择Fade In(淡入)或Fade Out(淡出)即可,一般应锁定左右声道。试听效果后,单击"确定"按钮即可。

6. 多轨窗口

在波形上右击,从弹出的快捷菜单中选择"插入到多轨中"命令,单击窗口左上角的单轨、多轨切换按钮,切换到多轨窗口,如图4.32所示。编辑好的波形已在最上面一轨了。CEP有一个"时间线窗口",播放时随着它的移动作用于经过的所有轨道。可以用右键向两边拖动某轨的波形,以改变它的"出场"时间。也可以上下拖动,移至其他轨道。各个轨道的左边按钮中有三个较醒目的按钮R、S、M,分别代表录音、独奏、静音状态,可按照需要选用与取消对此轨道的作用。三个按钮左侧还有VoL(音量)与PAN(声相)的选取项,可用直接输入数值或是右击鼠标打开控制推杆的方法调整该轨的音量或是相位(声音来源的方向,即声相位置)。

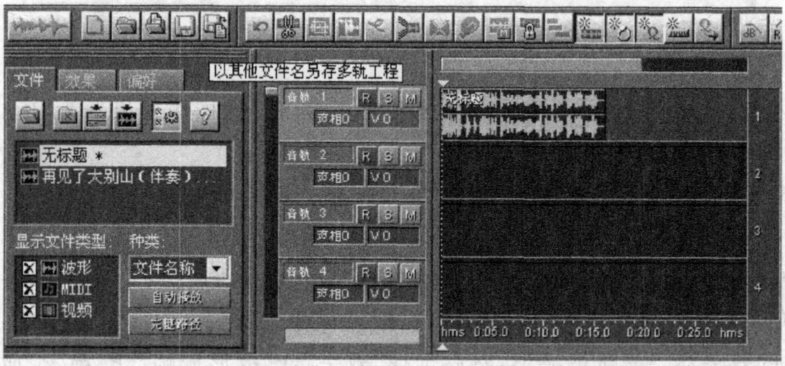

图4.32 多轨混音窗口

在多轨窗口中,可以自己制作合成演奏效果。将伴奏带音乐拖入一个轨道中,在其他轨道中完成录制,在录制过程中先选择录制按钮R,然后单击"播放控制"区的录音按钮,开始录制自己的声音,这样一个音轨播放伴奏音乐,另外的音轨录制自己的声音,最后合成到一起就可以完成歌曲录制,制作自己喜欢的声乐曲目。

7. 合成输出

全部调整好后,进行最后一次试听,因为这时还是多轨的wav格式,不便于保存与传输,要把它变成所希望的音频格式。选择"文件"→"混缩另存为"命令,也就是说,无论存为哪种音频格式,CEP都将把若干轨道变为只具有左右声道,但是却包含了编辑的所有声音波形的一个文件。可以选择保存为多种格式,如MP3等。为保证文件的通用性,建议选用wav格式。

本章小结

本章对多媒体信息中的文本信息和声音信息编辑处理进行了简单的介绍。对文本信息具有的属性、文本信息具有的特点进行了介绍,在了解这些基本知识的基础上,对动态文字制作进行了较为详细的介绍，通过学习能够制作出丰富多彩的动态字符。在了解音频信息特点基础上，重点介绍了声音处理软件 CPE 的使用技巧与方法。本章介绍的处理软件相对较为简单，同类型的软件很多，大家在熟悉基础理论的同时，重点对软件的应用技巧进行学习，不断探索，制作出满意的文本与声音媒体素材，为后期制作多媒体作品打下基础。

思 考 题

1. 文字信息具有哪些属性？各有什么含义？
2. 中文文字与西文字符对字符大小规定有什么不同？
3. 常见的文字处理软件有哪些？各有什么特点？
4. 动态文字处理软件 COOL 3D 可以制作哪些类型的动态效果？
5. 用 Windows 系统自带的录音软件录制两段声音文件，怎么将这两段声音连接到一起？
6. Cool Edit Pro 的主界面包括哪些主要组成部分？各部分作用是什么？
7. 用 Cool Edit Pro 软件可以对声音进行哪些处理？

第5章 图像素材编辑处理

多媒体作品制作中经常要使用图像素材，这些素材有的需要通过扫描仪扫描生成，有的需要自己绘制，对扫描的图像多数情况还需要进行修改处理，这就需要有图像编辑处理软件，现在流行的图像处理软件很多，使用较多的有 Photoshop、CorelDraw、Photostyler、Morph 等。这些软件具有较强的图形制作与编辑功能，应用各有特点。下面对使用较多的平面图像处理软件 Photoshop CS6 进行介绍。

5.1 Photoshop CS6 介绍

Photoshop 由美国 Adobe 公司研制开发，是一款优秀的图像处理和设计软件。其功能主要包括图像编辑、图像合成、校色调色及特效制作 4 大部分。使用 Photoshop 可以使人们的创作才华得到尽情地施展，因此该软件备受专业图形图像设计人士、专业出版人士、商务人士及普通设计爱好者的青睐。

5.1.1 Photoshop CS6 的安装与启动

1. 安装要求

Photoshop 的最新版本是 Photoshop CS6。需要注意的是，因为 Photoshop 并不是系统自带的软件，所以想要使用 Photoshop，还需要自己进行安装。安装 Photoshop 对计算机的软、硬件都有一定的要求。

(1) 软件要求。Windows XP 或 Windows XP 以上的操作系统。需要注意的是，在 Windows XP 系统下安装 Photoshop CS6 将不能使用 3D 功能。

(2) 硬件要求。处理器 Intel Pentium 4 以上；内存 1GB 或 1GB 以上；硬盘可用空间 5GB 以上；显示器具有 1024×768 像素以上的分辨率；支持 OpenGL 硬件加速、256MB 显存或更高性能的显卡。

软件的安装方法与常规软件相似，此处不再介绍。

2. 启动与退出

(1) 启动

启动 Photoshop CS6 最常见的方法是双击桌面快捷方式图标，稍等片刻，计算机将自动打开 Photoshop CS6 工作界面。

(2) 退出

使用完 Photoshop CS6 后需要退出，退出 Photoshop CS6 的常用方法有如下两种：

① 单击工作界面右上角的按钮，退出 Photoshop CS6。

② 选择"文件"→"退出"命令，或按 Ctrl＋Q 组合键，都可以退出 Photoshop CS6。

5.1.2 Photoshop CS6 的界面组成

安装并启动 Photoshop CS6 后打开任意一幅图像，出现图 5.1 所示工作界面。

图 5.1 Photoshop CS6 的工作界面

Photoshop CS6 的工作界面主要包括菜单栏、工具属性栏、工具箱、控制面板组、图像窗口和状态栏等，下面分别介绍各部分的功能及其使用方法。

1. 菜单栏

菜单栏用于存放软件中各种应用命令，从左至右依次为“文件”、“编辑”、“图像”、“图层”、“文字”、“选择”、“滤镜”、3D、“视图”、“窗口”10 个菜单项，这些菜单项中集合了上百个菜单命令，选择菜单命令最常用的方法就是通过鼠标选择菜单项，在弹出的菜单或子菜单中选择相应的菜单命令。此外，菜单栏最右侧的按钮分别用来最小化、还原和关闭工作界面。

为了提高工作效率，Photoshop CS6 中的大多数命令可以通过快捷键来实现快速选择。如果系统为菜单命令设置了快捷键，在打开的菜单中即可看到选择该命令的快捷键。例如要通过快捷键来选择“文件”菜单下的“打开”命令，只需按 Ctrl+O 组合键即可。

2. 工具箱

工具箱中集合了图像处理过程中使用最频繁的工具，使用这些工具可以进行绘制图像、修饰图像、创建选区及调整图像显示比例等操作。工具箱的默认位置在工作界面左侧，拖动其顶部可以拖动到工作界面的任意位置。

工具箱顶部有一个按钮，单击该按钮可以将工具箱中原本一排显示的工具以紧凑的两排进行显示。

要选择工具箱中的工具，只需单击该工具对应的图标按钮。有的工具按钮右下角有一个黑色的小三角标记，表示该工具位于一个工具组中。其中还有一些隐藏的工具，在该工具按钮上按住鼠标左键不放或右击，可显示该工具组中隐藏的工具。工具面板如图 5.2 所示。

Photoshop CS6 菜单操作与其他面板的功能与使用方法在后面进行介绍。

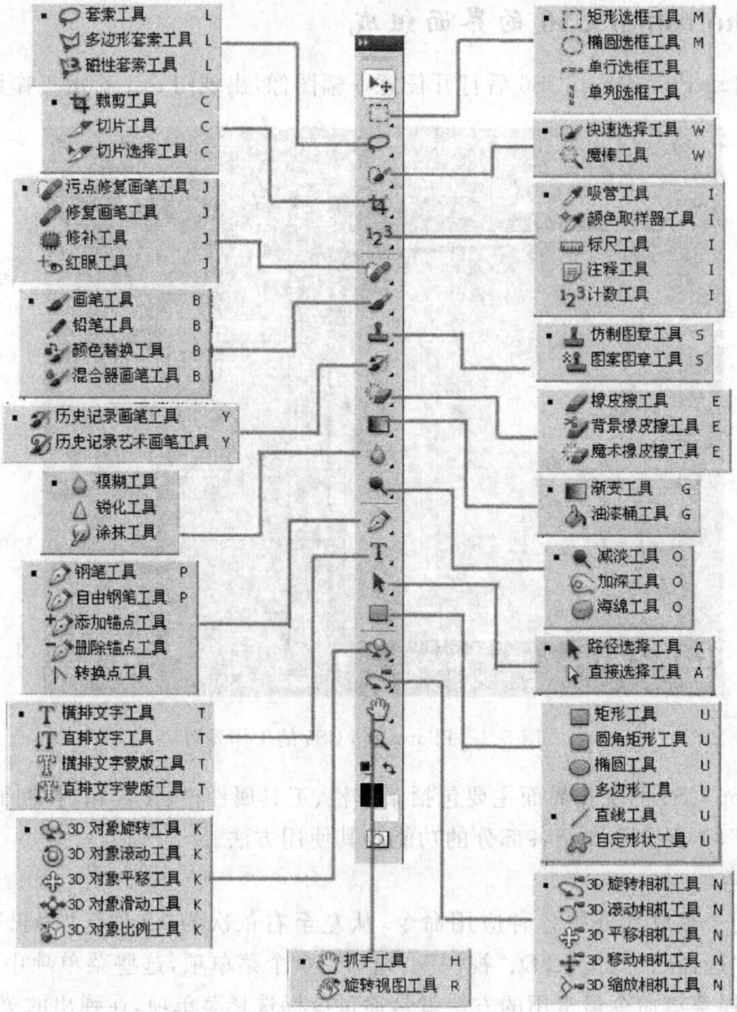

图 5.2　工具箱面板

5.1.3　工具按钮介绍

工具栏集成了图像处理的常用操作，熟练掌握这些工具的使用方法，对处理图像大有益处。

1. 选择工具

在使用 PhotoShop 进行创作时，通常都是对选取好的工作区进行各种操作。如何更快、更好地选取一个所需的工作区是用户创作中的一项重要工作。在图像上进行区域的选择是 Photoshop 最基本的操作。Photoshop 中提供了多种建立选区的方法，每种都有各自的特点，介绍如下：

(1) 规则形状选择工具

在 Photoshop 工具箱中提供了矩形选择工具、圆形选择工具、单行选择工具、单列选择工具 4 种规则选取工具，分别用于不同形状的选取。按钮的右下角有一个小三角，当按住鼠标左键时间略长一些会分别弹出该按钮左边的子工具按钮(其他有这种小三角的都可进行类似操作)。当选择工作区域后,区域的边框会闪烁,用来提醒用户。

当选择对象区域后,就可以使用选项栏中参数设置对象的属性。首先是羽化属性,这个属性决定了选区与周边像素形成的过渡边缘,数值越大,模糊的程度越强。选定"消除锯齿"选项,可以使选择区的边缘圆滑自然,去除毛刺。

(2) 套索选取工具

套索选取工具可以产生不规则的选区,其中包括自由套索工具、多边形套索工具和磁性套索工具。

- 自由套索工具。可以产生任意形状的选择区域,按住鼠标左键移动,鼠标的轨迹就是选择的范围。
- 多边形套索工具。可以产生边线为直线的选择区域,单击鼠标左键确定一个定位点,最后的定位点要与起始点重合。
- 磁性套索工具。这个工具可以自动跟踪图像的边缘以形成选区,是一个很有趣也很有用的工具。

使用磁性套索工具在图像边缘上单击后沿着图像边缘移动,该工具会自动增加锚点,直到最后与其起始点重合完成图像的选取。磁性套索工具有几个选项和参数很重要。其中"宽度"用于设置此工具在鼠标指针周围多大范围内寻找边界,数值范围为1~40个像素;"边对比度"用于设置检测图像边界的灵敏度,取值范围为1%~100%,数值越高,寻找边界时认定的边界与背景的对比就越强,反之则选定的边界与背景的对比越弱;"频率"用来设置磁性套索工具的锚点出现的频率,数值越大,出现的锚点就越多,其取值范围为0~100。

(3) 魔术棒选取工具

魔术棒工具可以根据相邻像素的颜色来确定选择区域。周围颜色相同或相似,它就会认定在同一区域内。在魔术棒工具中有一项非常重要的属性"容差",这个属性表示魔术棒能选择的色彩范围,容差参数的值可以为0~255。容差越小,选择的颜色范围就越窄;容差越大,选择的颜色范围就越宽。

(4) 颜色范围选择命令

通过选择"选择"→"色彩范围"命令,可以选择图像中某一种颜色范围而形成选区,是一种快捷、方便的选择方法。打开"色彩范围"对话框,如图5.3所示。

将鼠标移动到左下方的预览视图中会变成一个吸管的样式,在图中单击位置的颜色所包含的区域就是所要选择的选区。在预览视图下拉列表中的"选择范围"选项和"图像"选项分别显示所选区域预览和当前视图预览范围,白色表示选中的部分,不同的灰度表示不同深度的颜色被选中。预览窗口上方有一个"颜色容差"的参数设置,其作用和魔术棒工具的容差参数意思相似。选定后单击"确定"按钮即可。

(5) 选区的操作

进行了选择操作后,选区的边缘会用闪烁的虚线表示。选区可以进行移动、增加、相减等操作,还可以使用"选择"菜单中的命令来调整,以取得最满意的效果。

① 移动选择区。选区选定后,移动鼠标到选区中,光标变为移动样式,按住鼠标拖动就可以移动选区了。

② 增加、减少、相交选择区。在规则选择工具中,套索工具和魔术棒工具的工具选项栏

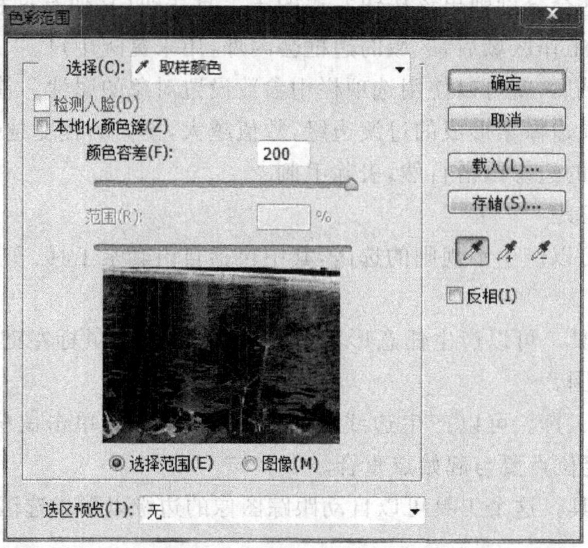

图 5.3 色彩范围命令

的左侧能看到 4 个选区操作按钮 ，它们从左到右依次表示新建选区、新建选区与原选区相加、原选区减去新建选区、选择新建选区与原选区相交的区域。默认设置时新建选区按钮被选定。

操作如下：选择一个区域后，按住 Shift 键不放，再使用鼠标选择一个区域，则两个区域合并为一个区域；按住 Alt 键不放，可以减少工作区域。

(6) 菜单命令操作

Photoshop 中的“选择”菜单是一个专门控制、调整选区的命令菜单，其中的很多命令是图像处理时经常用到的。

- 全选命令：选择全部图像或某一层中的全部图像，快捷键是 Ctrl＋A。
- 取消选择：取消当前的选择区域，快捷键是 Ctrl＋D。
- 重新选择：恢复上一次取消的选区，快捷键是 Ctrl＋Shift＋D。
- 反选命令：选取当前选区以外的区域。
- 羽化命令：设定当前选区的羽化值，在弹出的对话框中输入羽化的半径大小。
- 储存选区命令：储存当前选区，以通道的形式保留在图像中，可以在需要时调用该选区。
- 载入选区命令：载入通道中已存的选区，可以以反向载入，也可以与当前选区进行相加、减去和相交的操作。

2. 绘图工具

Photoshop CS6 不但具有强大的图像处理功能，同时也具有强大的绘画功能，在 Photoshop 中提供了多种绘图工具。

铅笔工具( )、画笔工具( )和喷枪工具( )是三个最基本的绘图工具。铅笔工具可以产生一种自由手绘硬性边缘的效果。画笔工具模仿毛笔，可以产生柔和的边缘效果。喷枪工具模仿喷涂的效果，边缘比画笔产生的效果更柔软。使用这三种绘图工具的方法很简单，按住鼠标左键在图像上拖动就可以了，如果按住 Shift 键拖动可以画出直线。

(1) 定义画笔

在使用铅笔、画笔、喷枪或是其他描绘工具时，首先要定义画笔，确定使用什么形状、大小和硬度的笔尖来绘制图像。在以上几种工具的工具选项栏中都可以看到定义画笔选项和设置。单击图标，可以打开“画笔下拉面板”对话框，如图 5.4 所示。

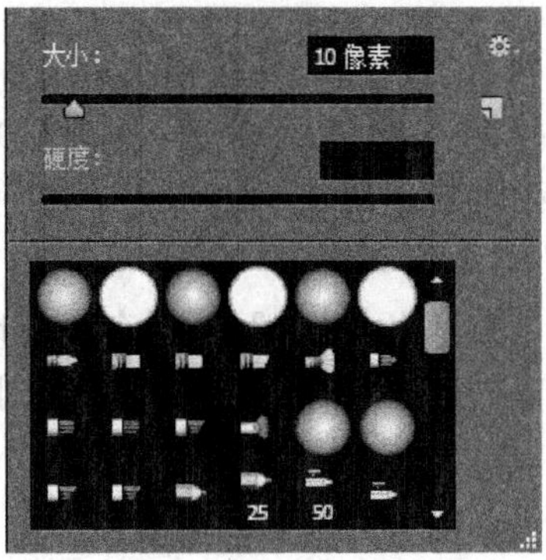

图 5.4　画笔下拉面板

“大小”表示画笔的大小；“硬度”表示画笔的柔软程度；最下方是笔尖的形状。在改变设置时可以拖动每个选项下的三角形滑块。在预览区可以预览设置的形状。

(2) 定义前景色和背景色

在选择一种颜色绘图时，经常使用工具箱中的前景色和背景色选择工具。单击工具箱中的前景色设置工具，则出现“拾色器(前景色)”对话框，如图 5.5 所示。

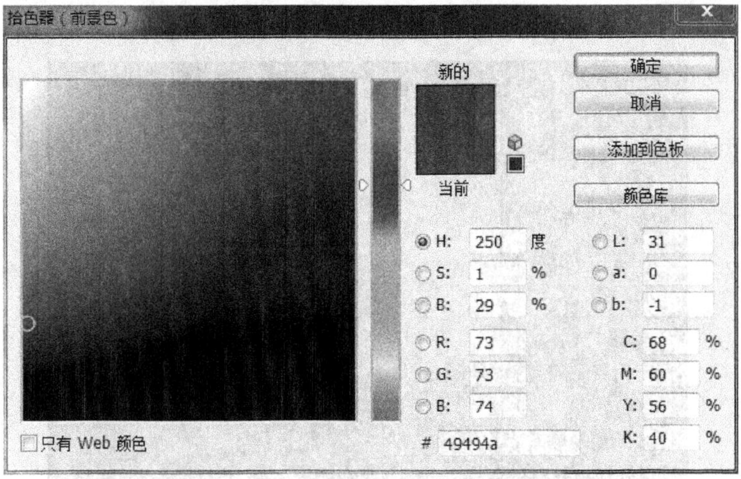

图 5.5　“拾色器(前景色)”对话框

在该对话框中，左边是一个大的颜色面板，中间有一个颜色带，右边是各种颜色选择的参数和一个预览窗口。在默认的拾色器中提供了 4 种色彩模式来定义颜色。

HSB 模式是用颜色三要素来定义颜色。其中 H(Hue)表示色相，S(Saturation)表示饱和度，B(Brightness)表示亮度。可通过改变颜色的三要素来选择颜色。

RGB 颜色模式是根据光源产生颜色来定义颜色。有 R(Red，红)、G(Green，绿)、

B(Blue,蓝)三种颜色,分别代表三原色。可通过三原色的不同混合比例来选择颜色。

CMYK 模式是根据印刷时油墨吸收特性来定义颜色。其中 C(Cyan)表示青、M(Magenta)表示品红、Y(Yellow)表示黄,K(Black)表示黑。因为在实际印刷工作中,由于染料的纯度关系,只靠三种基色混合得不到真正的黑色,而只能得到深灰色,所以增加使用了黑色染料。

Lab 模式是 Photoshop 内置的一种标准颜色模式,以一个亮度值 L 和两个颜色分量 a 和 b 来表示颜色。此模式有三个通道：L 表示亮度,范围为 0(最暗)~100(最亮)；a 分量表示从绿色到红色的变化；b 表示从蓝色到黄色的变化。这种颜色模式不依赖于设备,是包含颜色范围最广的颜色模式。

选择颜色时可以拖动颜色面板中的小圆圈,圆圈套住的地方也就是选择的颜色(在旁边的预览窗口中可以看到),也可通过设置颜色的参数值来得到准确的颜色。

在前景色和背景色选择工具的左下角和右上角有两个小按钮：表示设置默认颜色,前景色是黑色,背景色是白色；表示交换前景色和背景色。

3. 擦除工具

使用擦除工具可以像橡皮一样擦去图像,使用方法与画笔工具类似。在图层中擦除对象时,是将擦除部分变为透明；在背景层擦除时,相当于用背景色填充。

4. 图像裁切

当图像的宽或高不合适时,可以使用剪裁工具对其进行裁切。单击工具箱中的剪裁工具按钮,在图像上拖动,可以看到一个矩形框,周围有 4 个控制点,可以控制裁剪的大小,在矩形框以外的图像会变暗,如图 5.6 所示。调整好大小后,按 Enter 键,变暗的部分就被裁剪掉了。

图 5.6　裁剪图像

也可以使用命令操作对图像进行剪裁。在一副图像中可以按照设定选区的大小来剪裁图像。首先在图像中选取一个选区,然后选择"图像"→"剪裁"命令。如果选区是方型,则按照选区的边框裁剪；如果是圆形,则按照选区的切线裁剪；如果是不规则选区,则按照选区中最长的地方来设定裁剪位置。

5. 图像缺陷修正

由于多方面的原因，实际捕获的图像中很可能会存在某些缺陷。比如在扫描的照片中，可能会出现图片上有斑点和污渍，图像的颜色不正，图片过暗或过亮等情况，这些都需要在捕获后进行处理、修正，使图片更清晰、漂亮。

在扫描图像时，有时因为扫描仪或照片本身的问题，在扫描后的图像上经常出现污点，可使用修补工具将其抹去或淡化。

- 模糊工具( )：用来降低相邻像素的对比度，使图像更加柔和。
- 锐化工具( )：与模糊工具相反，增加相邻像素的对比度，使图像的边缘更加清晰。
- 涂抹工具( )：模拟手指涂抹油墨的效果，在修正图像时可以使斑点与周围混在一起，使其不明显。

在图像上有时会出现局部的过亮或过暗，影响整个图像的质量，可以使用 Photoshop 提供的修复工具对其进行修正。

- 加深工具( )：用来使细节部分变暗。设置不同的曝光度，该工具作用的程度不同，曝光度越高，作用越明显。
- 减淡工具( )：用来使细节部分变亮。其含义同加深工具相反，曝光度越高，作用越明显。
- 海绵工具( )：用来增加和降低颜色的饱和度。在模式中选择去色或加色，可以减少或增加图像的饱和度，设置不同的压力来控制饱和度增加和减少的程度。

5.2 图层及其操作

图层是 Photoshop 的核心功能之一，通过图层操作可以随心所欲地对图像进行编辑和修饰，如果没有图层，用户将很难用 Photoshop 制作出优秀的作品，因此掌握图层相关操作是十分重要的。

5.2.1 图层面板

在 Photoshop 中，图像包含的图层都会以列表的方式显示在“图层”面板中，图层的存储、创建、复制、删除等管理工作都是通过“图层”面板实现的。默认情况下，“图层”面板位于工作界面的右侧。此外，按 F7 键也可打开“图层”面板，如图 5.7 所示。再次按 F7 键，打开的图层就会消失。

图层面板中最底部的图层称为背景图层，其右侧有一个锁形图标，表示图层被锁定，不能进行移动、更名等操作。其他图层位于背景图层之上，可以进行任意移动或更名等常用操作。在图层面板中空白的地方将以灰白相间的方格显示，表示该区域为透明。多图层的图像效果就是通过这样一些叠加在一起的图层展示出来的。位于面板图层列表下方的图层将被上方的图层遮盖。

5.2.2 图层基础操作

通过图层面板，用户可以方便地实现图层的创建、复制、删除、排序、链接、合并等操作，

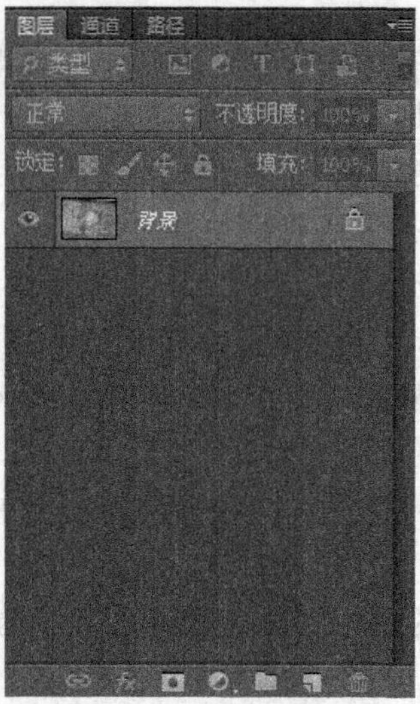

图 5.7　图层面板

这些操作都是制作复杂图像时必须掌握的图层基础操作。

1. 新建图层

若要创建一个新的图层，首先要新建或打开一个图像文档，再通过图层面板快速进行创建。其使用方法是单击图层面板底部的按钮，可快速创建具有默认名称的新图层，图层名依次为“图层 1、图层 2、图层 3……”，如图 5.8 所示。

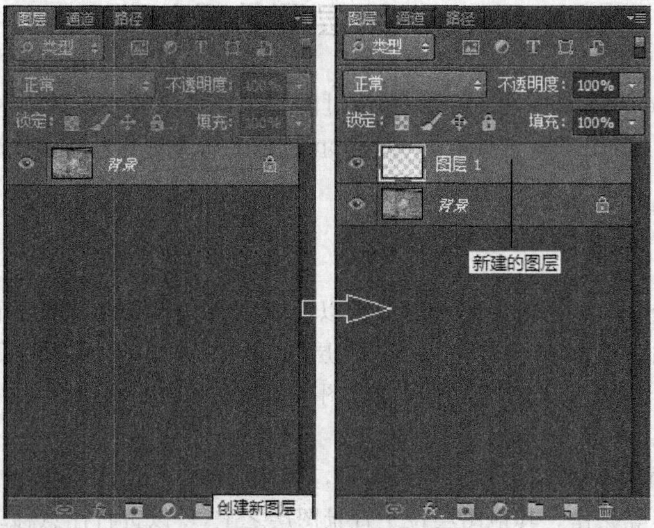

图 5.8　创建图层前后的图层面板比较

提示：选择“图层”→“新建”→“图层”命令，或按 Shift＋Ctrl＋N 组合键，打开“新建图层”对话框，在其中单击“确定”按钮也可新建图层。

2. 选择图层

只有选择了图层，才能对图像进行编辑及修饰。如果要选择某个图层，只需在图层面板中单击要选择的图层，被选择图层的背景呈蓝色显示。

如果要同时选择多个连续图层，方法是选择需要的第一个图层，在按住 Shift 键的同时单击最后一个图层以选择其他图层，如图 5.9 所示。如果想选择不连续的图层，方法是按住 Ctrl 键的同时选择需要选择的图层，如图 5.10 所示。

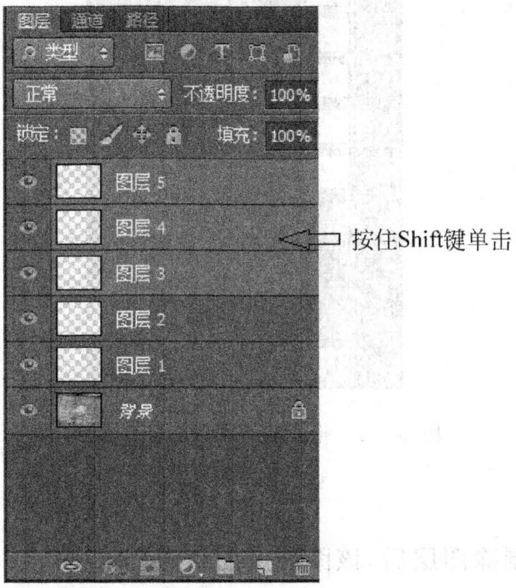

图 5.9　选择连续的图层

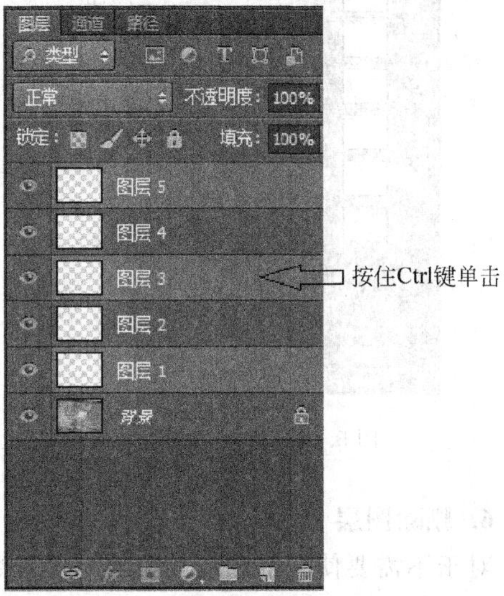

图 5.10　选择不连续的图层

3. 重命名图层

在图层面板的图层列表中往往会显示很多的图层，若按默认的格式对图层进行命名，用户会不易区分图层，此时便可通过重命名图层来区分各个图层。方法是在图层面板的图层列表中双击需要重命名的图层名字，如图 5.11 所示。该图层名将呈现可输入的文本框状态，此时在该文本框中输入新名称，按 Enter 键完成重命名。

4. 复制图层

编辑图像时，为了使用诸如叠加等效果，可使用复制图层的操作。所谓复制图层就是为已存在的图层创建图层副本。其使用方法是，选择将要复制的图像，并将其拖动到图像层面板底部的按钮上，此时鼠标光标变成手形图标，如图 5.12 所示。释放鼠标，图层将被复制。

提示： *在"图层"面板中选择要复制的图层后，按 Ctrl+J 组合键可快速复制一个新图层。复制生成的图层位于源图层之上。*

5. 隐藏与显示图层

当一幅图像有较多的图层时，为了便于操作，可以将其中不需要显示的图层进行隐藏，或将需要的图层显示，其方法如下：

隐藏图层：在"图层"面板中单击需要隐藏图层名前方的眼睛图标。单击该图标后将隐藏图层。

显示图层：在"图层"面板中单击需要显示图层名前方的图标。单击该图标后将显示图层。

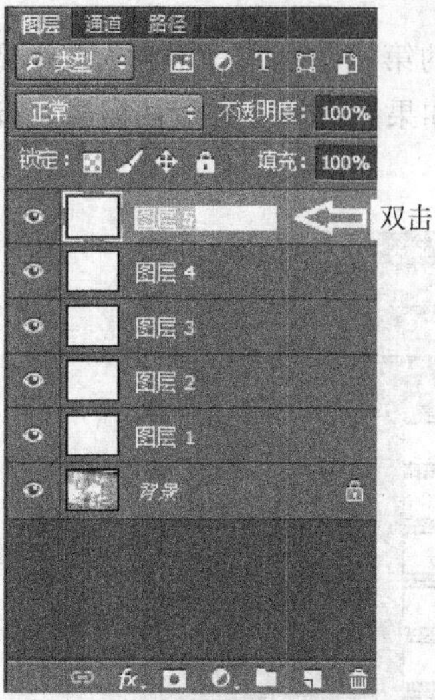

图 5.11　重命名图层

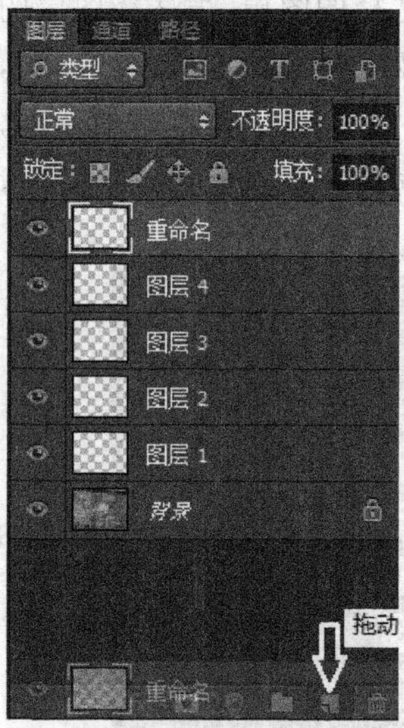

图 5.12　拖动图层到“新建”按钮上

6. 删除图层

对于不需要使用的图层,可以将其删除。删除图层后,该图层中的图像也将被删除。删除图层的常见方法如下:

① 选择需要删除的图层,选择“图层”→“删除”→“图层”命令,在打开的提示对话框中单击“是”按钮。

② 选择需要删除的图层,在“图层”面板底层单击“删除”按钮,在打开的提示对话框中单击“是”按钮。

③ 选择要删除的图层,按 Delete 键也可快速删除图层。

提示:将需要删除的图层拖动到图层面板底层,当鼠标移至“删除”按钮上,释放鼠标即可删除图层。

7. 调整图层排列顺序

图层中的图像具有上层覆盖下层的特性,所以适当地调整图层排列顺序可以制作出更为丰富的图像效果。调整图层排列顺序的操作非常简单,其方法是选择需要排列顺序的图层,使用鼠标将图层拖动至目标位置,当目标位置显示一条高光线时释放鼠标即可。

5.2.3　多个图层的操作

修改图像时,可能需要对多个图像进行移动,此时若逐个对图层进行编辑会影响编辑图像的操作速度。为了节约时间,用户可以对多个图层一起进行操作,下面将介绍多个图层的操作方法。

1. 链接图层

图层的链接是指将多个图层链接成一组,可以同时对链接的多个图层进行移动、变换和复制操作。其方法是同时选择需要建立链接的图层,单击图层面板底部的链接按钮 ,如图 5.13 所示。链接后的图层名称右侧会出现链接图标,表示选择的图层已被链接。

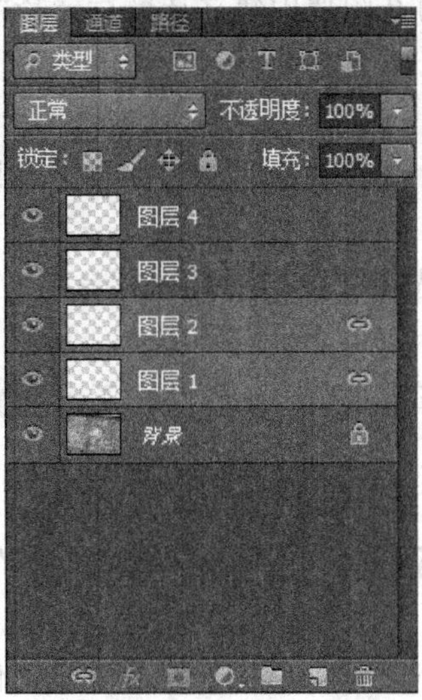

图 5.13　链接的图层

提示：如果要取消图层间链接，需要先选择所有的链接图层，然后单击图层面板底部的链接按钮。

2. 合并图层

合并图层就是将两个或两个以上的图层合并到一个图层上。在完成较复杂图像的处理后，通常会产生大量的图层，这会使图像数据变大，处理速度变慢，此时可根据需要对图层进行合并，以减少图层的数量。合并图层的几种情况分别介绍如下：

① 向下合并图层。是指将当前图层与其下方的第一个图层进行合并，其方法是选择需要合并的两个图层中位于上方的图层，再选择“图层”→“合并图层”命令，或按 Ctrl＋E 组合键。

② 合并可见图层。是指将当前所有的可见图层合并成一个图层，其方法是选择“图层”→“合并可见图层”命令。

③ 拼合图层。是指将所有可见图层进行合并，而隐藏的图层将被丢弃，其方法是选择“图层”→“拼合图像”命令。

④ 盖印图层。是指将所选图层下方的所有图层内容合并新建一个图层，盖印前的图层并不会消失，其方法是按 Shift＋Ctrl＋E 组合键。

提示：在合并图层时，合并后的图层名称默认情况下都是以最下层的图层名称命名。合并后可双击图层名，对其进行修改。

3. 对齐图层

对齐图层是指将链接后的图层按一定的规律进行对齐，多用于制作海报、商品介绍等需要对齐很多图像的情况。对齐图层的方法很多，主要介绍以下几种：

① 选择需要对齐的图层，再选择“图层”→“对齐”命令，在其子菜单中选择所需的子命令。

② 选择需要对齐的图层，再在工具箱中选择移动工具，在其工具属性栏中单击对齐按钮组上相应的对齐按钮。

③ 选择需要对齐的图层，再在图像中建立选区后选择“图层”→“将图层与选区对齐”命令，在其子菜单中选择所需的子命令。

4. 分布图层

图层的分布是指将三个以上的链接图层按一定规律在图像窗口中进行分布。其使用方法主要有以下两种：

① 选择需要对齐的图层，选择“图层”→“分布”命令，在其子菜单中选择相应的子命令完成相应的分布操作。

② 选择需要对齐的图层，在工具箱中选择移动工具，在其工具属性栏中单击对齐按钮组上相应的对齐按钮。

5.3 图像基本操作

在学习使用 Photoshop CS6 之前，还需要掌握新建图像、打开图像、排列图像、复制图像、移动图像、存储图像、关闭图像等操作。了解这些操作才能更加方便地使用 Photoshop CS6 处理图像。

5.3.1 新建图像

在编辑图像时，新建图像是使用 Photoshop CS6 进行平面设计的第一步。其方法是选择“文件”→“新建”命令或按 Ctrl＋N 组合键，打开“新建”对话框。在“名称”文本框中输入名称，在“宽度”和“高度”数值框中设置图像的尺寸，在“分辨率”数值框中设置图像分辨率的大小，在“颜色模式”下拉列表中选择图像的颜色模式，在“背景内容”下拉列表中选择图像显示的颜色，如图 5.14 所示，单击“确定”按钮即可。

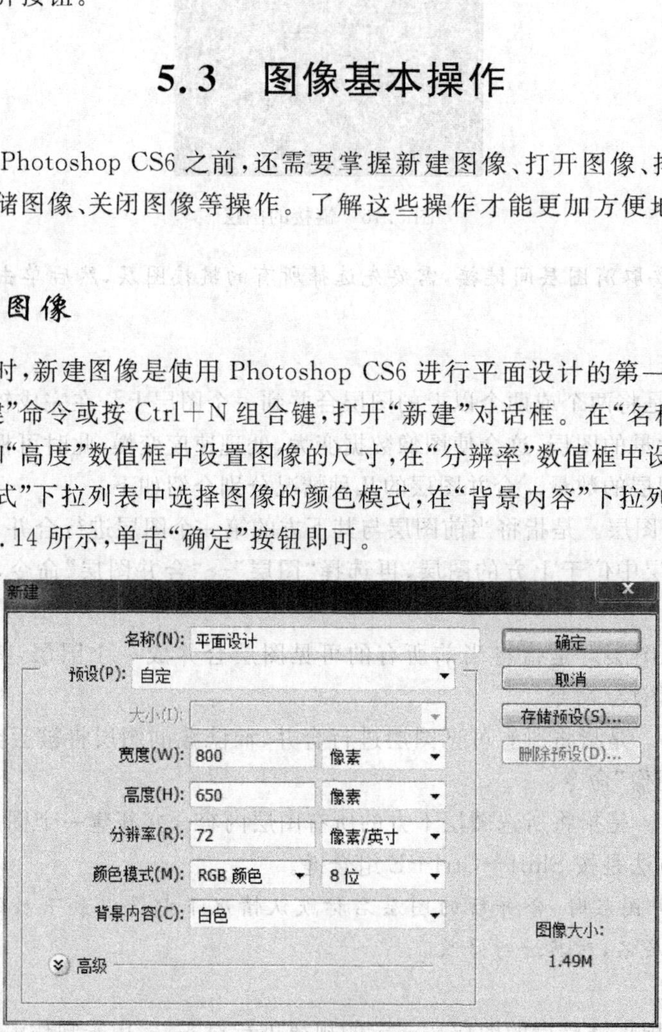

图 5.14 “新建”对话框

在“新建”对话框的“预设”下拉列表框中可设置新建文件的大小尺寸，方法是单击右侧的下三角按钮，在弹出的下拉列表中选择需要的尺寸规格。单击“高级”按钮，在“新建”对话框底部将会显示“颜色配置文件”和“像素长宽比”两个下拉列表框。该对话框也可用于设置新建文件的尺寸大小，可以将其看作是对“预设”下拉列表框的补充。

5.3.2 打开与排列图像

要对存放在计算机中的图像文件进行处理,必须先将其打开。此外,Photoshop CS6 还可同时打开多个图像文件。当同时打开多个图像时,图像窗口会以层叠的方式显示,但这样不利于查看图像,此时可通过排列操作来规范图像的显示方式,以美化工作界面。

下面通过实例介绍打开并重新排列图像操作。

① 选择"文件"→"打开"命令或按 Ctrl+O 组合键,在打开的对话框中选择需要打开的图像文件,单击"打开"按钮即可,如图 5.15 所示。

图 5.15 "打开"对话框

在"打开"对话框中,按住 Ctrl 键的同时选择需要打开的多个图像文件,再单击"打开"按钮可同时打开多个图像文件。

② 按照以上方法同时打开"荷花池"、"蝴蝶 1"和"秋"图像文件,被打开的图像在工作界面中以层叠的方式排放,这样不利于查看,如图 5.16 所示。

③ 选择"窗口"→"排列"→"平铺"命令,重新排列图像,排列后的图像显示如图 5.17 所示。

5.3.3 复制、移动图像

在编辑图像时,为了使图像内容更加丰富,往往会向其中添加或复制大量的素材。复制、移动图像的方法如下:

① 复制图像。使用选区选中需要复制的图像,如图 5.18 所示。选择"编辑"→"复制"命令,或按 Ctrl+C 组合键复制图像。再选择"编辑"→"粘贴"命令,或按 Ctrl+V 组合键粘贴图像。在工具箱中选择移动工具,按住鼠标左键不放并将图像向右拖动即可(这里的选择用的是魔法棒工具)。

图 5.16 层叠的方式排列图片

图 5.17 平铺排列图像

图 5.18　复制图像

② 移动图像。移动图像分为两种情况：一种是使图形在图像中移动。在工具箱中选择移动工具，按住鼠标左键不放并将图像移动到需要位置。另一种是将图像移动到新图像中。只需使用选区选中需要移动的图像，在工具箱中选择移动工具，按住鼠标左键不放并将其移动到需要的新图像中，再释放鼠标即可。

5.3.4　存储图像

完成图像编辑后，就需要将图像进行存储以便下次使用或浏览。存储图像的方法是选择“文件”→“存储为”命令，打开“存储为”对话框，在“保存在”下拉列表中选择文件存储的路径，在“文件名”文本框中输入文件名称，在“格式”下拉列表中选择文件存储类型，最后单击“保存”按钮。

5.3.5　关闭图像

图像处理完成后，应及时将其关闭，释放计算机内存。此外，存储后关闭图像还可防止因意外情况造成文件的损坏。关闭图像文件的方法有以下几种：

① 单击图像窗口标题栏中最右端的关闭按钮。

② 选择“文件”→“关闭”命令。

③ 按 Ctrl＋W 组合键。

④ 按 Ctrl＋F4 组合键。

如果被打开的图像尺寸不一样，则打开后的显示比例也不一样，这时选择“窗口”→“排列”→“匹配缩放”命令，可将图像在窗口中显示的比例设置为一致。

5.3.6　导入、导出与置入图像

在 Photoshop 中不仅能对位图进行处理，还可以处理矢量图及视频文件。除此之外，还可以将图像置入软件中进行编辑，下面分别进行讲解。

1. 导入与导出图像

在 Photoshop CS6 中，使用“导入”命令可以导入视频文件或者对扫描的文件进行处理。导入视频文件的方法是选择“文件”→“导入”→“视频帧到图层”命令，在“打开”对话框中选择需要导入的视频文件即可导入。如在“导入”子菜单中选择“WIA 支持”命令，连接了扫描

仪的用户则可以通过提示将扫描仪中的图片进行扫描,然后导入 Photoshop 中。

"导出"命令能够将制作的图像文件导入到矢量软件中,如 CorelDRAW 和 Illustrator 等。除此之外,还能够将视频导出到相应的软件中进行编辑。

2. 置入图像

置入图像就是将目标文件直接打开并置入到正在编辑的文件图层的上一层。置入文件可以使图片在 Photoshop 中缩小之后,再放大到原来的大小,仍然保持原有的分辨率,不至于产生马赛克现象。

置入图像后,都会在图像的"图层"面板中显示一个智能图层,双击该图层中的智能图标,可以对图像进行单独编辑。

5.4 图像调整

Photoshop 提供了强大的图像颜色调整功能,包括对色调进行细微的调整,改变图像的对比度和色彩等。选择"图像"→"调整"命令可以进行色彩调节。其中主要有色阶、曲线、色彩平衡、亮度/对比度、色相/饱和度、变化等。

1. 使用色阶命令

选择"图像"→"调整"→"色阶"命令,弹出"色阶"对话框,如图 5.19 所示。在该对话框中显示了图像的直方图,此图表示图像中每个亮度值处像素点的多少,最暗的像素点在左边,最亮的像素点在右边。

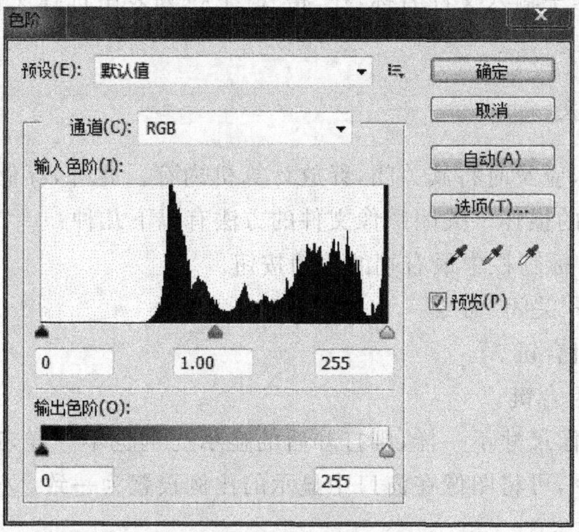

图 5.19 "色阶"对话框

在输入色阶的直方图下面有黑、灰、白三个滑块。黑色滑块调整图像暗部的对比度,白色滑块调整图像亮部的对比度,灰色滑块调整图像中间色调的对比度。通过拖动三角形滑块来调节图像的亮度和对比度。向中间拖动黑三角,使图像的暗部更暗;向中间拖动白三角,使图像的亮部更亮。同时向中间拖动可以使整个图像的对比度增强。在对话框上部的"通道"下拉列表中可选择不同的通道,以调节某个通道的亮度和色别。

输出色阶可以降低整个图像的对比度,黑色滑块降低图像暗部的对比度,白色滑块降低图像亮部的对比度。

在面板上的三个吸管按钮分别代表定义图像中最亮的地方(白场)、中间色调和最暗的地方(黑场)。根据图像中白场和黑场的定义,Photoshop 会重新分配图像亮暗部分的像素值。

2. 使用曲线命令

曲线命令与色阶命令类似,都是调整图像色调范围的。不同的是,色阶命令只调节亮调、暗调和中间调,而曲线命令可以调节灰调曲线中的每一点。选择"图像"→"调整"→"曲线"命令,弹出"曲线"对话框,如图 5.20 所示。

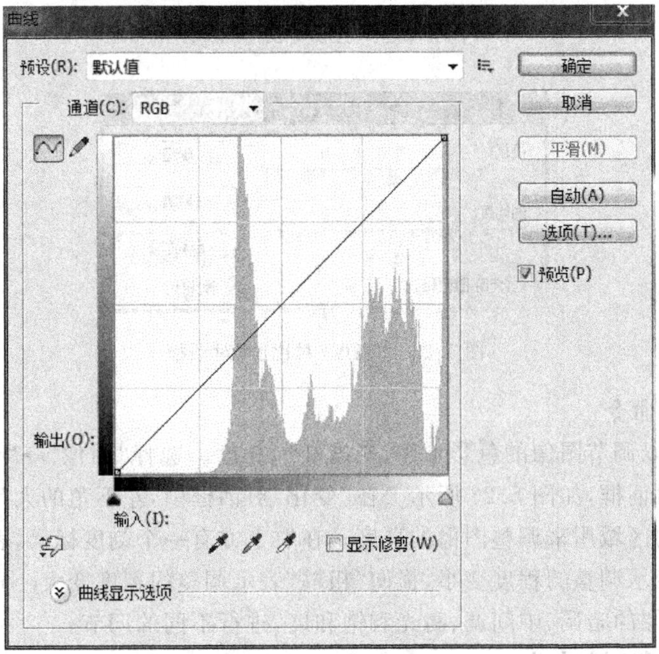

图 5.20 "曲线"对话框

曲线图中的横坐标相当于色阶命令中的输入色阶,纵坐标相当于色阶命令中的输出色阶。通过调整曲线,调整图像中输入色阶和输出色阶的关系来调整图像的色调和对比度。

3. 使用色彩平衡命令

当图像出现偏色现象时,比如用荧光灯作为光源拍摄,有时会产生偏绿的现象,这时就可以使用色彩平衡命令对图像进行偏色的调节。选择"图像"→"调整"→"色彩平衡"命令,弹出"色彩平衡"对话框。在"色彩平衡"对话框的调节面板中有三个滑块,如图 5.21 所示。在确定图像所偏的颜色后,向该颜色的反向拖动调节(也就是向该色的补色调节)即可达到色彩的平衡。

4. 使用亮度/对比度命令

此命令可以调整图像的亮度和对比度。选择"图像"→"调整"→"亮度/对比度"命令,弹出"亮度/对比度"对话框,选择"预览"复选框,如图 5.22 所示。在调整时可以观察到图像的变化。

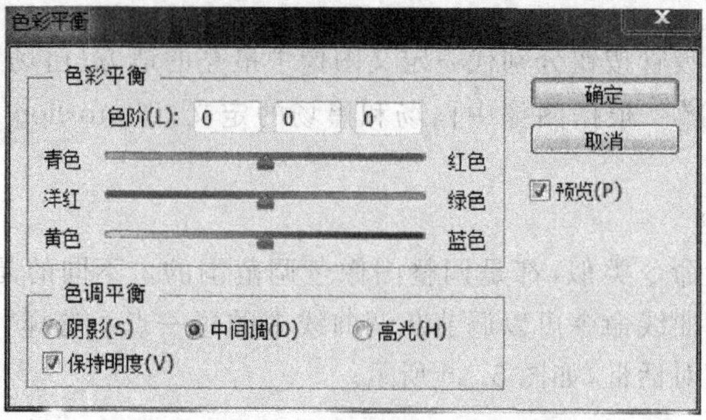

图 5.21 “色彩平衡”对话框

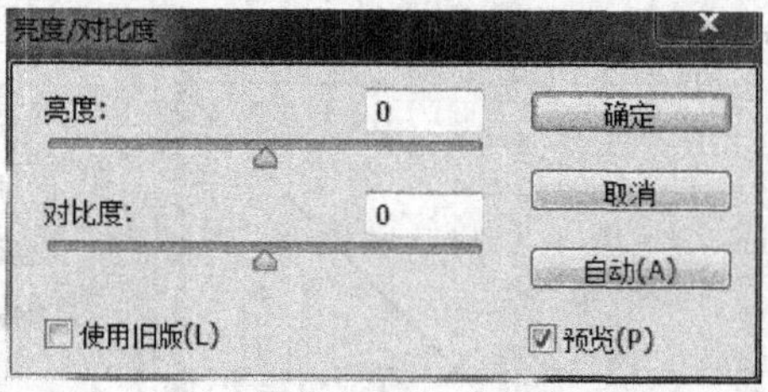

图 5.22 “亮度/对比度”对话框

5. 使用变化命令

变化命令可以调节图像的色彩平衡、亮度和饱和度。选择“图像”→“调整”→“变化”命令,弹出“变化”对话框,如图 5.23 所示。在“变化”对话框中,左下角的大片区域用来调整图像的偏色,右侧的区域用来调整图像的亮度。在右上方有一个刻度标尺,表示调整的程度大小,拖向“精细”表示调整的程度变小,拖向“粗糙”表示调整的程度变大。同时可以在右上方的选项中选择图像的暗调、中间调、高光和饱和度,进行不同的调节。

6. 设置图像和画布大小

要在 Photoshop 中绘制图像,应该了解一些图像的基本调整方法,其中包括图像和画布大小的调整。下面分别进行讲解。

(1) 查看和设置图像大小

查看或改变图像大小及分辨率。选择“图像”→“图像大小”命令,在打开的“图像大小”对话框中可以查看当前图像的大小,如图 5.24 所示。

对话框中各项的含义如下:

①“像素大小”和“文档大小”栏:通过在数值框中输入数值来改变图像大小。

②“分辨率”数值框:通过在数值框中设置分辨率来改变图像大小。

③“缩放样式”复选框:选中该复选框,可在设置一个参数时,其他参数随之发生等比例尺寸缩放。

④“约束比例”复选框:选中该复选框,在“宽度”和“高度”数值框后面将出现锁定图标,表示改变其中一项设置时,另一项也将按相同比例改变。

⑤“重定图像像素”复选框:选中该复选框可以改变像素的大小。

(2) 设置画布大小

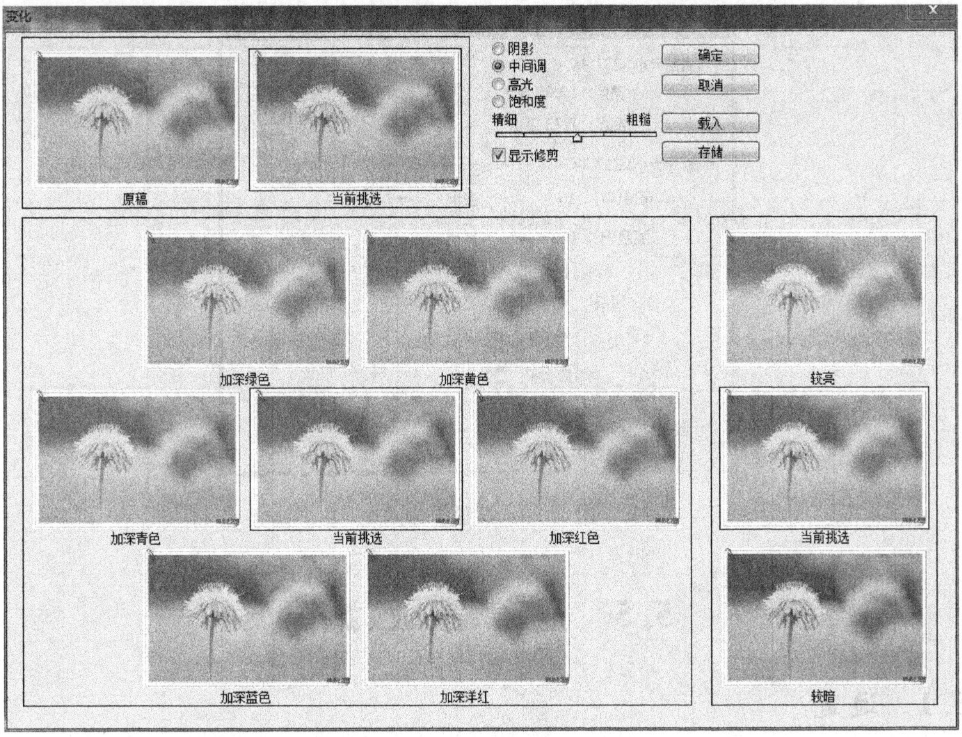

图 5.23 “变化”对话框

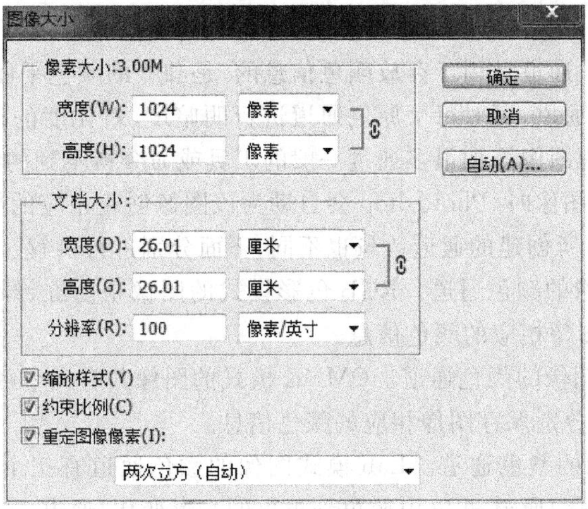

图 5.24 “图像大小”对话框

画像画布尺寸指的是当前图像周围工作空间的大小，为画布重新设置大小，可裁剪图像，也可扩大图像的空白区域。

选择“图像”→“画布大小”命令，打开“画布大小”对话框，在其中设置“高度”、“宽度”、“画布扩展颜色”等，单击“确定”按钮，如图 5.25 所示。

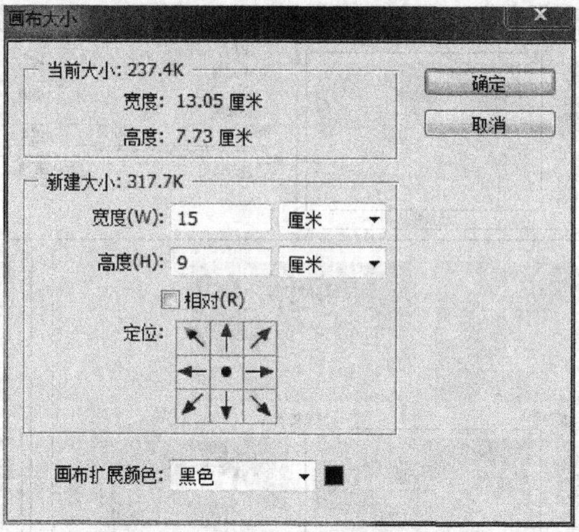

图 5.25　设置图像大小

5.5　通道、蒙版、滤镜

5.5.1　通道

通道是 Photoshop 中用于保护图层选区信息的一种特殊技术，使用通道能制作出多种特殊图像效果。

1. 通道的作用

在 Photoshop 中，通道是用于存放颜色信息的，是独立的颜色平面。每个 Photoshop 图像都具有一个或多个通道，可对每个原色通道进行明暗度、对比度的调整，并可对原色通道单独执行滤镜功能，为图像添加很多通过一般的工具或命令得不到的特殊效果。

新建或打开一幅图像时，Photoshop 会自动为该图像创建相应的颜色通道，图像的颜色模式不同，Photoshop 所创建的通道数量也不同，下面分别进行讲解。

① RGB 模式图像的颜色通道。RGB 色彩模式的图像是由红、绿和蓝三个颜色通道组成的，分别用于保存图像相应的颜色信息。

② CMYK 模式图像的颜色通道。CMYK 模式的图像共有 4 个颜色通道，包括青色、洋红、黄色和黑色通道，分别保存图像相应的颜色信息。

③ Lab 模式图像的颜色通道。Lab 模式图像的颜色通道有三个，包括明度通道、a(由红色到绿色的光谱变化)通道和 b(由蓝色到黄色的光谱变化)通道。

④ 灰度模式图像的颜色通道。灰度模式图像的颜色通道只有一个，用于保存图像的灰色信息。

⑤ 位图模式图像的颜色通道。位图模式图像的颜色通道只有一个，用于表示图像的黑白两种颜色。

⑥ 索引颜色模式图像的颜色通道。索引颜色模式图像的颜色通道只有一个，用于保存调色板中的位置信息，具体的颜色由调色板中该位置所对应的颜色决定。

2. 通道面板

在 Photoshop 中通道的管理是通过“通道”面板来实现的，要掌握通道的使用和编辑，需先熟悉“通道”面板。选择“窗口”→“通道”命令，打开图 5.26 所示“通道”面板。

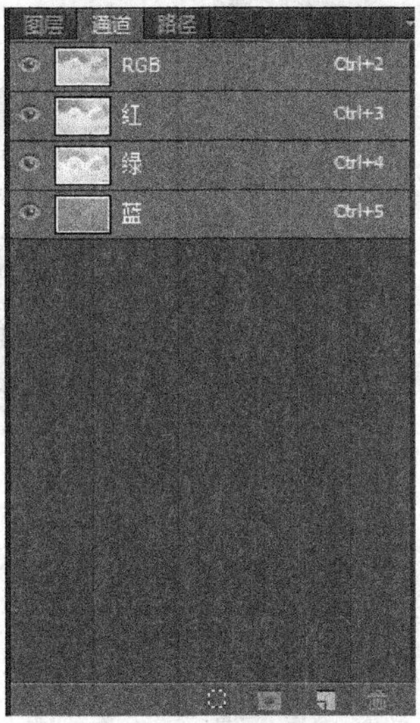

图 5.26 “通道”面板

提示： 通道主要有两种作用：一种是保存和调整图像的颜色信息，另一种是保存选定的范围(保存选取)。

5.5.2 通道的基本操作

建立精确选区时需使用通道加以辅助。通道的基本操作主要包括通道的选择、创建、复制、删除、分离、合并、运算等，下面分别对这些操作进行具体介绍。

1. 选择通道

使用通道的操作方法与使用图层类似，对某通道进行编辑处理时先选择该通道。新打开一幅图像时，合成通道和所有分色通道都处于激活状态，并呈蓝色高亮显示，如要将某通道作为当前工作通道，只需单击该通道对应的缩略图。如图 5.27 所示，选择一个通道(绿)图像将呈现灰色的效果。如图 5.28 所示，选择两个通道(红、绿)图像将呈现偏色的效果。

2. 创建 Alpha 和专色通道

Alpha 通道专门用于保存图像选区，便于对图像中一些需要控制的选区进行特殊处理。专色通道可保存专色信息，被用于专色印刷。专色通道具有 Alpha 的所有特点，但专色通道只可为灰度模式存储一种专色信息。

下面通过实例介绍在“动漫”图像中创建通道操作。首先打开“动漫”图像，在图像中创建选区，为选区创建 Alpha 图层，通过通道存储选区，再为图像创建一个专色通道，以便用户印刷图像时进行专色印刷。

① 打开“动漫”图像，如图 5.29 所示。

② 用魔法棒工具选中漫画中的红色头花，如图 5.30 所示。

③ 打开“通道”面板，单击底部的按钮，新建 Alpha1 图层，如图 5.31 所示。

图 5.27　选择单通道的效果

图 5.28　选择两个通道的效果

图 5.29　载入图像

图 5.30　选中选区

图 5.31　新建 Alpha1 通道

④ 在“通道”面板中单击 [按钮图标] 按钮，在弹出的下拉菜单中选择“新建专色通道”命令，打开“新建专色通道”对话框，如图 5.32 所示。

图 5.32　“新建专色通道”对话框

⑤ 在“新建专色通道”对话框中单击色块,打开“拾色器(专色)”对话框,单击“颜色库”按钮,在打开的“颜色库”对话框中的“色库”下拉列表中选择 PANTONE +Solid Coated 选项,在其下方的列表框中选择 PANTONE 802C 选项,单击“确定”按钮,如图 5.33 所示。

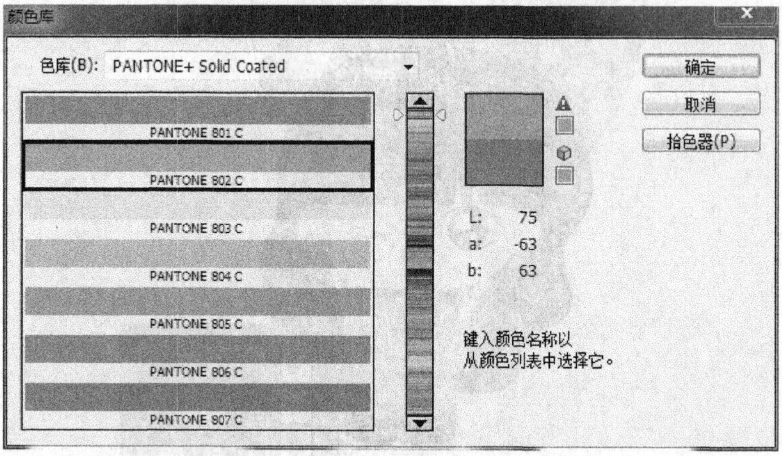

图 5.33 选择专色颜色

⑥ 返回“新建专色通道”对话框,设置“密度”为 40%,单击“确定”按钮,如图 5.34 所示。

图 5.34 设置专色密度

3. 复制通道

复制通道的操作方法与复制图层类似,选择需复制的通道,按住鼠标左键不放,将该通道拖至“通道”面板底部的“新建通道”按钮 上,或者在要复制的通道上右击,在弹出的快捷菜单中选择“复制通道”命令,也可进行复制操作。

4. 删除通道

对于多余的通道，必须将其删除，否则会影响图像效果。要删除一个通道，有以下几种方法：

① 直接将要删除的通道拖至“通道”面板底部的“删除”按钮上。

② 在要删除的通道上单击右键，在弹出的快捷菜单中选择“删除通道”命令。

③ 选中要删除的通道后，单击“通道”面板右上角的按钮，在弹出的下拉菜单中选择“删除通道”命令。

5. 通道的分离与合并

为了便于编辑图像，需将一个图像文件的各个通道分开，各自成为一个拥有独立图像窗口和“通道”面板的独立文件，可对各个通道文件进行独立编辑，编辑完成后再将各个通道文件合并到一个图像文件中，这就是通道的分离和合并。

下面通过实例了解分离与合并盘子图像的通道操作。

① 打开“盘子.Psd”图像，并在其中新建图层置入冷饮图像，如图 5.35 所示。在“图层”面板中按两次 Ctrl＋E 组合键，合并所有图层。

图 5.35 打开图像

② 在“通道”面板中单击按钮，在弹出的下拉菜单中选择“分离通道”命令，如图 5.36 所示。

图 5.36 分离的通道

③ 此时就可以对单个图层进行所需的编辑，编辑完成后在“通道”面板中单击按钮，在弹出的下拉菜单中选择“合并通道”命令，打开“合并通道”对话框，如图 5.37 所示。

图 5.37　设置合并通道

在“模式”下拉列表中选择“RGB 颜色”选项，单击“确定”按钮，完成操作。

5.5.3 蒙版

在 Photoshop 中，蒙版就好像一块镂空的半透明或不透明的纸，将这种纸覆盖在图像上，可以通过修改蒙版的形状来修改图像，不用担心对图像的影响，所以蒙版相当于对选区效果的编辑。

快速蒙版是 Photoshop 中将选区作为蒙版来处理的工具。在工具箱中单击按钮就可以进入快速蒙版状态。单击旁边的标准模式按钮，可以回到标准编辑状态。在默认情况下进入快速蒙版状态时，图像中红色的部分表示被蒙版的部分，其他部分表示当前的选区。可以对红色的部分进行各种描绘的操作，甚至可以使用滤镜。

1. 创建快速蒙版

快速蒙版是临时性的蒙版，可暂时在图像表面产生一种与保护膜类似的保护装置，可通过快速蒙版绘制选区。其使用方法是打开需创建蒙版的图像，在工具箱中单击按钮，再在工具箱中选择画笔工具。使用鼠标在图像中需建立蒙版的区域进行涂抹，涂抹的区域为透明的红色，如图 5.38 所示。在工具箱中单击按钮，退出快速蒙版，如图 5.39 所示。

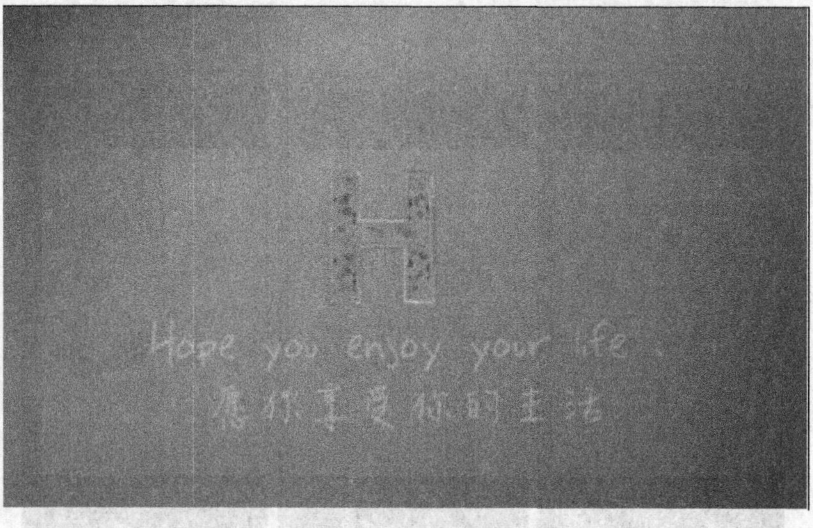

图 5.38　使用快速蒙版

图 5.39　通过快速蒙版创建的选区

需要注意的是，用画笔工具进行涂抹的区域为被保护区域，不能编辑。

2. 创建图层蒙版

图层蒙版存在于图层中的图像之上，使用图层蒙版可控制图层中不同区域的隐藏或显示，通过编辑图层蒙版可将各种特殊效果应用于图层中的图像上，且不会影响该图层的像素。

选择要添加图层蒙版的图层，单击“图层”面板底部的 按钮。创建的蒙版默认填充色为白色，如图 5.40 所示，表示全部显示图层中的图像。

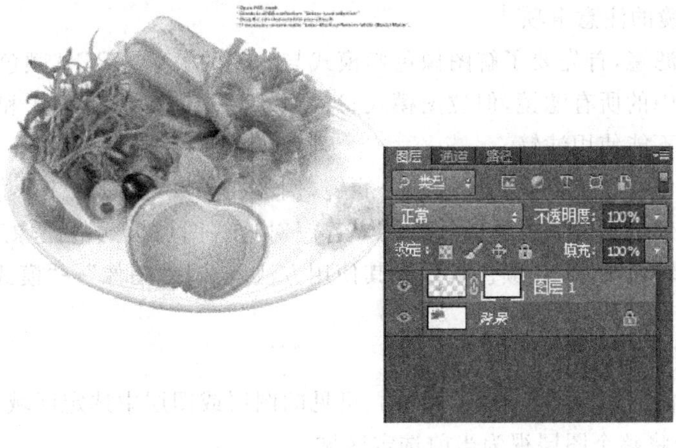

图 5.40　填充白色显示所有图像

如果在按住 Alt 键的同时单击 按钮，则创建后的图层蒙版中填充色为黑色，如图 5.41 所示，表示全部隐藏图层中的图像。

5.5.4　滤镜

滤镜原是摄影领域中使用的工具，在拍摄照片时将事先经过处理的光学镜片置于照相

图 5.41 填充黑色隐藏该图层的所有图像

机的镜头前面,使被摄制的对象在底片上产生特殊的效果。

1. 滤镜的相关知识

Photoshop 中同样准备了许多特殊的工具,使图像产生特殊的效果,这些特殊的工具就称为滤镜。虽然使用滤镜方便、快捷,但是在使用滤镜之前还需要了解一些滤镜的相关知识,其中包括滤镜的样式、滤镜的作用范围及注意事项。

(1) 滤镜的样式

Photoshop CS6 中提供了多达十几类、上百种滤镜,使用每一种滤镜都可以制作出不同的图像效果,而将多个滤镜叠加使用可以制作出更多意想不到的特殊效果。Photoshop CS6 提供的滤镜都放在"滤镜"菜单中。

(2) 使用滤镜的注意事项

对图像使用滤镜,首先要了解图像色彩模式与滤镜的关系。RGB 颜色模式的图像可以使用 Photoshop 中的所有滤镜,但位图模式、16 位灰度图模式、索引模式和 48 位 RGB 模式等图像色彩模式不能使用滤镜。

图像在一些色彩模式下只能使用部分滤镜,例如在 CMYK 模式下不能使用画笔描边、素描、纹理、艺术效果和视频类滤镜等。用户若想对这些图像模式的图像运用滤镜,可将这些图像色彩模式转化为 RGB 颜色模式。其使用方法是选择"图像"→"模式"→"RGB 颜色"命令。

(3) 滤镜的作用范围

滤镜命令只能作用于当前正在编辑的、可见的图层或图层中选定区域,如果没有选定区域,Photoshop 会将整个图层视为当前选定区域。

2. 常用滤镜

在日常的平面处理中,为了便于快速找到一些常用的滤镜,Photoshop CS6 将这些滤镜集合在滤镜组中,极大地提高了图像处理的灵活性、机动性和工作效率。滤镜主要包括以下类型。

(1) 风格化滤镜组

风格化滤镜组主要通过移动和置换图像的像素并提高像素的对比度来产生印象派及其

他风格效果。该滤镜组提供了 8 种滤镜，选择“滤镜”→“风格化”命令，在弹出的菜单中选择相应命令即可。

(2) 模糊滤镜组

模糊滤镜组通过削弱图像中相邻像素的对比度，使相邻的像素产生平滑过渡效果，从而产生边缘柔和、模糊的效果。选择“滤镜”→“模糊”命令，在弹出的子菜单中选择相应的命令即可使用该滤镜组。

(3) 画笔描边滤镜组

画笔描边滤镜组用于模拟不同的画笔或油墨笔刷来勾画图像，产生绘画效果。选择“滤镜”→“滤镜库”命令，在“滤镜库”面板中选择“画笔描边”即可。

除此之外，画笔描边滤镜组中还有“成角的线条”滤镜、“喷色描边”滤镜、“阴影线”滤镜等。

(4) 素描滤镜组

用于在图像中添加纹理，使图像产生素描、速写及三维的艺术效果。选择“滤镜”→“滤镜库”命令，打开“滤镜”对话框中的“素描”，即可选择素描滤镜组。

除此之外，素描滤镜组还有“绘画笔”滤镜、“基地凸现”滤镜、“石膏效果”等滤镜。

(5) 纹理滤镜组

纹理滤镜组与素描滤镜组类似，也是在图像中添加纹理，以表现纹理化的图像效果。该滤镜组中提供了 6 种滤镜效果，全部位于滤镜库中。

(6) 艺术效果滤镜组

艺术效果滤镜组主要提供模仿传统绘画手法的滤镜，为图像添加天然或传统的艺术图像效果。该滤镜组所有的效果位于滤镜库中。

除此之外，艺术效果滤镜组还有“海报边缘”滤镜、“海绵”滤镜、“绘画涂抹”等滤镜。

(7) 扭曲滤镜组

扭曲滤镜组主要用于对图像进行扭曲变形，该滤镜组提供了多种滤镜，其中“扩散亮光”、“海洋波纹”和“玻璃”滤镜位于滤镜库中，其他滤镜选择“滤镜”→“扭曲”命令，在弹出的菜单中选择使用。

除此之外，扭曲滤镜组中还有“玻璃”滤镜、“极坐标”滤镜、“球面化”等滤镜，感兴趣的同学可以自己学习。

5.6 综合应用

5.6.1 制作个性水杯

① 打开保存好的一幅图像，本例中打开“水杯”图像，双击“背景”图层，打开“新建图层”对话框，单击“确定”按钮，将背景图层转换为普通图层，如图 5.42 所示。

② 选择“文件”→“置入”命令，将“多啦”图片置入图片中，调整其大小、旋转度和形状，如图 5.43 所示。

图 5.42　打开的图片

图 5.43　置入图片

③ 选中“多啦”图层，选择“滤镜”→“滤镜库”命令，打开“滤镜库”面板，在面板中选择“纹理”下拉列表中的“颗粒”选项，设置如图 5.44 所示。单击“确定”按钮，效果图如图 5.45 所示。

④ 选中“图层 0”，用“魔术棒”工具选中杯子，如图 5.46 所示。

⑤ 如步骤③所示，对选择的杯子做滤镜操作，如图 5.47 所示。

⑥ 选择文本工具，在杯子上输入文字“个性杯子”，选择上方的工具，对输入文字加特效，设置如图 5.48 所示。单击“确定”按钮，效果图如图 5.49 所示。

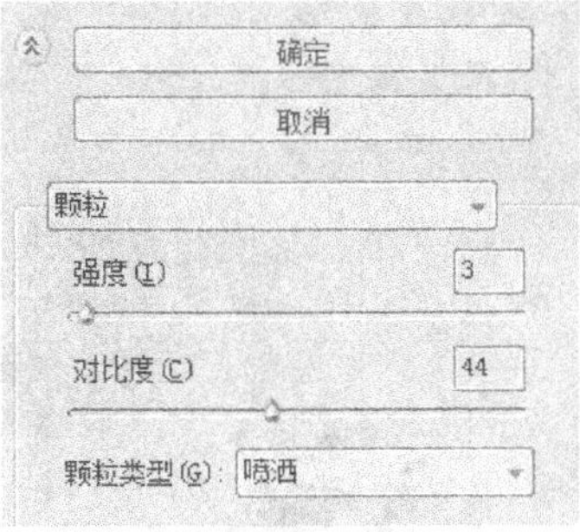

图 5.44　滤镜参数

图 5.45　效果图

图 5.46　选择杯子

图 5.47　给杯子做特效

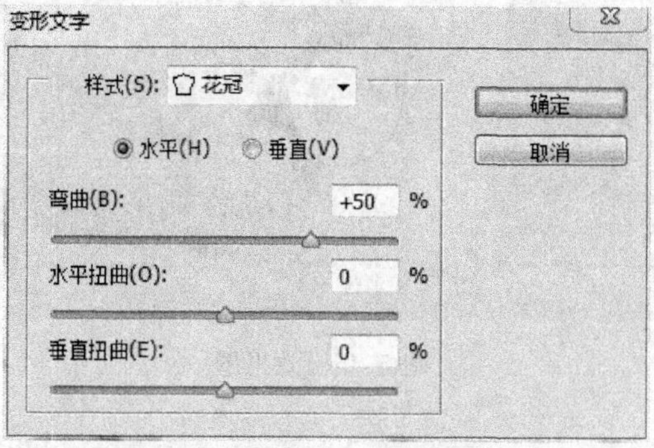

图 5.48　文字特效设置

图 5.49　最终效果图

5.6.2 自己制作证件照

在日常生活中，很多场合都需要证件照片，本案例介绍用 Photoshop CS6 自己制作电子版一寸或两寸照片，制作步骤如下：

① 在 Photoshop CS6 中新建一个文件，选择“文件”→“打开”命令，出现图 5.50 所示界面。选择制作证件照的图片，单击“打开”按钮，打开图片。

图 5.50 选择图片对话框

② 设置剪裁参数。一寸照片的尺寸为宽 2.5cm，高 3.5cm；两寸照片的尺寸为宽 3.5cm，高 5.3cm。分辨率选择 300。

③ 剪裁图片。在工具栏中选择“剪裁”工具，单击左上方的“不受约束”按钮，在下拉菜单中选择“大小和分辨率”，打开“剪裁图像大小和分辨率”对话框，设置剪裁参数，如图 5.51 所示。在图中拖拉鼠标画出剪裁框，将剪裁框移动到合适的位置，按 Enter 键或按工具栏上的“确定”按钮。

④ 更改背景颜色。不同的应用场合需要不同的照片背景，通过以下设置改变照片的背景。选择“魔术棒”工具，在属性栏中设置颜色的容差，用“魔术棒”工具在图片头像以外的区域单击选择背景，如图 5.52 所示。

⑤ 选择前景色。选择需要的颜色，本例选择蓝色背景，在工具栏中选择“油漆桶”工具，在背景单击鼠标，背景颜色就变化为蓝色背景，如图 5.53 所示。

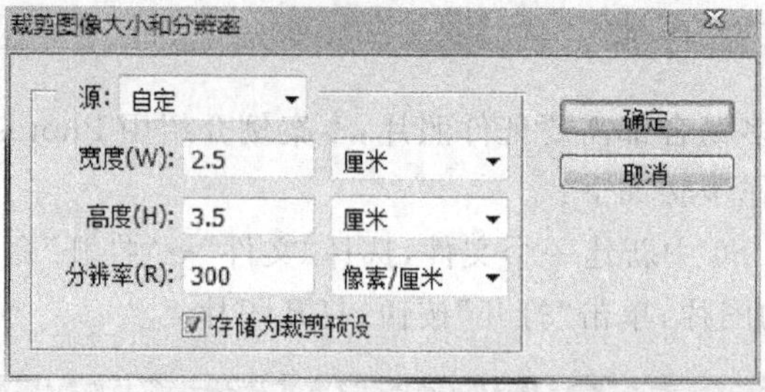

图 5.51　设置剪切尺寸和分辨率

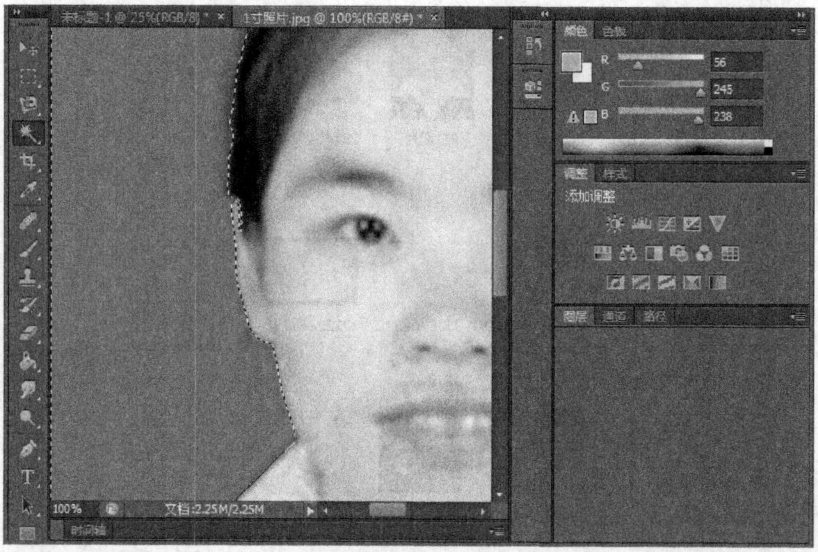

图 5.52　选择图片背景

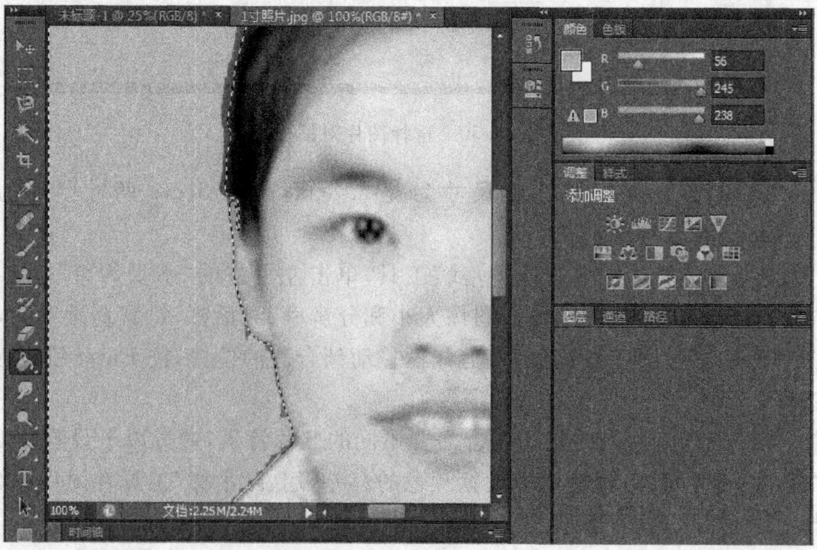

图 5.53　更改背景颜色

⑥ 修正照片。使用涂抹工具对照片头像部分存在的杂边进行修整。修整时可以调整照片的显示百分比,使修整更精确,如图 5.54 所示。

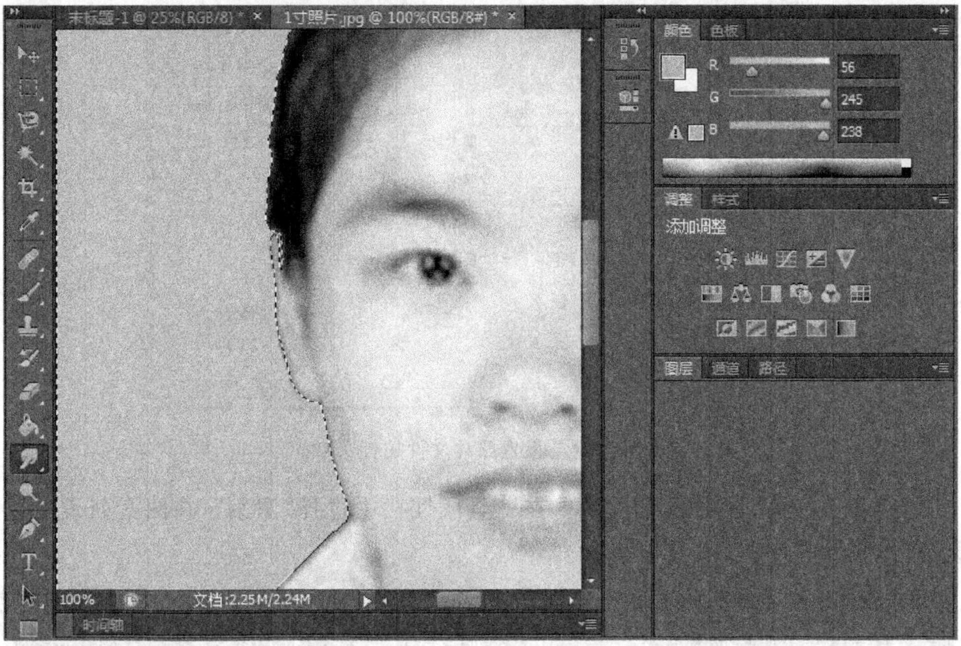

图 5.54　修正图片

⑦ 调整画布大小。将画布放大一些,使头像周围留出白边,制作出照片效果。选择“图像”→“画布大小”命令,打开“画布大小”对话框,对其进行设置,如图 5.55 所示。

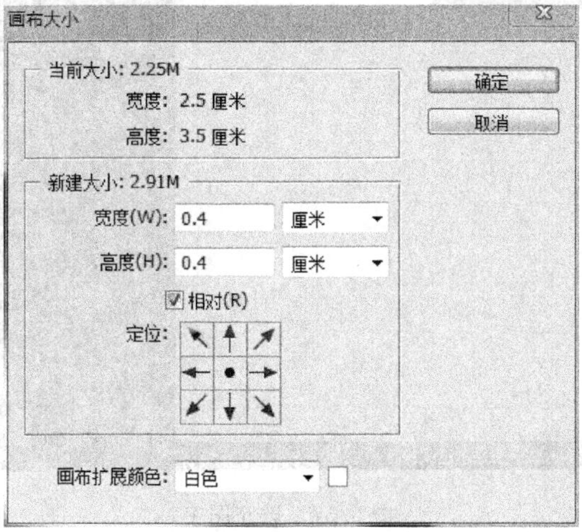

图 5.55　调整画布大小

填充边框为白色。将前景色选择为白色后,选中工具栏中的“油漆桶”工具,在照片边框处单击,边框就变为白色了。

⑧ 定义图案。选择“编辑”→“定义图案”命令,将整个图定义为图案,单击“确定”按钮。

⑨ 设置打印照片版面。新建一个文件,使其刚好放下 8 张 1 寸证件照片。文件属性如

图 5.56 所示。

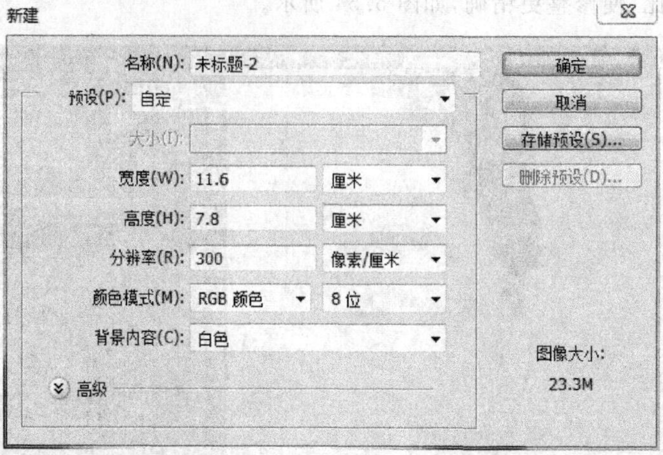

图 5.56　设置照片文件属性参数

⑩ 填充图案。选择“油漆桶”工具,在工具属性栏中选择“图案”,在图案列表中选择刚才建立的头像照片图案,如图 5.57 所示。

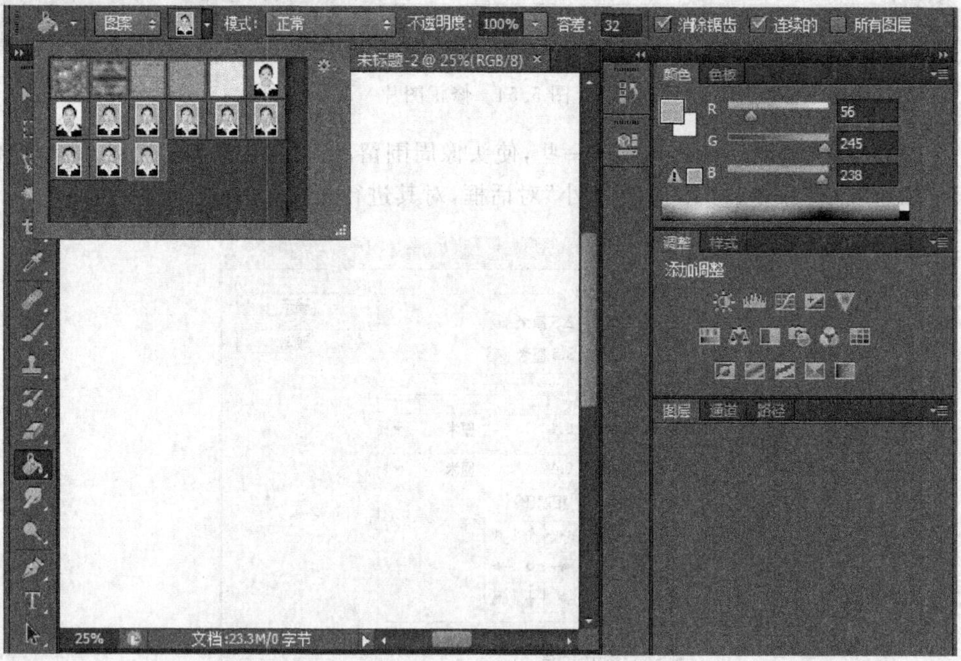

图 5.57　填充图案

⑪ 填充图案。在空白区域单击鼠标,完成填充,最后效果如图 5.58 所示。

⑫ 把最终效果打印出来。

以上为 1 寸照片的排版过程,2 寸照片只要在步骤②中设置剪裁尺寸为宽 3.5cm,高 5.3cm 即可,其余步骤操作相同。

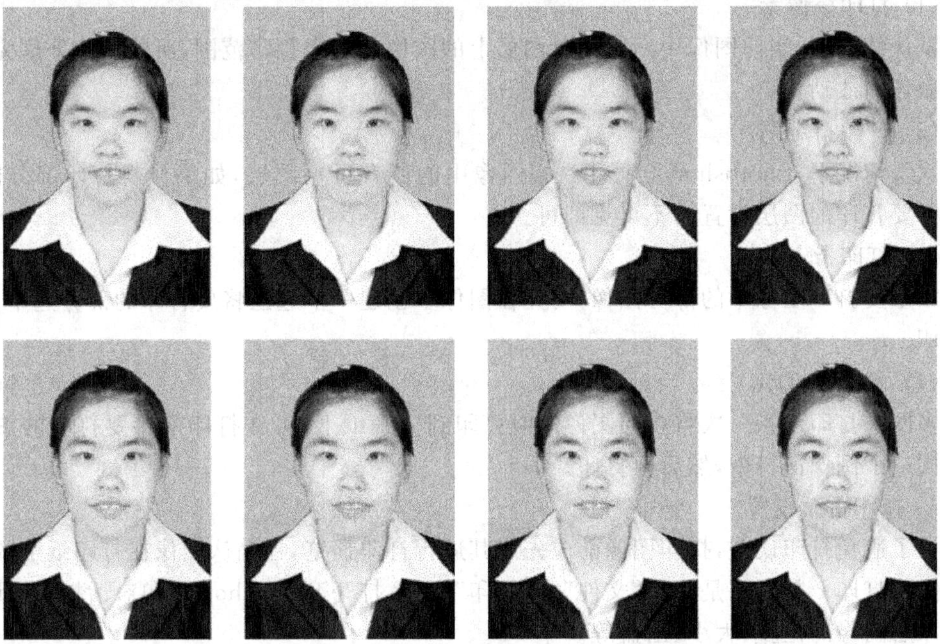

图 5.58　制作完成后的最终效果

5.7　图像输出

当图像处理全部完成后，就用适当的格式输出图像。在选择输出图像格式时，要根据图像的用途、图像质量的需要、图像的容量和后期编辑软件的支持等多方面进行考虑，然后选择最合适的图像格式。

1. 图像校准

在印刷图像前，需要对颜色进行校准，以防止印刷出来的颜色有误差。除此之外，在印刷前还需要对菲林等进行检查，对图像进行校准。图像校准包括查看分辨率、图像出血线和图像色彩校准，分别介绍如下：

(1) 查看分辨率

图像分辨率对图像印刷效果影响很大，在印刷不同的印刷品时使用的分辨率有所不同。如制作写真需要 300dpi 以上的分辨率，报纸需要 130～160dpi 的分辨率。

(2) 图像出血线

由于出血线在印刷后都会被裁剪掉，因此在出血线中不能出现重要图像。

(3) 图像色彩校准

图像色彩校准主要是指图像设计人员在制作过程中或制作完成后对图像的颜色进行校准。当用户指定某种颜色后，在进行某些操作后颜色有可能发生变化，这就需要检查图像的颜色和当时设置的 CMYK 颜色值是否相同，如果不同，可以通过“拾色器”对话框调整图像颜色。

2. 设置打印内容

在打印作品前，应根据需要有选择地指定打印内容。打印内容主要有以下几点：

(1) 打印全像素

默认情况下,当前图像中所有可见图层上的图像都属于打印范围,所以图像处理完成后不必做任何改动。

(2) 打印指定图层

默认情况下,Photoshop 会打印一幅图像中的所有可见图层,如果只需打印部分图层,将不需要打印的图层设置为不可见即可。

(3) 打印指定选区

如果要打印图像中的部分图像,可先在图像中创建一个选区将要打印的部分选中,然后再打印。

(4) 多图像打印

多图像打印是指一次将多幅图像同时打印到一张纸上,可在打印前将要打印的图像移动到同一个图像窗口中,然后再打印。

3. 打印页面设置

为了避免打印误差,打印图像前应先对其进行打印预览,在确认图像在打印纸上的位置合适后再打印。其方法是选择“文件”→“打印”命令,打开 Photoshop 打印对话框,在其中调整打印后图像的位置、大小、出血等。

4. 打印图像

将要打印的图像经过页面设置和打印预览后即可将其打印输出。选择“文件”→“打印”命令,在打开的 Photoshop 打印设置对话框中单击“打印”按钮即可打印图像。

本章小结

本章介绍了 Adobe 公司最新图像处理软件 Photoshop CS6 的基本特点和基本使用方法。Photoshop 是一款非常优秀的图像处理软件,它能对获得的图片素材进行编辑加工,并最终生成满意的图像作品,被广泛应用于平面设计、广告制作、网页制作等领域。该软件入门比较容易,但要想制作出满意的效果,还需要深入地学习,逐步掌握。

思考题

1. 理解 Photoshop 中关于图层的概念与含义。
2. 理解 Photoshop 中通道、蒙版、滤镜的作用与使用方法。
3. 什么是色彩的三要素?
4. Photoshop 常用的 4 种色彩模式是什么?
5. Photoshop CS6 的主界面包括哪些主要组成部分?各部分功能如何?

第6章　视频素材编辑处理

Adobe Premiere 是一个非常优秀的视频编辑软件。它使用多轨的影像、声音做合成与剪辑来制作 AVI 和 MOV 等动态影像格式的文件。Adobe Premiere 把要制作的影视节目称为一个 Project(项目)，由它来集中管理所用到的原始片段、各片段的有序组合、各片段的叠加与转换效果等，并生成最终的影视节目。

6.1　Premiere Pro CS6 介绍

Adobe Premiere Pro 是目前最流行的非线性编辑软件之一，由 Adobe 公司研究开发，具有较好的画面质量和兼容性，并且可以与 Adobe 公司推出的其他软件相互协作，广泛应用于广告制作和电视节目制作中。新版的 Premiere Pro CS6 经过重新设计，能够提供更强大、更高效的功能与专业工具，使制作影视节目的过程更简单。Adobe Premiere Pro CS6 以其新的合理化界面和通用的高端工具，兼顾了广大视频用户的不同需求，提供了前所未有的制作能力、控制能力和灵活性。

6.1.1　界面组成

当启动 Adobe Premiere Pro CS6 后，首先出现欢迎界面，如图 6.1 所示。在该界面中，除了固定的“新建项目”、“打开项目”与“帮助”图标外，还列出了“最近使用项目”的常用文件。

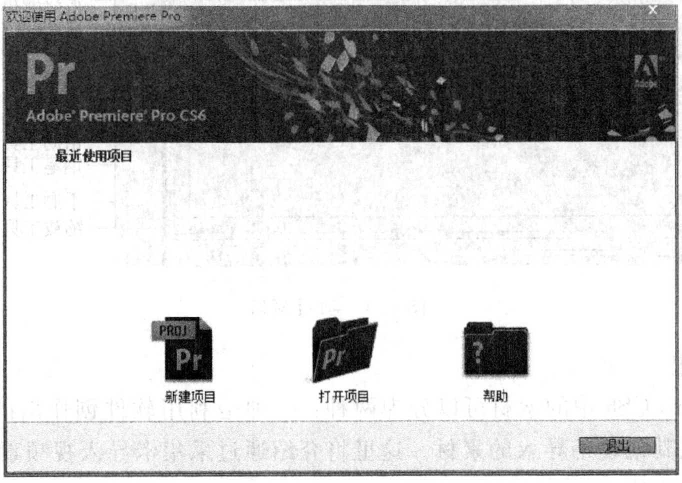

图 6.1　Adobe Premiere 欢迎界面

单击某个图标,或者直接单击“最近使用项目”列表下的某个文件名称,即可进入到主界面,如图6.2所示。Premiere Pro CS6主界面包括“项目窗口”、“节目窗口”、“时间轴”和“工具栏”等各种窗口,下面分别介绍各窗口的主要功能。

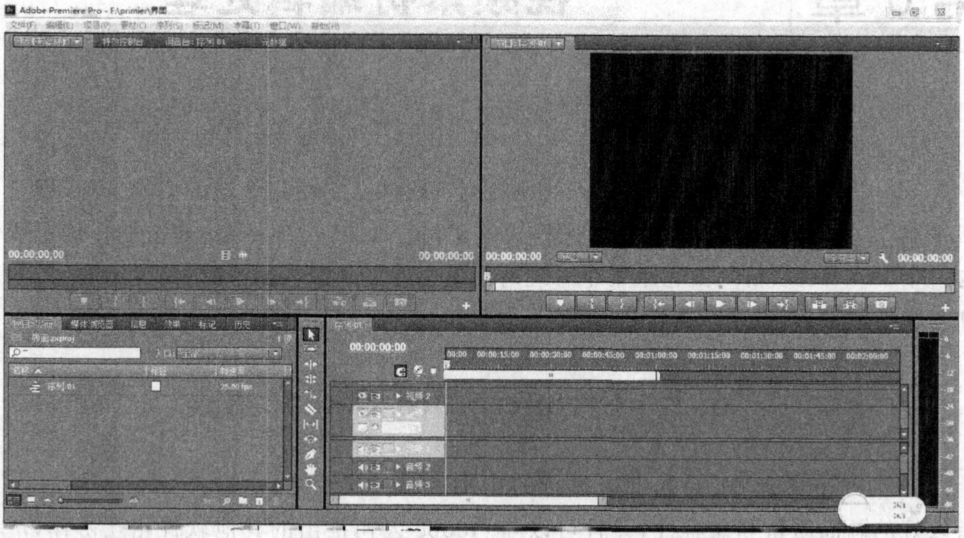

图6.2 Premiere Pro CS6工作界面

6.1.2 项目窗口及其功能

项目窗口主要分为三个部分,分别为素材属性区、素材列表和工具按钮,如图6.3所示。其作用是管理当前编辑项目内的各种素材资源,此外还可在素材属性区域内查看素材属性并快速预览部分素材的内容。

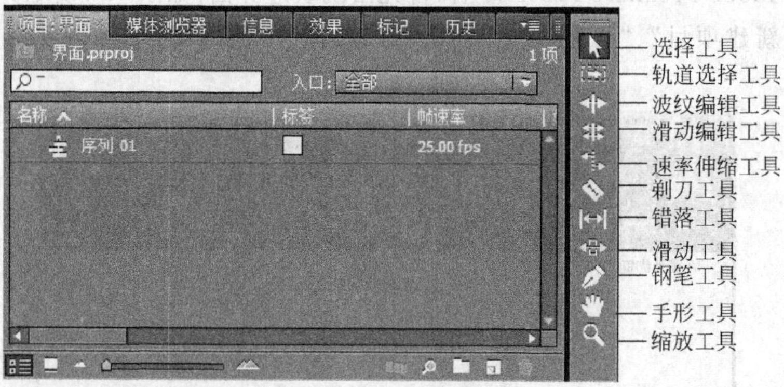

图6.3 项目窗口

1. 素材采集

Premiere Pro CS6中的素材可以分为两种:一种是利用软件创作出的素材,另一种则是通过计算机从其他设备导入的素材。这里将介绍通过采集卡导入视频素材和通过麦克风录制音频素材的方法。

(1) 采集视频

所谓视频采集就是将模拟摄像机、录像机、LD 视盘机、电视机输出等视频信号通过专用的模拟或者数字转换设备转换为二进制数字信息后存储于计算机的过程。在这一过程中，采集卡是必不可少的硬件设备，如图 6.4 所示。

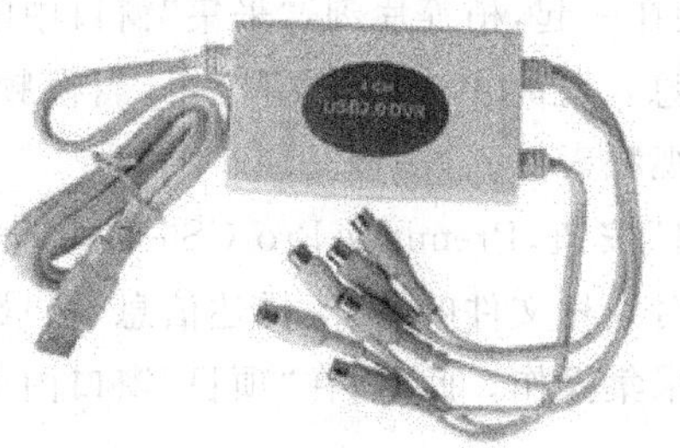

图 6.4　视频采集卡

在 Premiere Pro CS6 中，可以通过 1394 卡或具有 1394 接口的采集卡采集信号和输出视频。对视频质量要求不高的用户，也可以通过 USB 接口从摄像机、手机和数码相机上接收视频。当正确配置硬件后，便可启动 Premiere Pro CS6。执行“文件”→“采集”命令（按 F5 键），打开“采集”对话框，如图 6.5 所示

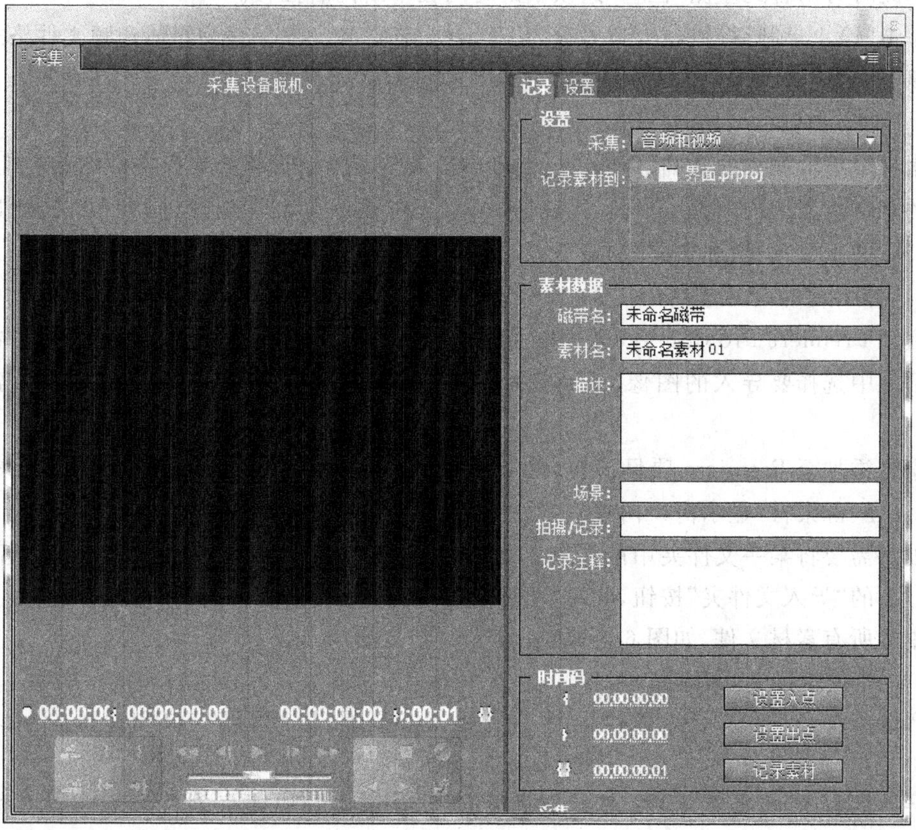

图 6.5　采集素材对话框

注意：由于此时还未将计算机与摄像机连接在一起，因此设备状态还是“采集设备脱机”，且部分选项被禁用。

在“采集”窗口中，左侧为视频预览区域，预览区域的下方则是采集视频时的设备控制按钮。利用这些按钮可控制视频的播放与暂停，并设置视频素材的入点和出点。

将计算机与摄像机连接在一起，稍等片刻，“采集”窗口中的选项将被激活，“采集设备脱机”的信息将变成“停止”信息。此时单击“播放”按钮，当视频画面播放至适当位置时单击“录制”按钮，即可开始采集视频素材。

采集完成后，单击“录制”按钮，Premiere Pro CS6 将自动弹出“保存已采集素材”对话框。在该对话框中，用户可对素材文件的名称、描述信息、场景等内容进行设置，完成后单击“确定”按钮，即可结束素材采集操作。此时，在“项目”窗口内可以查看到刚才采集的素材。

(2) 录制音频

与视频素材采集设备相比，录制音频素材所要用到的设备要简单许多。通常情况下，只需拥有一台计算机、一块声卡和一个麦克风即可。

计算机录制音频素材的方法很多，最简单的是利用操作系统自带的 Windows 录音机程序进行录制。

单击“录音机”程序界面中的“开始录制”按钮后，计算机将记录从麦克风处获取的音频信息。此时可以看到左侧“位置”选项中的时间在不断向后推移。

单击“停止录制”按钮，弹出“另存为”对话框，将音频文件保存为媒体音频文件格式。然后将该音频文件导入 Premiere Pro CS6 的“项目”窗口即可。

2. 素材导入

素材是编辑视频的基础，Premiere Pro CS6 调整了对不同格式素材文件的兼容性，使得支持的素材类型更加广泛。目前，Premiere Pro CS6 导入素材主要通过三种方式，通过菜单导入、利用“项目”窗口和“媒体浏览”窗口导入。

(1) 利用菜单导入素材

启动 Premiere Pro CS6 后，执行“文件”→“导入”命令，出现图 6.6 所示对话框。在弹出的对话框中选择要导入的图像、视频或音频素材，单击“打开”按钮，即可将其导入到当前项目。

素材添加至 Premiere 项目窗口，所有素材都将显示出来。双击“项目”窗口中素材图标，即可在“源素材”显示窗口内查看素材并播放效果，如图 6.7 所示。

如果需要将某一文件夹中的所有素材全部导入至项目内，则可在选择文件夹后，单击“导入”下的“导入文件夹”按钮，此时“项目”窗口内显示的是所导入的素材文件夹，以及该文件夹中的所有素材文件，如图 6.8 所示。

(2) 通过窗口导入素材

Premiere Pro CS6 导入素材的另外两种方式是通过“项目”窗口和通过“媒体浏览”窗口。

导入素材时，需要在“项目”窗口空白处右击，从弹出的快捷菜单中选择“导入”命令，打开“导入”对话框，选择文件即可。

在 Premiere Pro CS6 中，“媒体浏览”窗口可直接对文件进行筛选导入。可通过“最近

图 6.6 “导入”对话框

图 6.7 源素材窗口

使用目录”和“文件类型”选项进行快速素材筛选。选中某个文件后右击，从弹出的快捷菜单中选择“导入”命令，即可将该文件导入“项目”窗口中。

在“媒体浏览”窗口，可通过“最近使用目录”选项直接进入最近访问文件夹，进行直接导入。另外，可通过“文件类型”选项过滤需要的文件类型，更加准确快速地访问文件。

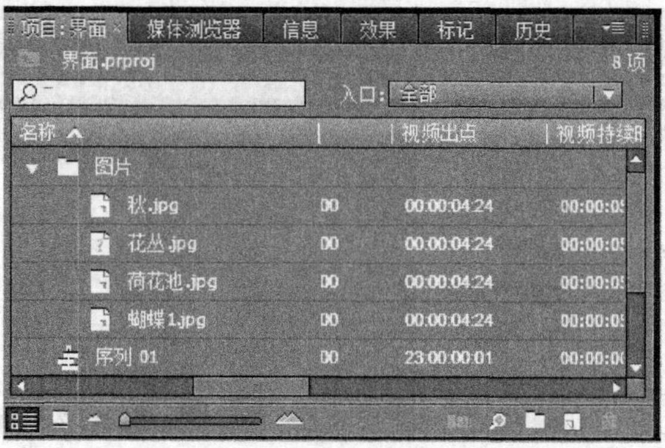

图 6.8　导入文件夹

6.1.3　时间轴窗口及功能

“时间轴”窗口是人们在对音、视频素材进行编辑操作时的主要场所，由视频轨道、音频轨道和一些工具按钮组成。视频素材的编辑与剪辑，首先需要将素材放置在“时间轴”窗口中。在该窗口中，不仅能将不同的视频素材按照一定的顺序排列在时间轴上，还可以对其进行播放时间的编辑。

1. 时间轴窗口概述

在时间轴窗口中，时间轴标尺上的各种控制选项决定了查看视频素材的方式，以及视频渲染和导出的区域，如图 6.9 所示。

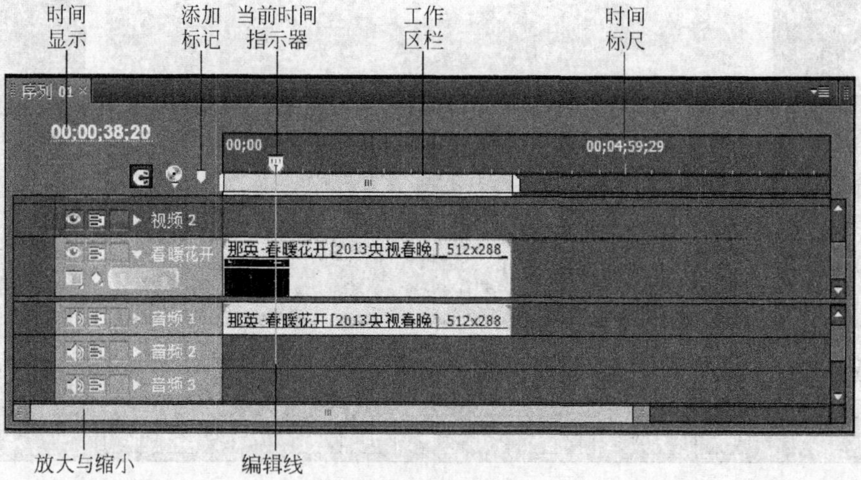

图 6.9　时间轴窗口

(1) 时间标尺

时间标尺是一种可视化时间间隔显示工具。默认情况下，Premiere Pro CS6 按照每秒所播放画面的数量来划分时间轴，从而与项目的帧速率相对应。如果当前正在编辑的是音频素材，则选择“项目”→“项目设置”→“常规”命令，可在弹出对话框中的“音频”选项组中设置时间标尺在显示音频素材时的单位，如图 6.10 所示。

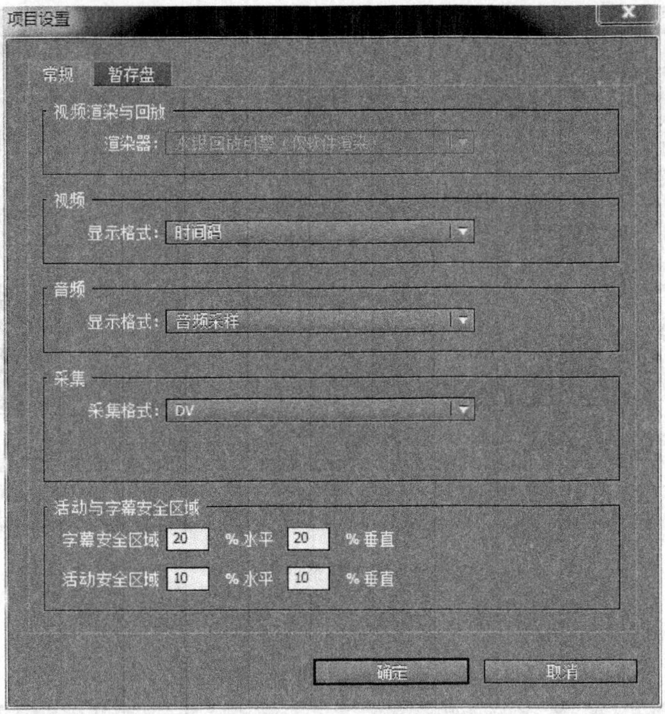

图 6.10　项目设置

(2) 当前时间指示器

“当前时间指示器(CTI)”是一个黄色的倒三角形图标,其作用是标识当前所查看的视频帧,以及该帧在当前序列中的位置。在时间标尺中,既可以采用直接拖动“当前时间指示器”的方法查看视频内容,也可以在单击时间标尺后将“当前时间指示器”移至鼠标单击处的某个视频帧。

(3) 时间显示

时间显示与“当前时间指示器”相互关联,当移动时间标尺上的“当前时间指示器”时,时间显示区域中的内容也会随之发生变化。当在时间显示区域上左右拖动鼠标时,可以控制“当前时间指示器”在时间标尺上的位置,达到快速浏览和查看素材的目的。

在单击时间显示区域后,时间显示区域会变为高亮显示,这时可以输入响应数字,从而将“当前时间指示器”精确移动至时间轴上的某一位置,如图 6.11 所示。

2. 轨道图标和选项

轨道是“时间轴”窗口最为重要的组成部分,其原因在于这些轨道能够以可视化的方式显示音频素材、过渡和效果。利用“时间轴”窗口内的轨道选项,可控制轨道的显示方式或添加和删除轨道,并在导出项目时决定是否输出特定轨道。在 Premiere Pro CS6 中,各轨道的图标及选项如图 6.12 所示。

(1) 切换轨道输出

在视频轨道中,“切换轨道输出”按钮用于控制是否输出视频素材。这样一来,便可以在播放或导出项目时,防止在“节目”窗口内查看相应轨道中的视频。

在音频轨道中,“切换轨道输出”按钮使用“喇叭”图标表示,其功能是在播放或导出项目

图 6.11　调整时间显示

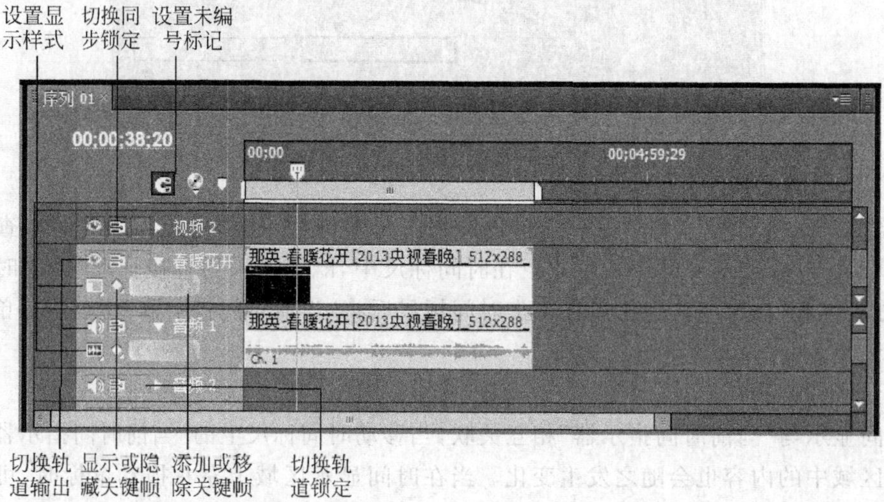

图 6.12　轨道图标

时,决定是否输出相应轨道中的音频素材。

(2) 切换同步锁定

切换同步锁定功能允许用户在处理相关联的音视频素材时,单独调整音频或视频素材在时间轴上的位置,而无需解除两者之间的关联属性,如图 6.13 所示。

(3) 切换轨道锁定

该选项的功能是锁定相应轨道上的素材及其他各项设置,以免因误操作而破坏已编辑好的素材。当单击该选项按钮,使其出现"锁"图标时,表示轨道内容已被锁定,此时无法对相应轨道进行任何修改。再次单击"切换轨道锁定"按钮后,即可去除选项的"锁"图标,并解除对相应轨道的锁定保护。

(4) 设置显示样式

为了便于用户查看轨道上的不同素材，Premiere Pro CS6 分别为视频素材和音频素材提供了多种显示方式。在视频轨道中，单击“设置显示样式”按钮后，即可在弹出的菜单中选择各样式的显示效果。

对于轨道上的音频素材，Premiere Pro CS6 也提供了两种显示方式。只需单击“设置显示样式”按钮，在弹出菜单中进行选择，即可采用新的方式查看轨道上的音频素材，如图 6.13 所示。

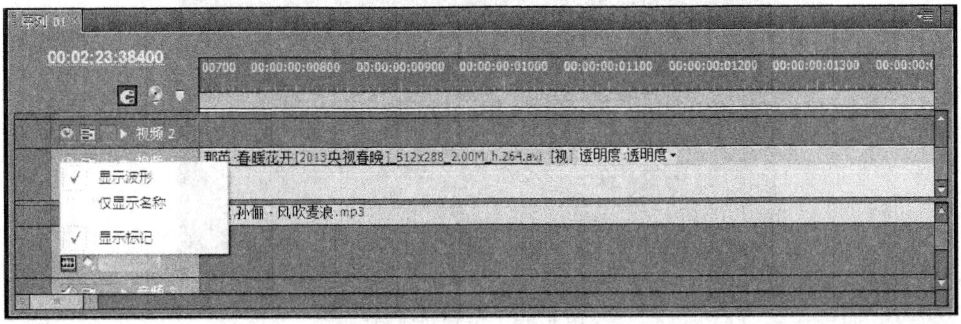

图 6.13　显示音频素材样式

3. 轨道命令

在编辑视频时，往往要根据编辑需要添加、删除轨道，或对轨道进行重命名操作。

(1) 重命名轨道

在“时间轴”窗口中右击轨道，从弹出的快捷菜单中选择“重命名”命令，即可进入轨道名称编辑状态。此时输入新的轨道名称后按 Enter 键即可，如图 6.14 所示。

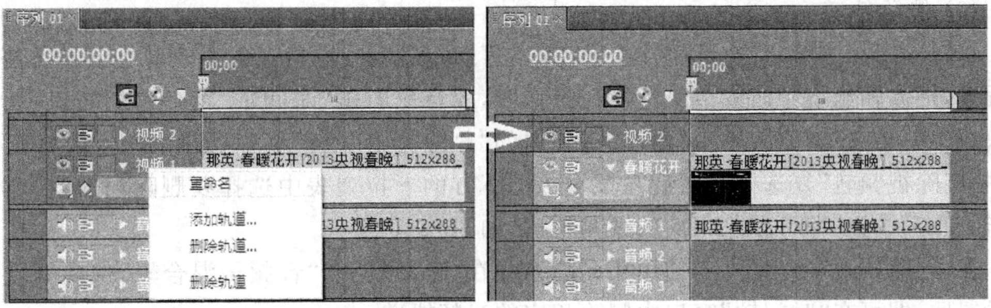

图 6.14　轨道重命名

(2) 添加轨道

当视频剪辑使用的素材较多时，增加轨道的数量有利于提高视频编辑效率。此时可以在“时间轴”窗口中右击轨道，从弹出的快捷菜单中选择“添加轨道”命令，即可打开“添加视音轨”对话框，如图 6.15 所示。

设置完成后，单击“确定”按钮，即可在“时间轴”窗口的相应位置添加所设数量的视频轨道。

注意：按照 Premiere Pro CS6 的默认设置，轨道名称会随其位置的变化而发生改变。例如，当用户以跟随视频 1 的方式添加一条新的视频轨道时，新轨道会以“视频 2”的名称出

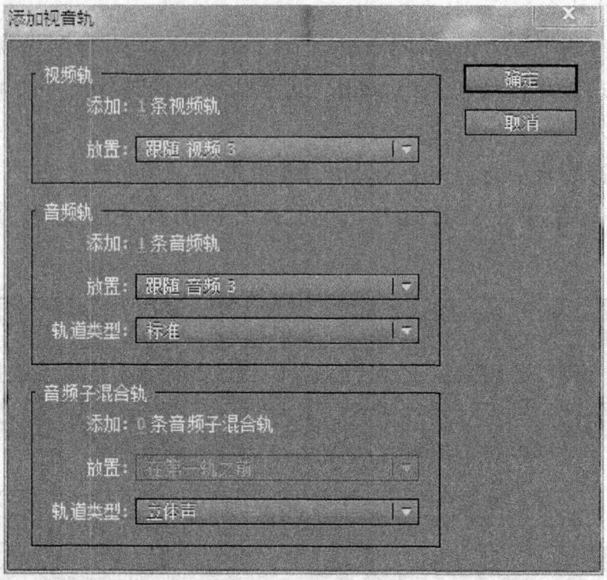

图 6.15　设置新轨道

现,而原有的“视频 2”轨道则会被重新命名为“视频 3”轨道,原“视频 3”轨道则会被重命名为“视频 4”轨道,以此类推。

在“添加视音轨”对话框中,使用相同的方法在“音频轨”和“音频子混合轨”选项区域中进行设置后,即可在“时间轴”窗口中添加新的音频轨道。

注意:在添加“音频轨”和“音频子混合轨”时,还要在相应选项内的“轨道类型”下拉列表中选择音频轨道的类型,用户可根据视频需求进行选择。

(3) 删除轨道

当视频所用的素材较少,有多余轨道时,可通过删除空白轨道的方法减少项目文件的复杂程度,提高输出视频时的渲染速度。操作时,应首先右击“时间轴”窗口中的轨道,从弹出的快捷菜单中选择“删除轨道”命令,在弹出的“删除轨道”对话框中选中“视频轨”选项区域中的“删除视频轨”复选框。然后在该复选框下方的下拉列表中选择要删除的轨道,完成后单击“确定”按钮,即可删除相应的视频轨道,如图 6.16 所示。

在“删除轨道”对话框中,使用相同的方法在“音频轨”和“音频子混合轨”选项区域中进行设置后,即可在“时间轴”窗口中删除相应的音频轨道。

6.1.4　监视器窗口及功能

在 Premiere Pro CS6 中,可以直接在监视器窗口或时间轴窗口中编辑各种素材。如果要进行各种精确的编辑操作,就必须先使用监视器窗口对素材进行预处理后,再将其添加至时间轴窗口中。

1. 源素材监视器与节目监视器

Premiere Pro CS6 中的监视器窗口不仅可在视频制作过程中预览素材或作品,还可用于精确编辑和修剪剪辑。根据监视器窗口类型的不同,分别对“源”素材监视器窗口和“节目”监视器窗口进行介绍。

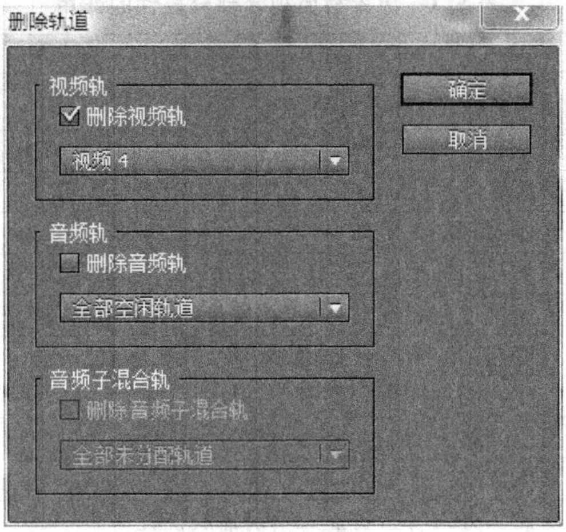

图 6.16　删除轨道

① “源”素材监视器窗口的主要作用是预览和修剪素材，只需双击“项目”窗口中的素材，即可通过“源”监视器窗口预览其效果，如图 6.17 所示。

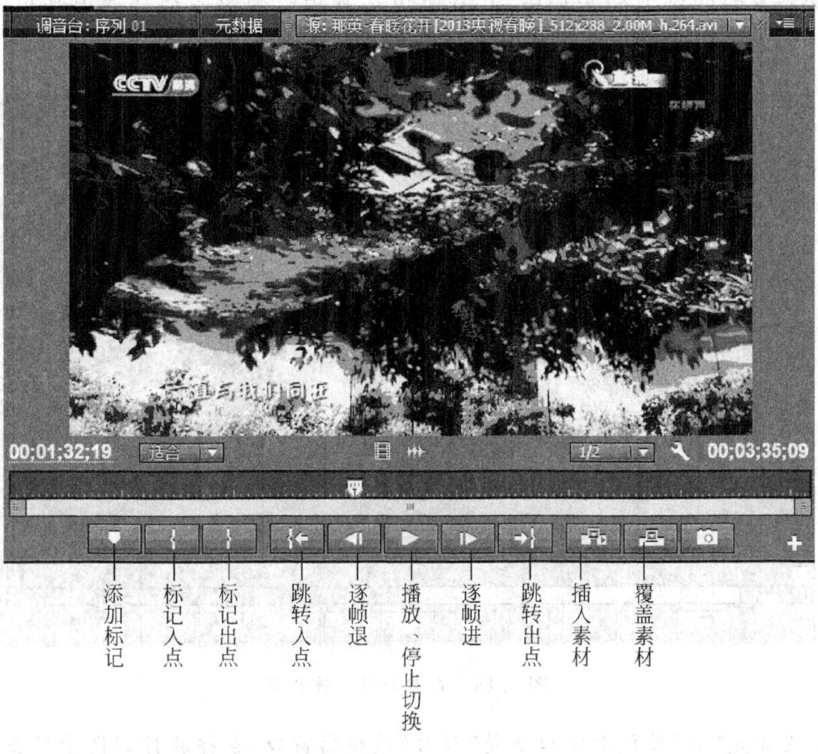

图 6.17　查看素材播放效果

在“源”监视器窗口中，素材预览区的下方为时间标尺，底部则为播放控制区。在“源”监视器窗口中，各个控制按钮的作用如表 6.1 所示。

表 6.1　源素材监视器部分控件的作用

名　　称	作　　用
查看区域栏	用于放大或缩小时间标尺
时间标尺	用于表示时间,“当前时间指示器”用于表示当前播放画面所处的具体时间
标记入点	设置素材进入时间
标记出点	设置素材结束时间
添加标记	添加自由标记
跳转入点	无论当前位置在何处,都将直接跳至当前素材的入点处
跳转出点	无论当前位置在何处,都将直接跳至素材出点
逐帧退	以逐帧的方式倒放素材
播放/停止切换	控制素材画面的播放与暂停
逐帧进	以逐帧的方式播放素材
插入	以插入方式将素材插入当前播放位置
覆盖	以覆盖方式将素材替换当前播放位置的内容

②“节目”监视器窗口。

从外观上来看,“节目”窗口与“源”窗口基本一致。与“源”窗口不同的是,“节目”窗口用于查看各素材在时间轴上的添加序列,并可以预览相应编辑之后的播出效果,如图 6.18 所示。

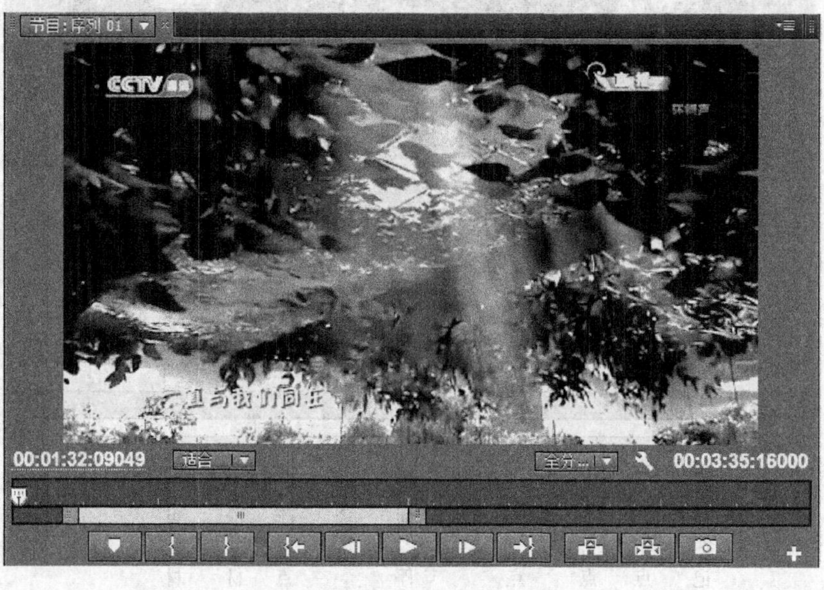

图 6.18　查看节目播放效果

注意:无论是“源”监视器窗口还是“节目”监视器窗口,在播放控制区中单击“按钮编辑器”按钮,都会弹出更多的编辑按钮,这些按钮同样是用来编辑视频文件的。

2. 在序列中编辑素材

Premiere Pro CS6 中真正的视频编辑并不是在监视器中进行的,而是在“时间轴”窗口中完成的,如添加素材、复制、移动及修剪素材等。在“时间轴”窗口中不仅能够进行最基本的视频编辑,还能够重新设置视频的播放速度与时间,以及调整视频与音频之间的关系。

(1) 添加素材

添加素材是编辑素材的首要前提，其操作目的是将“项目”窗口中的素材移至时间轴内。为了提高视频的编辑效率，Premiere Pro CS6 为用户提供了多种添加素材的方法，下面分别进行介绍。

① 使用命令添加素材。在“项目”窗口中选择所要添加的素材后，右击该素材，在弹出的快捷菜单中选择“插入”命令，即可将其添加至时间轴内的相应轨道中，如图 6.19 所示。

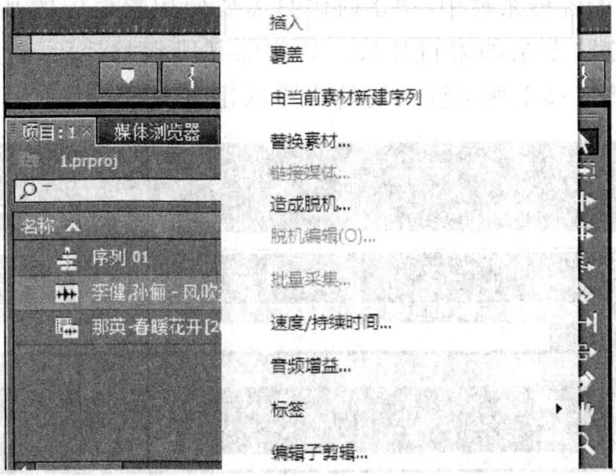

图 6.19　通过命令将素材添加至时间轴

注意：在“项目”窗口中选择要添加的素材后，在英文输入法状态下按“,”键也可将其添加至时间轴内。无论使用何种方式插入，前提都是必须在“时间轴”窗口中选中视频轨道。

② 将素材直接拖至“时间轴”窗口

在 Premiere Pro CS6 工作区中，直接将“项目”窗口中的素材拖曳至“时间轴”窗口中的某一轨道后，也可将所选素材添加至相应轨道内，如图 6.20 所示。并且能够将多个视频素材拖至同一时间轴上，从而添加多个视频素材。

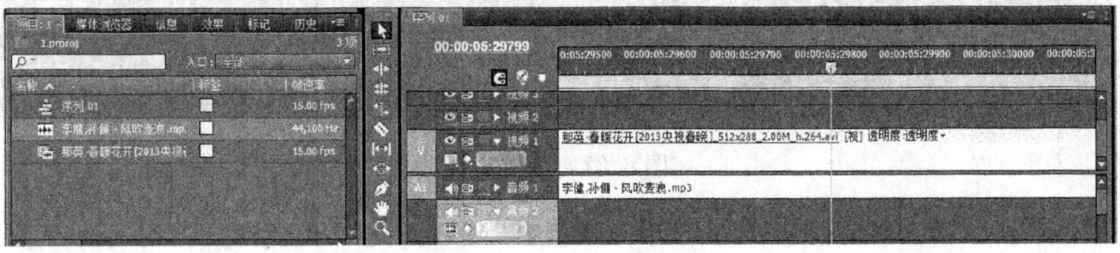

图 6.20　以拖曳方式添加素材

(2) 复制和移动素材

非线性编辑系统的特点之一是可重复利用素材，常用方法便是复制素材片段。对于无需修改即可重复使用的素材来说，向时间轴内重复添加素材与复制时间轴已有素材的结果相同。当需要重复使用的是修改过的素材时，便只能通过复制时间轴已有素材的方法来实现。

单击工具栏中的“选择工具”按钮后，在时间轴上右击要复制的素材，从弹出的快捷菜单中选择"复制"命令,接下来将"当前时间指示器"移至空白位置处,按 Ctrl+V 组合键即可将复制的素材粘贴至当前位置。

注意:在粘贴素材时,新素材会以当前位置为起点,并根据素材长度的不同延伸至相应位置。在此过程中,新素材会覆盖其长度范围内的所有其他素材,因此在粘贴素材时必须将"当前时间指示器"移至拥有足够空间的空白位置处。

3. 修剪素材

在制作视频用到的各种素材中,很多时候只需要使用素材内的某个片段。此时需要对源素材进行裁切,并删除多余的素材片段。要删除某段素材片段,首先拖动时间标尺上的"当前时间指示器",将其移至所需要裁切的位置,如图 6.21 所示。

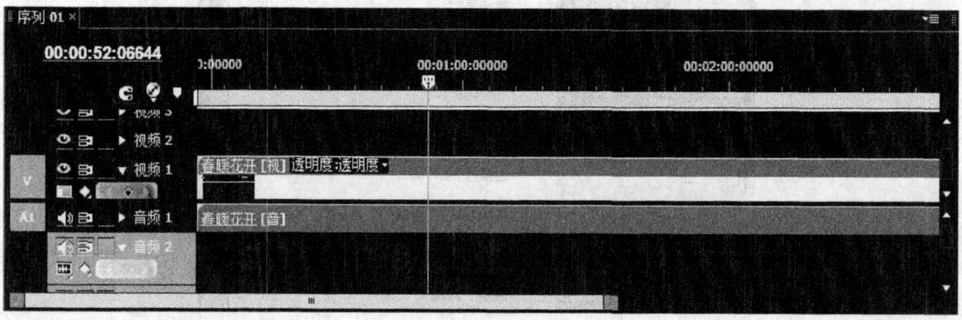

图 6.21 确定时间点

接下来,在工具栏内选择"剃刀工具"后,在"当前时间指示器"的位置处单击时间轴上的素材,即可将该素材裁切为两部分,如图 6.22 所示。

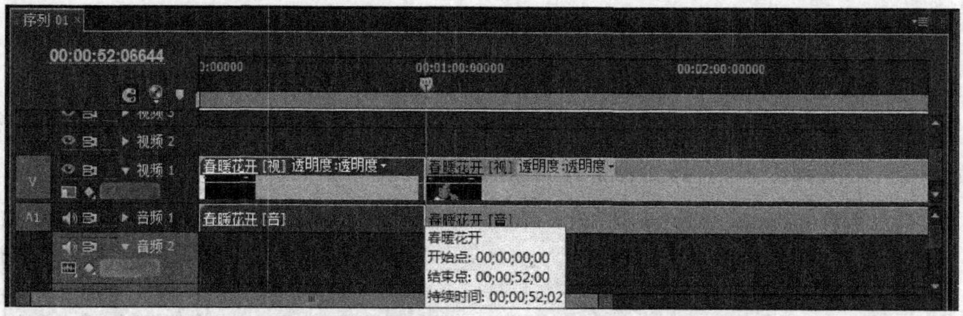

图 6.22 裁切素材

注意:在裁切素材时,移动"当前时间指示器"的目的是确认裁切画面的具体位置。而且在将"剃刀工具"图标前的虚线与编辑线对齐后,即可从当前视频帧的位置来裁切源素材。

最后,使用"选择工具"单击多余素材片段,按 Delete 键将其删除,即可完成裁切素材多余部分的操作。如果所裁切的视频素材带有音频部分,则音频部分也会随同视频部分被分为两个片段。

注意:在"项目"窗口中裁剪的视频不会破坏原视频文件,而且还能够在不影响"时间轴"窗口中视频的情况下恢复成原视频文件。

4. 调整素材的播放速度与时间

Premiere Pro CS6 中的每种素材都有其特定的播放速度与播放时间。通常情况下,音视频素材的播放速度与播放时间由素材本身所决定，而图像素材的播放时间则为 5s。不过根据视频编辑的需求，很多时候需要调整素材的播放速度或播放时间。

（1）调整图片素材的播放时间

将图片素材添加至时间轴后，将鼠标指标置于图片素材的末端。当光标变为“向右箭头”图标时，向右拖动鼠标，即可随意延长其播放时间，如图 6.23 所示。如果向左拖动鼠标，则可缩短图片的播放时间。

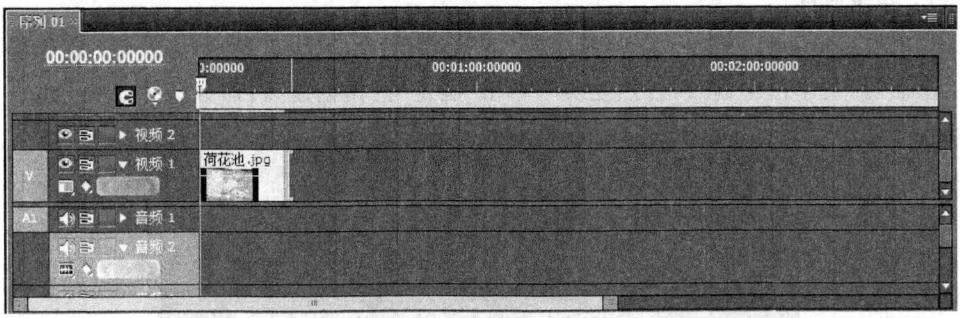

图 6.23 调整素材的播放时间

注意：*如果图片素材的左侧存在间隙，使用相同的方法向左拖动图片素材的前端，也可延长其播放时间。不过，无论是拖动图片素材的前端还是末端，都必须在相应一侧含有间隙时才能进行。也就是说，如果图片素材的两侧没有间隙，那么 Premiere Pro CS6 将不允许通过拖动素材端点的方式来延长其播放时间。*

（2）调整视频播放速度

当所要调整的是视频素材时，通过拖动只能够改变视频播放时间，由于播放速度并未发生变化，因此造成的结果便是素材内容的减少。如果需要在不减少画面内容的前提下调整素材的播放时间，便只能通过更改播放速度的方法来实现。方法是在“时间轴”窗口中右击视频素材，从弹出的快捷菜单中选择“速度/持续时间”命令，在“素材速度/持续时间”对话框中将“速度”设置为 50%后，即可将相应视频素材的播放时间延长一倍，如图 6.24 所示。

如果需要精确控制素材的播放时间，应在“素材速度/持续时间”对话框中调整“持续时间”选项，如图 6.25 所示。

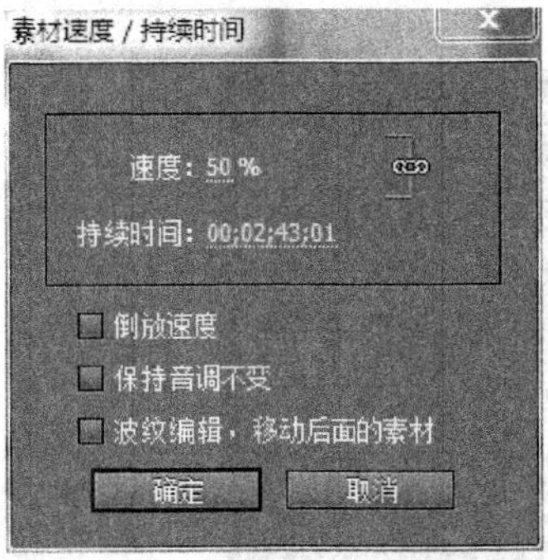

图 6.24 素材播放速率与持续时间

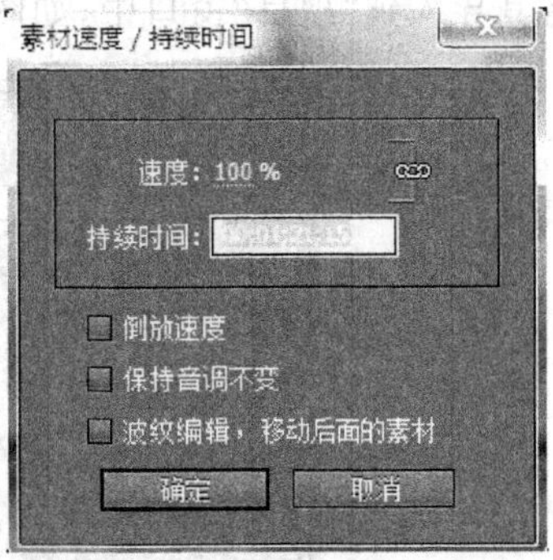

图 6.25 精确控制素材播放时间

在“素材速度/持续时间”对话框中选中“倒放速度”复选框后，还可颠倒视频素材的播放顺序，使其从末尾向前进行倒序播放。

6.2 视频编辑步骤

下面通过实例介绍视频制作过程，具体操作步骤如下：

(1) 新建项目

启动 Premiere Pro CS6，在“新建项目”对话框中单击“浏览”按钮，选择文件的保存位置。在“名称”文本框中输入“自然之美”，单击“确定”按钮创建项目，如图 6.26 所示。

图 6.26　新建项目

(2) 导入素材

在“项目”窗口中右击，从弹出的快捷菜单中选择“导入”命令，在“导入”对话框中选择视频素材，将其导入到“项目”窗口中，如图 6.27 所示。

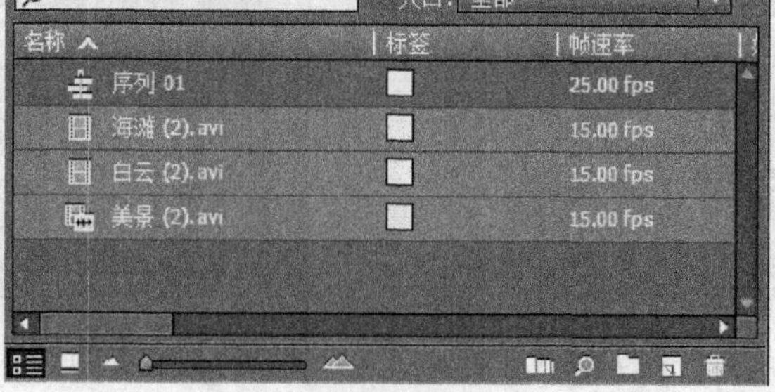

图 6.27　导入视频素材

(3) 添加入点

双击“项目”窗口中的素材“白云(2).avi”,在“源”监视器窗口中显示该视频。拖动“当前时间指示器”确定位置,单击“标记入点”按钮,添加入点标记,如图 6.28 所示。

图 6.28　标记入点

(4) 添加出点

在“源”监视器窗口中拖动“当前时间指示器”确定位置,单击“标记出点”按钮,添加出点标记,如图 6.29 所示。

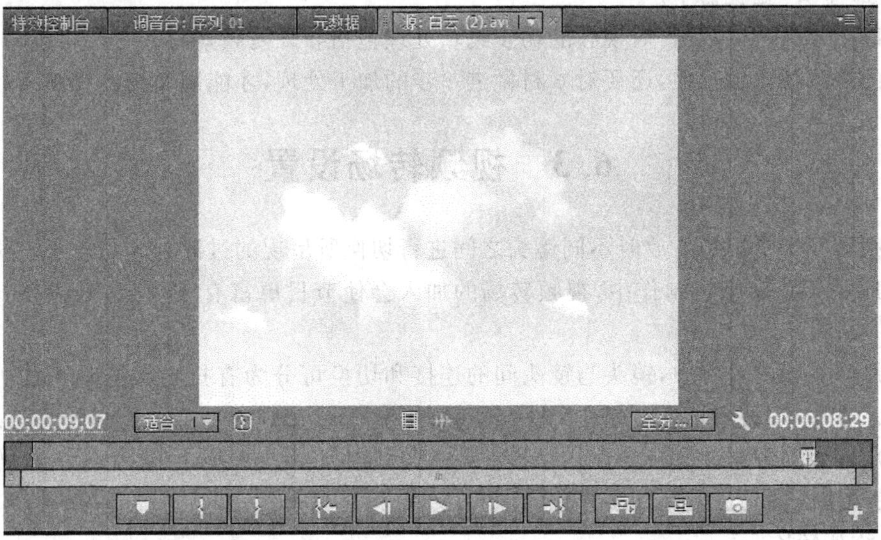

图 6.29　标记出点

(5) 将选定的素材片段插入时间轴

在“项目”窗口中右击该视频素材,从弹出的快捷菜单中选择“插入”命令,或者单击“插入”按钮,将其插入至“时间轴”窗口中,如图 6.30 所示。

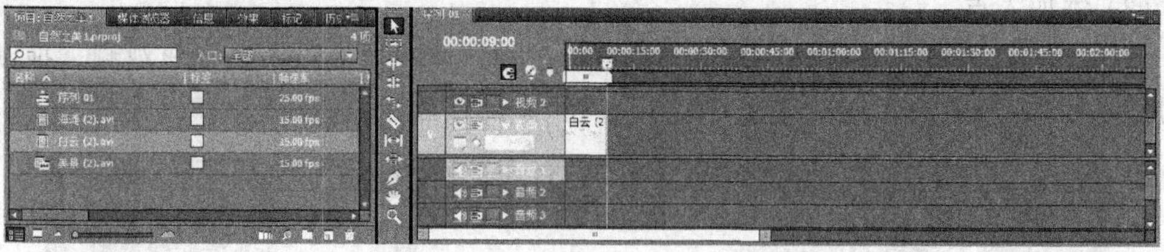

图 6.30　插入视频

按照上述方法，分别在“项目”窗口中设置其他视频的出入点后，依次将视频插入“时间轴”窗口中，如图 6.31 所示。

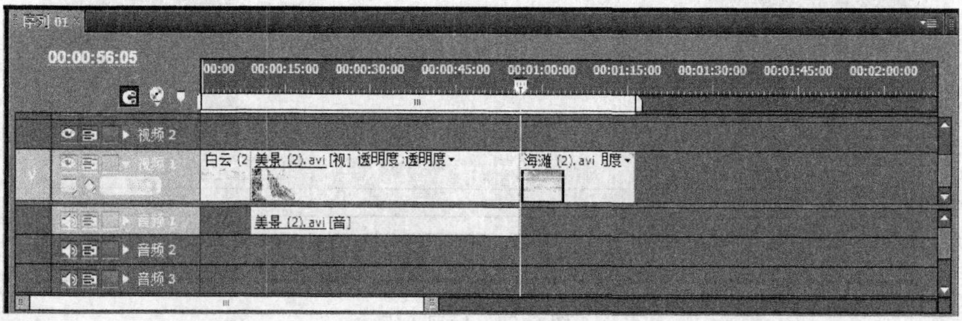

图 6.31　插入视频

注意：如果插入的视频比较多，在“时间轴”上不能全部显示，那么依次选中“时间轴”窗口中的视频片段，在“特效控制台”窗口中设置“运动”选项中的“缩放”子选项，使视频画面刚好显示在“节目”监视器中。

从以上步骤可以看出，对视频的初步编辑处理包括导入视频素材和对素材进行编辑，此时制作的视频还比较粗糙，还要对素材做进一步的加工处理，才能制作出比较满意的作品。

6.3　视频转场设置

视频转场是指视频播放时不同镜头之间进行切换所呈现的过渡方式与效果。这种技术被广泛应用于数字电视制作中，视频转场的加入会使节目更富有表现力，更能突出视频的风格。

在制作视频的过程中，镜头与镜头间的连接和切换可分为有技巧切换和无技巧切换两种类型。其中，无技巧切换是指在镜头与镜头之间直接切换，这是基本的组接方法之一，在电影中应用较为频繁。有技巧切换是指在镜头组接时加入淡入淡出、叠化等视频转场过渡手法，使镜头之间的过渡更加多样化。

1. 添加转场

在编辑视频时需要在不同场景之间添加视频转场，使镜头与镜头间的过渡更为自然流畅，使视频视觉连续性更强。

在 Premiere Pro CS6 中，系统共为用户提供了 70 多种视频转场效果。这些视频转场被分类放置在“效果”窗口中的“视频切换”文件夹中，如图 6.32 所示。

图 6.32　视频转场分类列表

要在镜头之间应用视频转场，只需将某一转场效果拖曳至时间轴上的两素材之间即可，如图 6.33 所示。

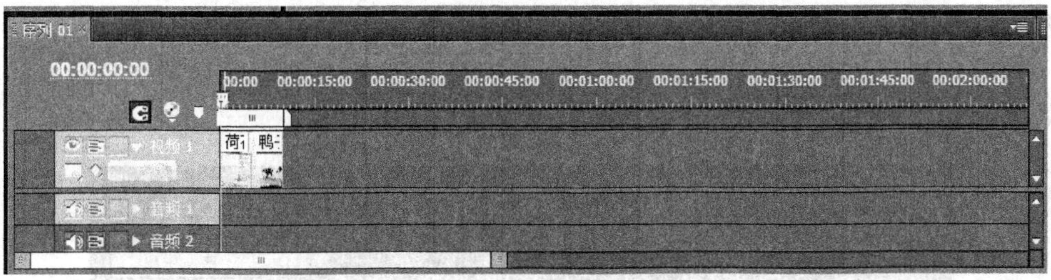

图 6.33　添加视频转场

单击“节目”窗口中的“播放/停止切换”按钮，或直接按空格键后，即可预览所应用视频转场的效果，如图 6.34 所示。

2. 转场设置

在编排镜头的过程中，有些时候很难预料镜头在添加视频转场后产生怎样的效果。此时往往需要通过清除、替换转换的方法尝试应用不同的转场，并从中挑选出最为合适的效果。

(1) 清除转场

在感觉当前所应用视频转场不太合适时，只需在“时间轴”窗口中右击视频转场后，从弹出的快捷菜单中选择“清除”命令，即可解除相应转场对镜头的应用效果。

(2) 替换转场

与清除转场后再添加新的转场相比，使用替换转场更新镜头所应用视频转场的方法更为简便。操作时只需将新的转场效果覆盖在原有转场上即可将其替换。

(3) 设置默认转场

为了使用户更自由地发挥想象力，Premiere Pro CS6 允许用户在一定范围内修改视频

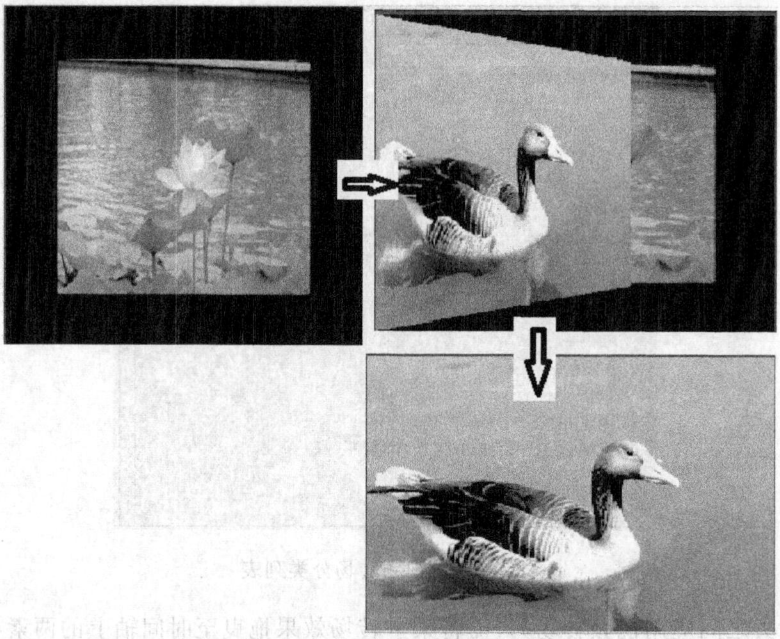

图 6.34　预览视频转场效果

转场的效果。可根据需要对添加后的视频转场进行调整。

在“时间轴”窗口中选择视频转场后，“特效控制台”窗口中便会显示该视频转场的各项参数，如图 6.35 所示。

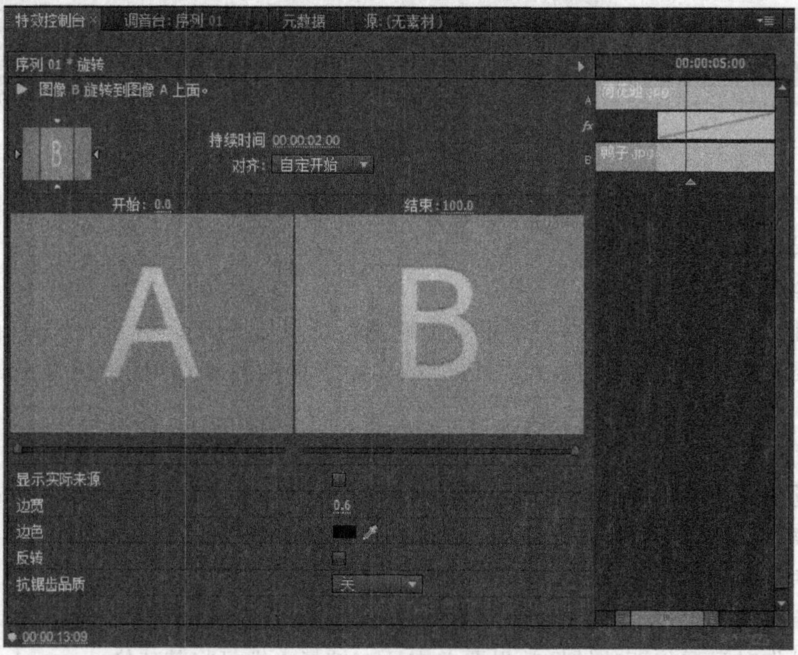

图 6.35　视频转场参数窗口

注意：在将鼠标置于选项参数的数值位置上后，光标变成手形状时，左右拖动鼠标就可以更改参数值。

单击“持续时间”选项右侧的数值后，在出现的文本框中输入时间数值，即可设置视频转场的持续时间。

在“特效控制台”窗口中选中“显示实际来源”复选框后，转场所连接镜头画面在转场过程中的前后效果将分别显示在A、B区域内。

当添加的转场特效为上下或左右动画时，在特效预览区中通过单击方向按钮，即可设置视频转场效果的开始方向与结束方向。

在“对齐”下拉列表中选择特效位于两个素材上的位置。例如选择“开始于切点”选项，视频转场效果会在时间滑块进入第二个素材时开始播放。

调整“开始”或“结束”选项中的数值，或拖动该选项下方的时间滑块后，还可设置视频转场在开始和结束时的效果。

在调整“边宽”选项后，还可更改素材在转场效果中的边框宽度。如果需要设置边框颜色，可在“边色”选项中进行设置。

如果想要更为个性化的效果，可选中“反转”复选框，从而使视频转场采用相反的顺序进行播放。

在“抗锯齿品质”下拉列表中选择品质级别选项后，可以调整视频转场的画面效果。

6.4 视频、音频特效

在编辑视频时，不仅能够在视频与视频之间添加各种样式的转场特效，还可以为单个视频本身添加各种特效，使枯燥无味的画面变得生动有趣，并且弥补拍摄过程中造成的画面缺陷等问题。

在 Premiere Pro CS6 中，系统提供了多种类型的视频特效供用户使用，其功能分为增强视觉效果、校正视频缺陷和辅助视频合成三大类。并且增加了独立的调整图层，可以在不破坏原视频的情况下添加视频特效，并且其效果可以显示在该调整图层下方的所有视频片段中。

6.4.1 视频特效

1. 添加视频特效

Premiere 的强大视频特效功能使得用户可以在原有素材的基础上创建出各种各样的艺术效果。而且应用视频特效的方法也极其简单，用户可以为任意轨道中的视频素材添加一个或者多个效果。

Premiere Pro CS6 为用户提供了 130 多种视频特效，所有特效按照类别被放置在“效果”窗口中的“视频特效”文件夹中，方便用户查找指定的视频特效，如图 6.36 所示。

为素材添加视频特效的方法主要有两种：一种是利用“时间轴”窗口添加，另一种则是利用“特效控制台”窗口添加。

① 利用“时间轴”窗口添加特效。只需在“视频特效”文件夹中选择要添加的视频特效后，将其拖曳至视频轨道中的相应素材上。

图 6.36　视频特效

② 利用“特效控制台”窗口添加特效。该方法是最为直观的一种添加方式。因为即使为同一段素材添加了多种视频特效，也可在“特效控制台”窗口中一目了然地查看这些视频特效。

若要利用“特效控制台”窗口添加视频特效，只需在选择素材后，从“效果”窗口中选择要添加的视频特效，并将其拖至“特效控制台”窗口中即可，如图 6.37 所示。

图 6.37　特效控制台中的视频特效

若要为同一段视频素材添加多个视频特效，只需依次将要添加的视频特效拖动到“特效控制台”窗口中。

注意：在“特效控制台”窗口中，可以通过拖动各个视频特效来实现调整其排列顺序的目的。

2. 删除视频特效

当不再需要视频特效时，可利用“特效控制台”将其删除。操作时，只需在“特效控制台”窗口中右击视频特效，从弹出的快捷菜单中选择“清除”命令。

技巧：在“特效控制台”窗口中选择视频特效后，按 Delete 键或者 Backspace 键也可将其删除。

3. 复制视频特效

当多个视频剪辑使用相同的视频特效时，复制、粘贴视频特效可以减少操作步骤，加快视频编辑的速度。操作时，只需选择源视频特效所在视频剪辑，并在“特效控制台”窗口中右击视频特效，从弹出的快捷菜单中选择“复制”命令。然后选择新的素材，并右击“特效控制台”窗口空白区域，从弹出的快捷菜单中选择“粘贴”命令。

6.4.2 音频特效与调音台

在影视节目的制作过程中，所有节目都会在后期编辑时添加适合的背景音效，从而使节目能够更加精彩和完美。用户不仅可以在多个音频素材之间添加过渡效果，还可根据需要为音频素材添加音频滤镜，改变原始素材的声音效果，使视频画面和声音效果能够更加紧密地结合起来。调音台是播送和录制节目时必不可少的重要设备之一。在整套音响系统中，调音台的作用是对多路输入信号进行放大、混合、分配，以及对音质进行修饰与对音响效果加工等。

1. 调音台

调音台是 Premiere Pro CS6 为用户制作高质量音频所准备的多功能音频素材处理平台。利用 Premiere Pro CS6 调音台，可以在现有音频素材的基础上创建复杂的音频效果。现在对调音台进行简单介绍。

调音台由若干音频轨道控制器和播放控制器组成，每个轨道控制器内又对应轨道控制按钮和音量控制器等控件，如图 6.38 所示。

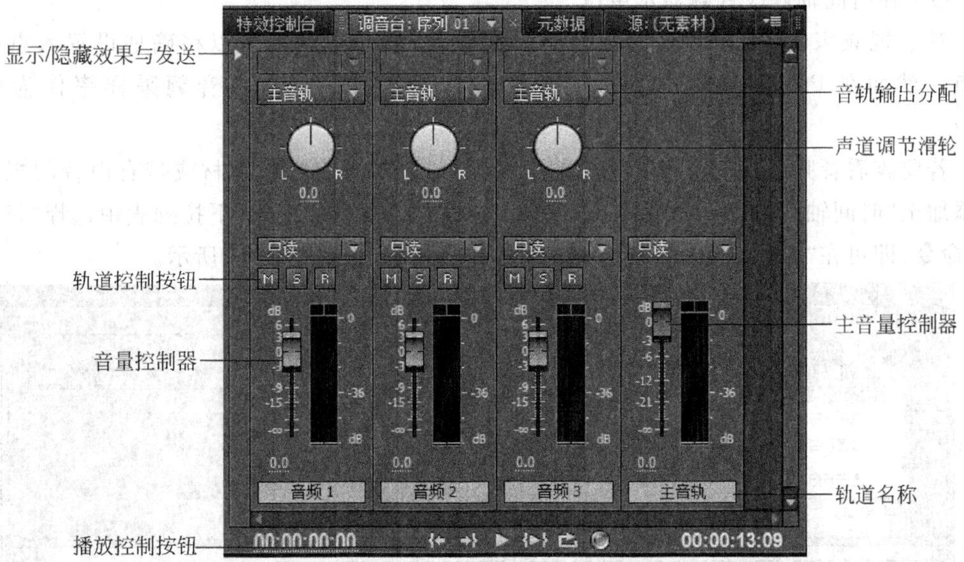

图 6.38 Premiere Pro CS6 调音台界面

提示：在默认情况下，调音台窗口仅显示当前所激活序列的音频轨道。因此，如果希望在该窗口内显示指定的音频轨道，就必须将序列嵌套至当前被激活的序列内。

2. 音频添加与处理

所谓音频素材是指能够持续一段时间，含有各种乐器音响效果的声音。在制作视频的过程中，声音素材的好坏将直接影响影视节目的质量。

(1) 添加音频

在Premiere Pro CS6中，添加音频素材的方法与添加视频素材的方法基本相同，同样是通过在菜单或是“项目”窗口来完成。

利用“项目”窗口添加音频素材。在“项目”窗口中，既可以利用右键菜单添加音频素材，也可以使用鼠标拖动的方式添加音频素材。

若要利用右键菜单，可以在“项目”窗口中右击要添加的音频素材，从弹出的快捷菜单中选择“插入”命令，即可将相应素材添加到音频轨道中，如图6.39所示。

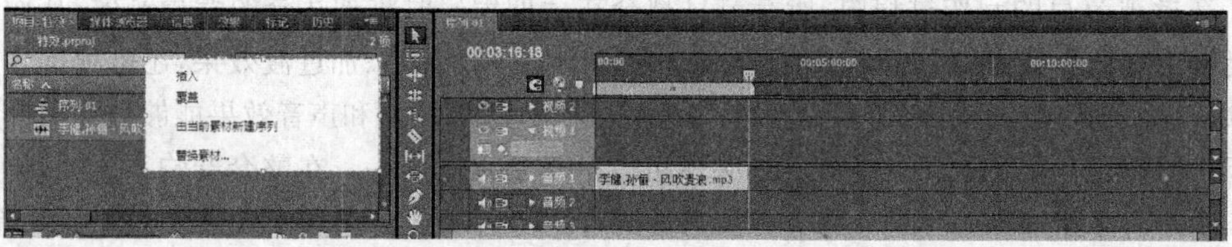

图6.39　添加音频素材

提示：在使用右键菜单添加音频素材时，需要先在“时间轴”窗口中激活要添加素材的音频轨道。被激活的音频轨道将以白色显示在“时间轴”窗口中。

若要利用鼠标拖动的方式添加音频素材，只需在“项目”窗口中选择音频素材，将其拖至相应音频轨道。

(2) 在时间轴修改音频显示单位

对于视频来说，视频帧是其标准的测量单位，通过视频帧可以精确地设置入点或者出点。然而在Premiere Pro CS6中，音频素材应当使用毫秒或音频采样率作为显示单位。

若要查看音频的单位及音频素材的声波图形，应当先将音频素材或带有声音的视频素材添加至“时间轴”窗口中。然后展开音频轨道，在“设置显示样式”下拉列表中选择“显示波形”命令，即可在“时间轴”窗口中显示该素材的音频波形，如图6.40所示。

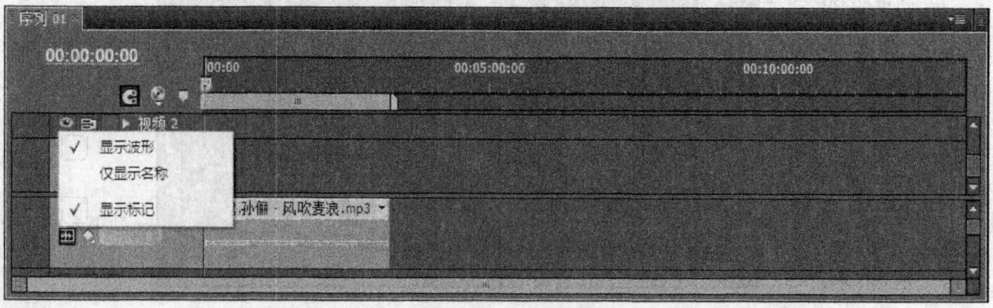

图6.40　查看音频波形

若要显示音频单位，只需在“时间轴”窗口中的“窗口菜单”下拉列表中选择“显示音频单位”命令，即可在时间标尺上显示相应的时间单位，如图 6.41 所示。

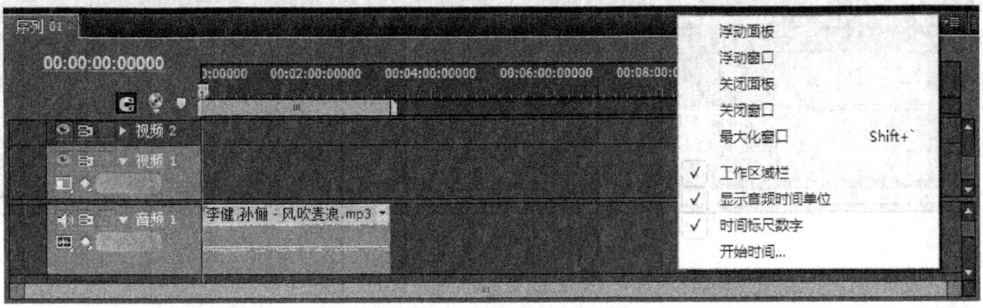

图 6.41　显示音频单位

默认情况下，Premiere Pro CS6 项目文件会采用音频采样率作为音频素材单位，可根据需要将其修改为毫秒。操作时，执行“项目”→“项目设置”→“常规”命令，弹出“项目设置”对话框，在“音频”栏中的“显示格式”下拉列表中选择“毫秒”选项。

(3) 调整音频素材的持续时间

音频素材的持续时间是指音频素材的播放长度，可以通过设置音频素材的入点和出点来调整其持续时间。除此之外，Premiere Pro CS6 还允许用户通过更改素材长度和播放速度的方式调整其持续时间。

若要通过更改其长度来调整音频素材的持续时间，可以在“时间轴”窗口中将鼠标置于音频素材的末尾，当光标变成左箭头形状时，拖动鼠标即可更改其长度，如图 6.42 所示。

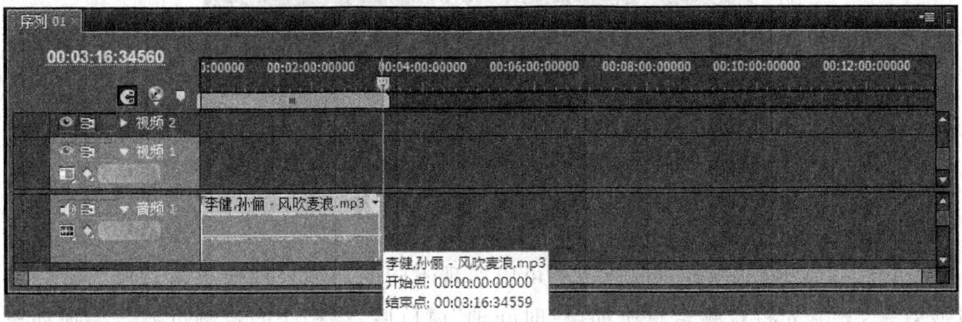

图 6.42　调整持续时间

提示：*在调整素材长度时，向左拖动鼠标则持续时间变短，向右拖动鼠标则持续时间变长。但是，当音频素材处于最长持续时间状态时，将不能通过向外拖动鼠标的方式延长其持续时间。*

操作时，应当在“时间轴”窗口中右击相应的音频素材，从弹出的快捷菜单中选择“速度/持续时间”命令，如图 6.43 所示。

在弹出的“素材速度/持续时间”对话框中调整“速度”选项，即可改变音频素材“持续时间”的长度。

提示：*在“素材速度/持续时间”对话框中，也可直接更改“持续时间”选项，从而精确控制素材的播放长度。*

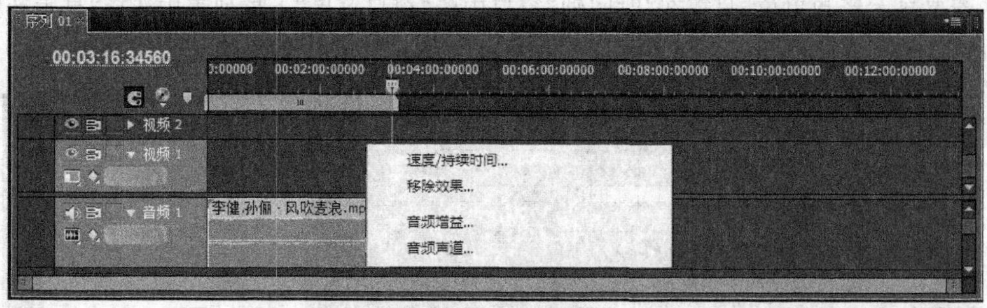

图 6.43 “速度/持续时间”命令

6.4.3 音频转场与音频效果

在制作视频过程中,为音频素材添加音频过渡效果或音频特效,能够使音频素材间的连接更为自然、融洽,从而提高视频的整体质量。

1. 音频转场概述

与视频切换效果相同,音频过渡也放在“效果”窗口中。在“效果”窗口中依次展开“音频过渡”和“交叉渐隐”选项后,即可显示 Premiere Pro CS6 内置的三种音频过渡效果,如图 6.44 所示。

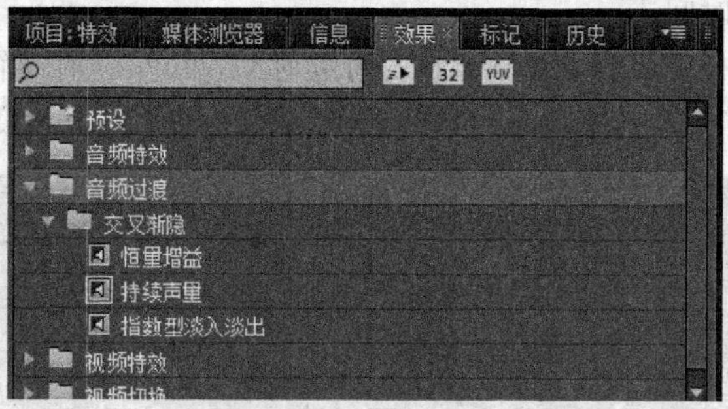

图 6.44 音频过渡

“交叉渐隐”文件夹的不同音频转场可以实现不同的音频处理效果。若要为音频素材应用过渡效果,只需先将音频素材添加至“时间轴”窗口后,将相应的音频过渡效果拖动至音频素材的开始或末尾位置,如图 6.45 所示。

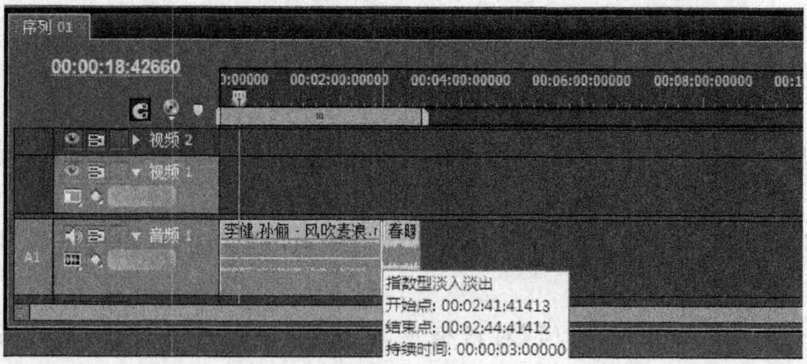

图 6.45 添加音频过渡特效

“恒量增益”能够让音频素材以逐渐增强的方式进行过渡。

在默认情况下，所有音频过渡的持续时间均为 1s。不过，当在“时间轴”窗口中选择某个音频过渡时，在“特效控制台”窗口中，可在“持续时间”右侧选项内设置音频的播放长度，如图 6.46 所示。

图 6.46　设置持续时间选项

2. 音频效果概述

尽管 Premiere Pro CS6 并不是专门用于处理音频素材的工具，但仍然提供了大量音频特效滤镜。利用这些滤镜，用户可以非常方便地为视频添加混响、延时、反射等声音特技。

① 添加音频特效。Premiere Pro CS6 将音频素材根据声道数量划分为不同的类型，在“效果”窗口中的“音频特效”文件夹中没有进行分类，而是将所有音频特效罗列在一起。就添加方法来说，添加音频特效的方法与添加视频特效的方法相同，用户可通过“时间轴”窗口来完成，也可通过“特效控制台”窗口来完成。

② 多功能延迟。多功能延迟特效能够对音频素材播放时的延迟进行更高层次的控制，对于在电子音乐中产生同步、重复的回声效果非常有用，如图 6.47 所示。

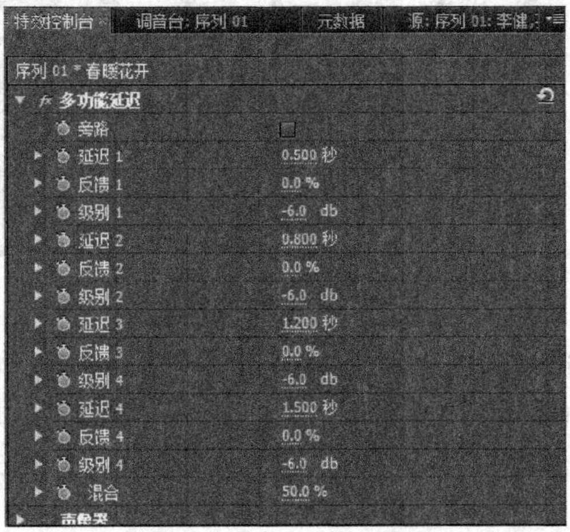

图 6.47　多功能延迟音频特效

在“特效控制台”窗口中，“多功能延迟”音频特效的参数名称及其作用如表6.2所示。

表6.2 多功能延迟音频特效参数

名 称	作 用
延迟	该音频特效含有4个“延迟”选项，用于设置原始音频素材的延时时间，最大的延时为2s
反馈	用于设置有多少延时音频反馈到原始声音中
级别	用于设置每个回声的音量大小
混合	用于设置各回声之间的融合状况

③ EQ(均衡器)。该音频特效用于实现参数平稳效果，可对音频素材中的声音频率、波段和多重波段均衡等内容进行控制。设置时，用户可通过图形控制器或直接更改参数的方式进行调整，如图6.48所示。

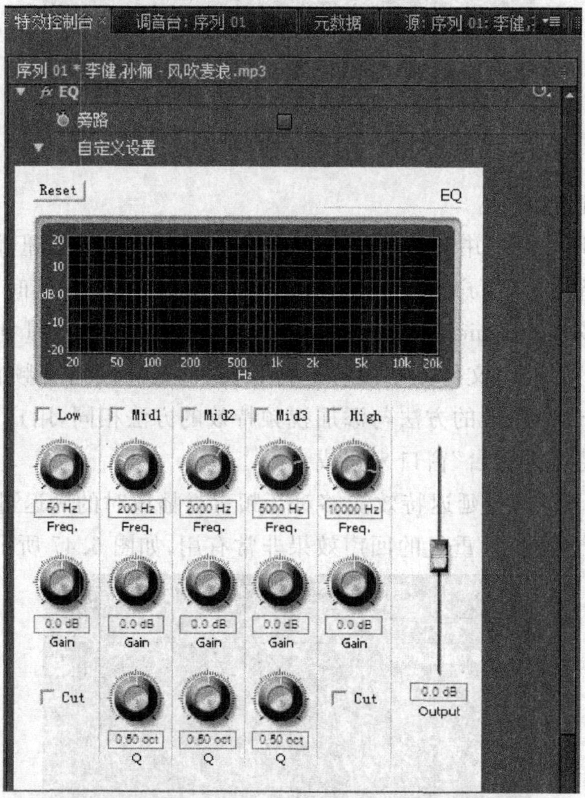

图6.48 EQ音频特效参数

当使用特效控制器调整音频素材在各波段的频率时，只需在“特效控制台”窗口中分别选中EQ选项组内的Low、Mid和High复选框后，利用鼠标拖动相应的控制点即可，如图6.49所示。在EQ选项组中，部分重要参数的功能与作用如表6.3所示。

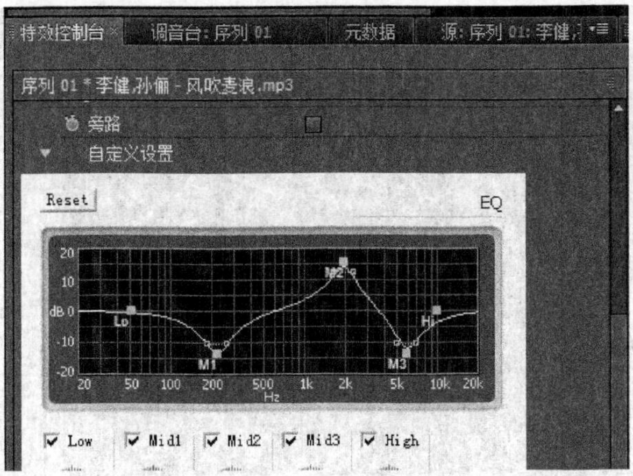

图 6.49　利用图形控制器调整波段参数

表 6.3　部分 EQ 音频特效参数介绍

名　称	作　用
Low、Mid 和 High	用于显示或隐藏自定义滤波器
Gian	用于设置常量上的频率值
Cut	选中该复选框，即可设置从滤波器中过滤掉的高低波段
Frequency	用于设置波段增大和减小的次数
Q	用于设置各滤波器波段的宽度
Output	用于补偿过滤效果之后造成频率波段的增加或减少

6.5　创建字幕

所谓字幕是指在视频素材和图片素材之外，由用户自行创建的可视化元素，如文字、图形等。作为视频中的一个重要组成部分，字幕独立于视频、音频这些常规内容。为此，Premiere Pro CS6 为字幕准备了一个与音视频编辑区域完全隔离的字幕工作区，以便用户能够专注于字幕的创建工作。

6.5.1　认识字幕工作区

在 Premiere Pro CS6 中，所有字幕都是在字幕工作区域内创建完成的。在该工作区域中，不仅可以创建和编辑静态字幕，还可以制作出各种动态的字幕效果。要打开字幕工作区，首先要选择"文件"→"新建"→"字幕"命令(按 Ctrl+T 组合键)，直接单击"新建字幕"对话框中的"确定"按钮，即可弹出字幕工作区，如图 6.50 所示。默认情况下，在工作区中部区域内单击，即可输入文字内容。

1. 字幕窗口

该窗口是创建、编辑字幕的主要工作场所，不仅可在该窗口内直观地了解字幕应用于视频后的效果，还可直接对其进行修改。"字幕"窗口分为属性栏和编辑窗口两部分，其中编辑窗口是创建和编辑字幕的区域，而属性栏内则含有"字体"、"字体样式"等字幕对象的常见属

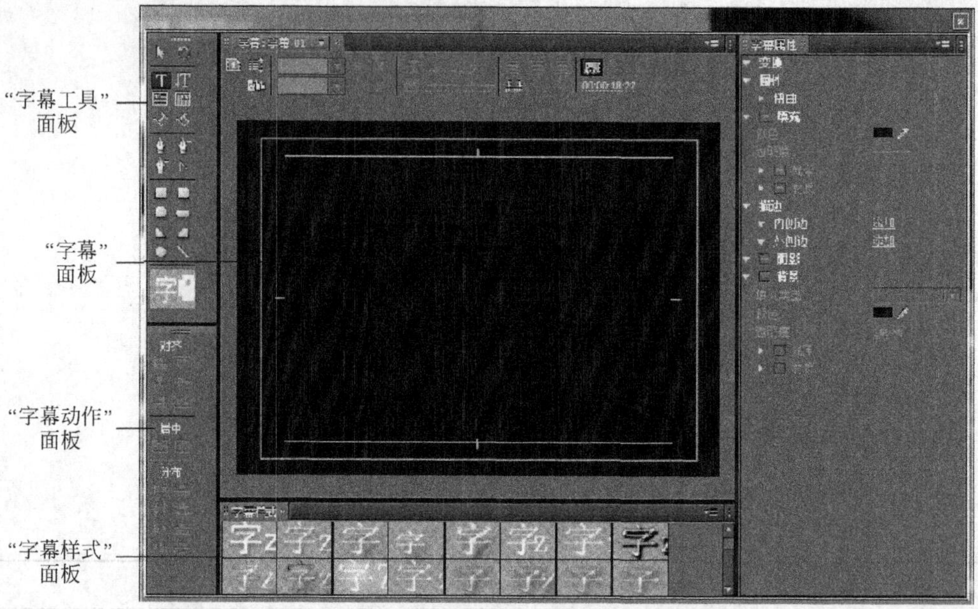

图 6.50　Premiere Pro CS6 字幕工作区

性设置项，以便快速调整字幕对象，从而提高创建及修改字幕时的工作效率。

2. “字幕工具”面板

“字幕工具”面板内放置着制作和编辑字幕时所要用到的工具，如图 6.51 所示。利用这些工具，不仅可以在字幕内加入文本，还可绘制简单的几何图形。下面是各个工具的详细作用。

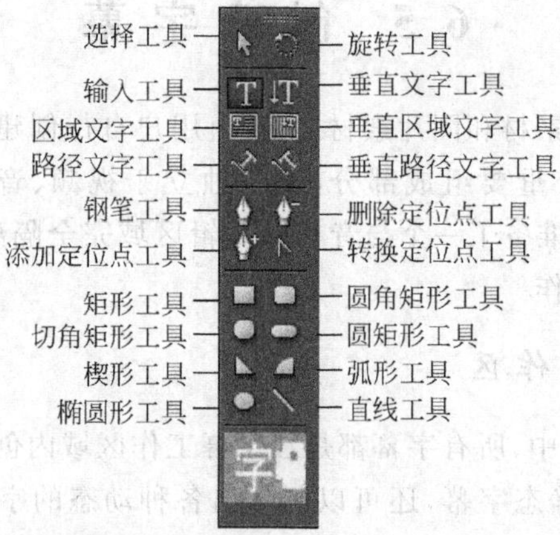

图 6.51　字幕工具

① 选择工具。利用该工具，只需在“字幕”窗口中单击文本或图形，即可选择这些对象。此时所选对象的周围将会出现多个角点。按住 Shift 键，还可选择多个文本或图形对象。

② 旋转工具。用于对文本进行旋转操作。

③ 文字工具。用于输入水平方向上的文字。

④ 垂直文字工具。用于在垂直方向上输入文字。

⑤ 文本框工具。用于在水平方向上输入多行文字。

⑥ 垂直文本框工具。可在垂直方向上输入多行文字。

⑦ 路径输入工具。可沿弯曲的路径输入平行于路径的文本。

⑧ 垂直路径输入工具。可沿弯曲的路径输入垂直于路径的文本。

⑨ 钢笔工具。用于创建和调整路径。此外,还可通过调整路径的形状而影响由"路径输入工具"和"垂直路径输入工具"所创建的路径文字。

提示:Premiere Pro CS6 字幕内的路径是一种既可反复调整的曲线对象,又具有填充颜色、线宽等文本或图形属性的特殊对象。

⑩ 添加定位点工具。可增加路径上的节点,常与"钢笔工具"结合使用。路径上的节点数量越多,用户对路径的控制就越灵活,路径所能够呈现出的形状也就越为复杂。

⑪ 删除定位点工具。可减少路径上的节点。当使用"删除定位点工具"将路径上的所有节点删除后,该路径对象也会随之消失。

⑫ 转换定位点工具。路径内每个节点都包含两个控制柄,而"转换定位点工具"的作用便是通过调整节点上的控制柄达到调整路径形状的作用。

⑬ 矩形工具。用于绘制矩形图形,配合 Shift 键使用可绘制正方形。

⑭ 圆角矩形工具。用于绘制圆角矩形,配合 Shift 键使用可绘制出长宽相同的圆角矩形。

⑮ 切角矩形工具。用于绘制八边形,配合 Shift 键使用可绘制出正八边形。

⑯ 圆矩形工具。用于绘制形状类似于胶囊的图形。所绘图形与圆角矩形图形的差别在于:圆角矩形图形具有 4 条直线边,而圆矩形图形只有两条直线边。

⑰ 楔形工具。用于绘制不同样式的三角形。

⑱ 圆弧工具。用于绘制封闭的弧形对象。

⑲ 椭圆工具。用于绘制椭圆形。

⑳ 直线工具。用于绘制直线。

3. "字幕动作"面板

该面板内的工具用于在"字幕"窗口的编辑窗口对齐或排列所选对象。其中,各工具的作用如表 6.4 所示。

表 6.4 对齐与分布工具按钮的作用

名称		作用
对齐	水平-左对齐	对象以最左侧对象的左边线为基准对齐
	水平-居中	对象以中间对象的水平中线为基准对齐
	水平-右对齐	对象以最右侧对象的右边线为基准对齐
	垂直-顶对齐	对象以最上方对象的顶边线为基准对齐
对齐	垂直居中	对象以中间对象的垂直中线为基准对齐
	垂直-底对齐	对象以最下方对象的底边线为基准对齐
居中	水平居中	在垂直方向上,与视频画面的水平中心保持一致
	垂直居中	在水平方向上,与视频画面的垂直中心保持一致

续表

名称		作用
分布	水平-左对齐	以左右两侧对象的左边线为界,使相邻对象左边线的间距保持一致
	水平居中	以左右两侧对象的垂直中心线为界,使相邻对象中心线的间距保持一致
	水平-右对齐	以左右两侧对象的右边线为界,使相邻对象右边线的间距保持一致
	水平平均	以左右两侧对象为界,使相邻对象的垂直间距保持一致
	垂直-顶对齐	以上下两侧对象的顶边线为界,使相邻对象顶边线的间距保持一致
	垂直居中	以上下两侧对象的水平中心线为界,使相邻对象中心线的间距保持一致
	垂直-底对齐	以上下两侧对象的底边线为界,使相邻对象底边线的间距保持一致
	垂直平均	以上下两侧对象为界,使相邻对象的水平间距保持一致

注意:至少应选择两个对象后,“对齐”选项组内的工具才会被激活,而“分布”选项组内的工具则至少要在选择三个对象后才会被激活。

4. “字幕样式”面板

该面板存放着 Premiere Pro CS6 中的各种预置字幕样式。利用这些字幕样式,用户只需创建字幕内容后,即可快速获得各种精美的字幕素材,如图 6.52 所示。其中,字幕样式可应用于所有字幕对象,包括文本与图形。

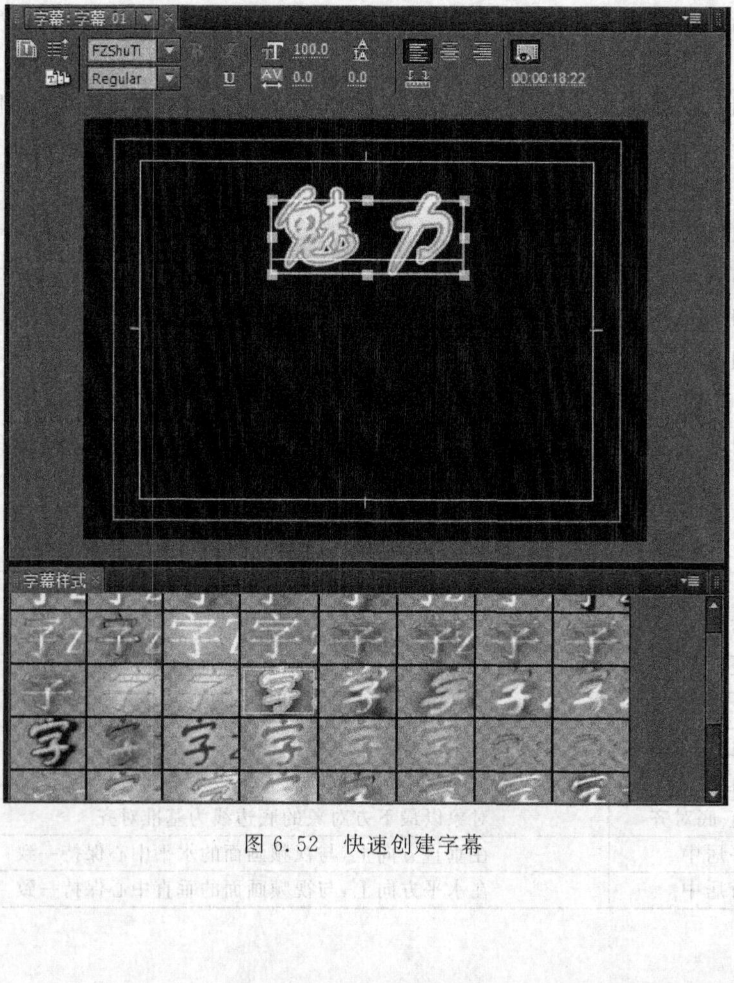

图 6.52 快速创建字幕

5. "字幕属性"面板

在 Premiere Pro CS6 中，所有与字幕内各对象属性相关的选项都被放置在"字幕属性"窗口中。利用该窗口中的各种选项，用户不仅可对字幕的位置、大小、颜色等基本属性进行调整，还可以定制描边与阴影效果。

提示：Premiere 中的各种字幕样式实质上是记录着不同属性的参数集，而应用字幕样式便是将这些属性参数集中的参数应用于当前所选对象。

6.5.2 创建字幕

文本字幕分为多种类型，除了基本的水平字幕和垂直文本字幕外，Premiere Pro CS6 能够创建路径文本字幕，以及动态字幕。

1. 水平字幕

水平字幕是指沿水平方向进行分布的字幕类型。在字幕工作区中，使用"输入工具" T 在"字幕"窗口中的编辑窗口任意位置单击后即可输入相应文字，从而创建水平文本字幕，如图 6.53 所示。在输入文本内容的过程中，按 Enter 键可实行换行，再次输入的文字内容会自动另起一行。

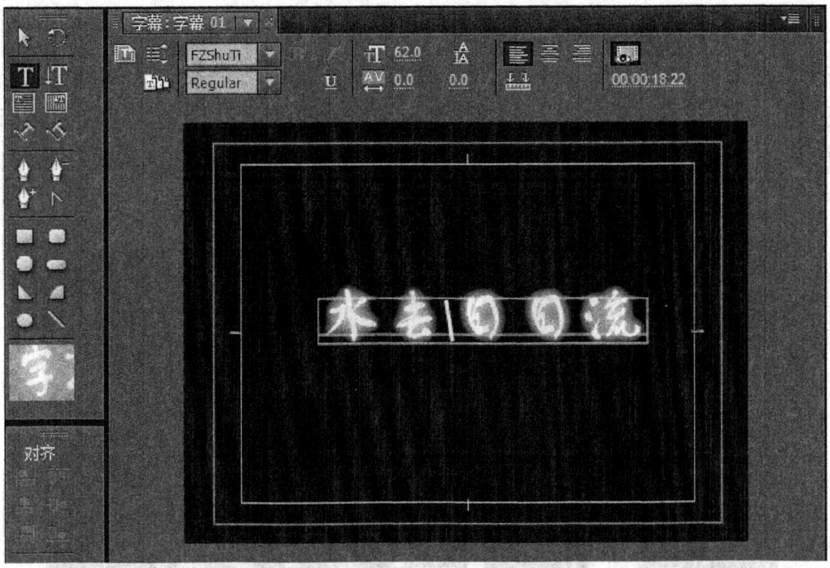

图 6.53　创建水平文本字幕

此外，使用"区域文字工具"在编辑窗口中绘制文本框并输文字内容后，还可创建水平多行文本字幕，如图 6.54 所示。

在实际应用中，虽然使用"输入工具"时只需按 Enter 键即可获得多行文本效果，但仍旧与"区域文字工具"所创建的水平多行文本字幕有着本质的区别。例如，当使用"选择工具"拖动文本字幕的角点时，字幕文字将会随角点位置的变化而变形。但在使用相同方法调整多行文本字幕时，只是文本框的形状发生变化，从而使文本的位置发生变化，文字本身却不会有什么改变。

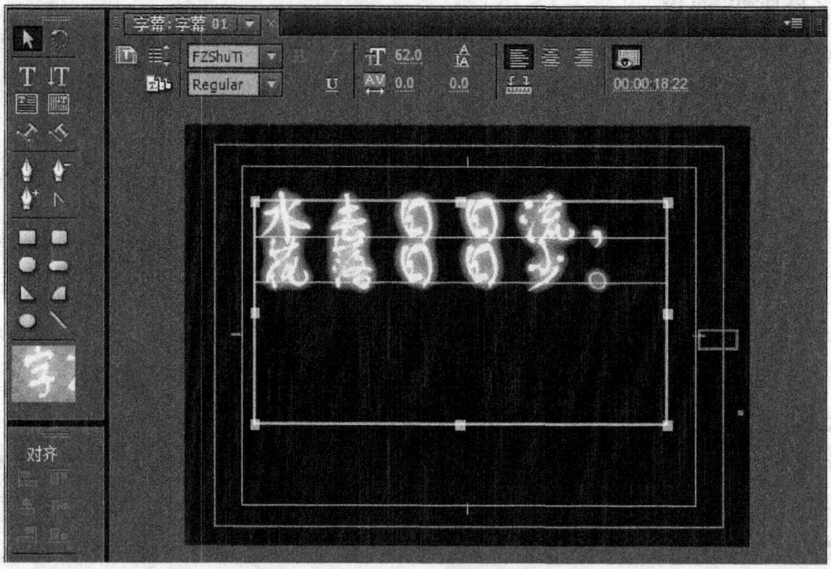

图 6.54 创建水平多行文本字幕

2. 创建垂直文本字幕

垂直类文本字幕的创建方法与水平类文本字幕的创建方法类似。使用"垂直文字工具"在编辑窗口中单击后,输入相应的文字内容即可创建垂直文本字幕。使用"垂直区域文字工具"在编辑窗口中绘制文本框后,输入相应文字内容即可创建垂直多行文本字幕,如图 6.55 所示。

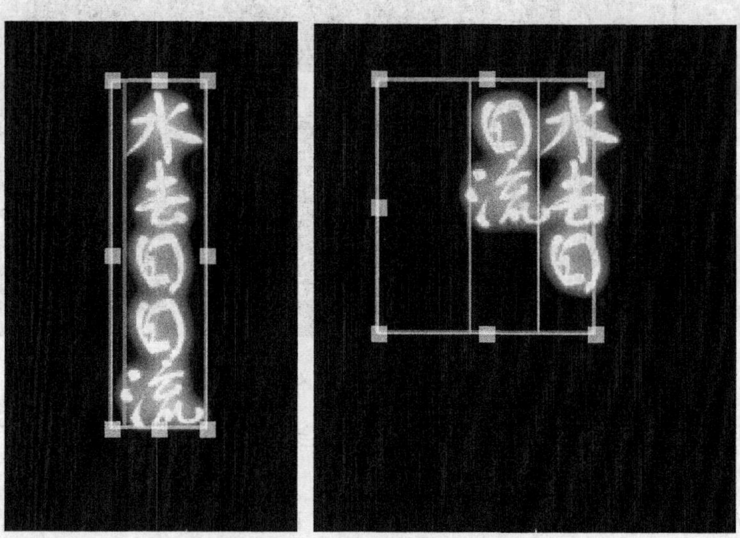

图 6.55 创建垂直类文本字幕

提示:无论是普通的垂直文本字幕,还是垂直多行文本字幕,其阅读顺序都是从上至下,从右至左的顺序。

3. 创建路径文本字幕

与水平文本字幕和垂直文本字幕相比，路径文本字幕的特点是能够通过调整路径形状而改变字幕的整体形态，但必须依附于路径才能够存在。其创建方法如下：

使用“路径文字工具”单击字幕编辑窗口中的任意位置后，创建路径的第一个节点。使用相同方法创建第二个节点，并通过调整节点上的控制柄来修改路径形状，如图 6.56 所示。

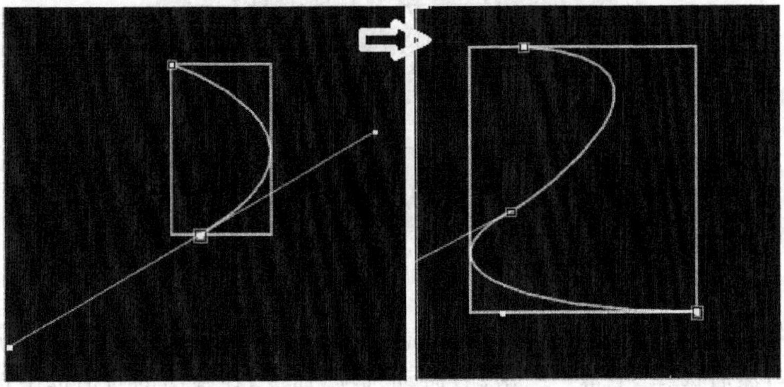

图 6.56　绘制路径

完成路径的绘制后，使用相同的工具在路径中单击，直接输入文本内容即可完成路径文本的创建，如图 6.57 所示。

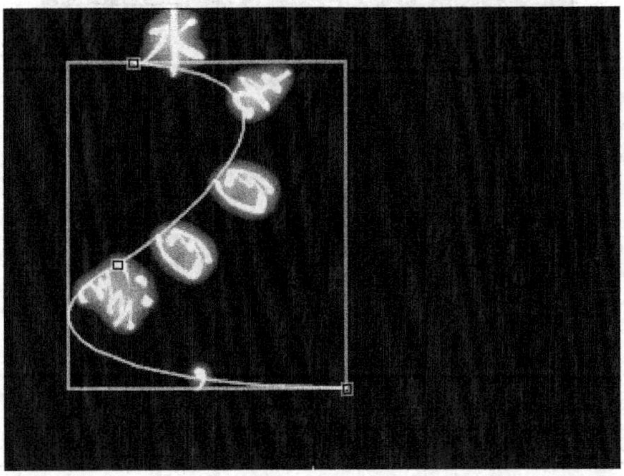

图 6.57　创建路径文本

运用相同的方法，使用“垂直路径文字工具”可创建出沿路径垂直方向的文本字幕。

4. 创建动态字幕

根据素材类型的不同，可以将 Premiere Pro CS6 中的字幕素材分为静态字幕和动态字幕两大类型。在此之前所创建的都属于静态字幕，即本身不会运动的字幕。相比之下，动态字幕则是字幕本身可运动的字幕类型。

(1) 创建游动字幕

游动字幕是指在屏幕上进行水平运动的动态字幕类型，分为从左至右游动和从右至左游动两种方式。其中，从右至左的游动是游动字幕的默认设置，电视节目制作时多用于飞播信息。在 Premiere Pro CS6 中，游动字幕的创建方法如下：

在Premiere Pro CS6主界面中,选择“字幕”→“新建字幕”→“默认游动字幕”命令,在弹出的对话框中设置字幕素材的各项属性,如图6.58所示。

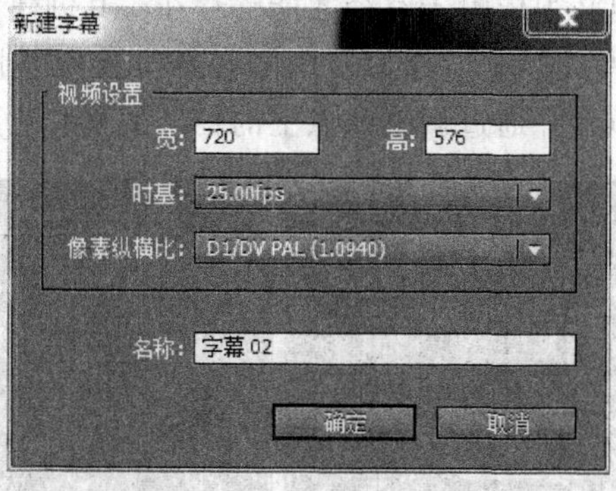

图6.58　设置游动字幕属性

接下来即可按照创建静态字幕的方法,在打开的字幕工作区中创建游动字幕。完成后,选择字幕文本,然后选择“字幕”→“滚动/游动选项”命令,在弹出的对话框中选中“开始于屏幕外”和“结束于屏幕外”复选框,如图6.59所示。在“滚动/游动选项”对话框中,各选项的含义及其作用如表6.5所示。

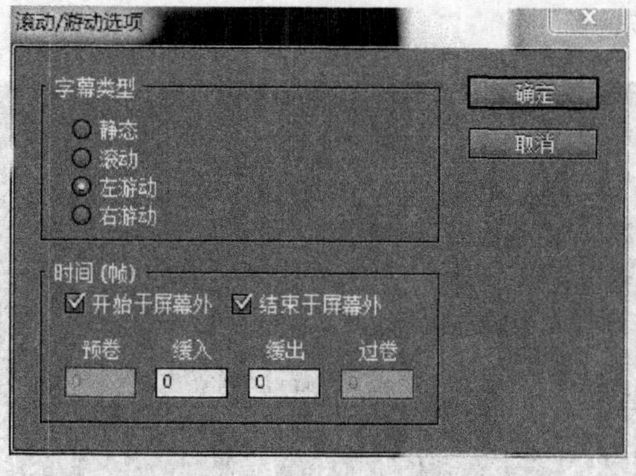

图6.59　调整字幕游动设置

表6.5　“滚动/游动选项”对话框中各选项的作用

选项组	选项名称	作　用
字幕类型	静态	将字幕设置为静态字幕
	滚动	将字幕设置为滚动字幕
	左游动	设置字幕从右向左运动
	右游动	设置字幕从左向右运动
时间(帧)	开始于屏幕外	将字幕运动的起始位置设于屏幕外侧
	结束于屏幕外	将字幕运动的结束位置设于屏幕外侧
	预卷	字幕在运动之前保持静止的帧数
	缓入	字幕在到达正常播放速度之前,逐渐加速的帧数
	缓出	字幕在即将结束之时,逐渐减速的帧数
	后卷	字幕在运动之后保持静止的帧数

单击对话框中的“确定”按钮后，即可完成游动字幕的创建工作。此时便可将其添加至“时间轴”窗口中，并预览其效果，如图 6.60 所示。

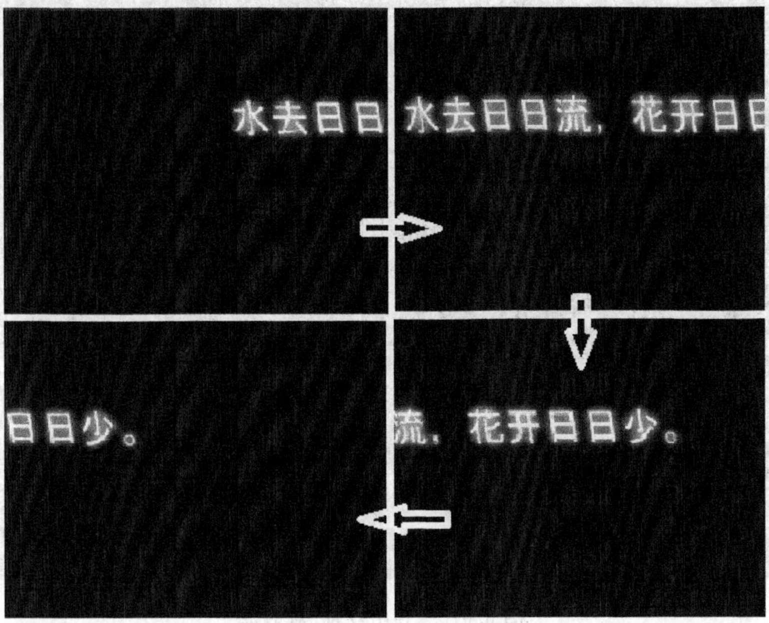

图 6.60 游动字幕效果

(2) 创建滚动字幕

滚动字幕的效果是从屏幕下方逐渐向上运动，在影视节目制作中多用于节目末尾演职员表的制作。在 Premiere Pro CS6 中，选择“字幕”→“新建字幕”→“默认滚动字幕”命令，并在弹出的对话框中设置字幕素材的属性后，即可参照静态字幕的创建方法，在字幕工作区中创建滚动字幕。然后选择“字幕”→“滚动/滚动选项”命令，设置其选项即可。

6.6 作品输出

在完成整个影视项目的编辑操作后，便可以将项目内所用到的各种素材整合在一起输出为一个独立的视频文件。不过，在进行此类操作之前，还需要对视频输出时的各项参数进行设置，设置方法介绍如下。

6.6.1 视频输出的基本流程

完成 Premiere Pro CS6 影视项目的各项编辑操作后，在主界面选择“文件”→“导出”→“媒体”命令(或按 Ctrl＋M 组合键)，将弹出“导出设置”对话框。在该对话框中，可以对视频文件最终尺寸、文件格式和编辑方式等内容进行设置，如图 6.61 所示。

“导出设置”对话框的左半部分为视频预览区域，右半部分为参数设置区域。在左半部分的视频预览区域中，可分别在“源”和“输出”选项卡中查看项目的最终编辑画面和最终输出为视频文件后的画面。在视频预览区域的底部，调整滑杆上方的滑块可控制当前画面在整个视频中的位置，而调整滑杆下方的两个“三角”滑块则能够控制导出时的入点与出点，从

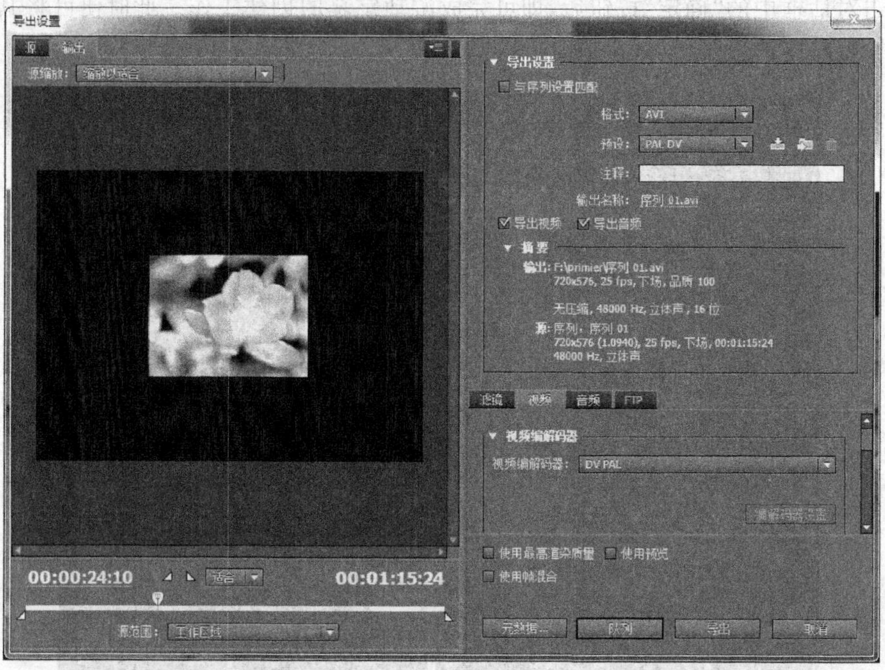

图 6.61　“导出设置”对话框

而起到控制导出视频持续时间的作用,如图 6.62 所示。

图 6.62　调整导出视频的持续时间

与此同时，在“源”选项卡中单击“裁剪”按钮后，还可在预览区域内通过拖动锚点，或在“裁剪”按钮右侧直接调整相应参数的方法更改画面的输出范围。

完成此项操作后，切换至“输出”选项卡，即可在“输出”选项卡中查看到调整结果，如图 6.63 所示。

图 6.63　预览导出视频的画面输出

提示：当视频的原始画面比例与输出比例不匹配时，视频的输出结果画面内便会出现黑边。

6.6.2　设置输出参数

视频文件的格式众多，在输出不同类型视频文件时的设置方法也不相同。因此，当用户在“导出设置”选项组中选择不同的输出文件类型后，Premiere Pro CS6 便会根据所选文件类型的不同，调整不同的视频输出选项，以便用户更为快捷地进行编辑工作。

1. 输出 AVI 文件

若要将视频编辑项目输出为 AVI 格式的视频文件，只需在“格式”下拉列表中选择 Microsoft AVI 选项，此时相应的视频输出设置选项如图 6.64 所示。

在上面的 AVI 文件输出选项中，并不是所有的参数都需要调整。一般情况下，需要调整部分的选项含义如下。

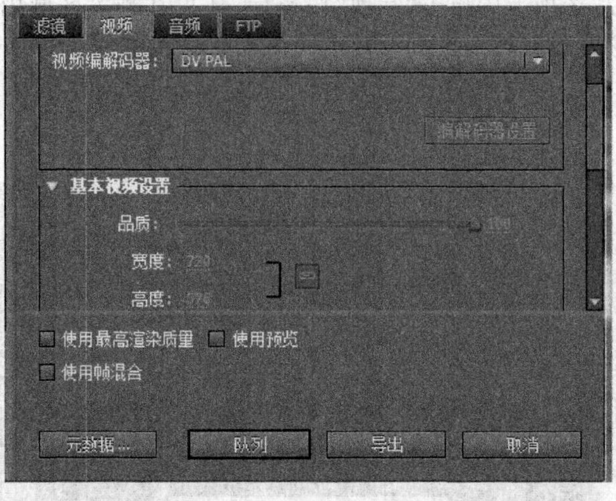

图 6.64　AVI 文件输出选项参数设置

(1) 视频编解码器

在输出视频文件时,压缩程序或者编解码器(压缩/解压缩)决定了计算机该如何准确地重构或者剔除数据,从而尽可能地缩小数字视频文件的体积。

(2) 场类型

该选项决定了所创建视频文件在播放时的扫描方式,即采用隔行扫描式的"上场优先"、"下场优先",还是采用逐行扫描进行播放的"逐行"方式,无论采取哪种方式都不会影响最终的显示效果。

2. 输出 WMV 文件

WMV 是微软推出的视频文件格式,具有支持流媒体的图形,因此是目前较为常用的视频文件格式之一。在 Premiere Pro CS6 中,若要输出 WMV 格式的视频文件,首先应将"格式"设置为 Windows Media 选项,此时其视频输出设置选项意义如下:

(1) 一次编码时的参数设置

一次编码是指在渲染 WMV 时,编解码器只对视频画面进行一次编码分析,优点是速度快,缺点是通常无法获得最为优化的编码设置。当选择一次编码时,"比特率模式"会提供"固定"和"可变品质"两种设置项供用户选择。其中,"固定"模式是指整部视频从头至尾采用相同的比特率设置,优点是编码方式简单,文件渲染速度较快。

对于"可变品质"模式,则在渲染视频文件时允许 Premiere Pro CS6 根据视频画面的内容随时调整编码比特率。这样一来,便可以在画面简单时采用低比特率进行渲染,从而降低视频文件的体积;在画面复杂时采用高比特率进行渲染,从而提高视频文件的画面质量。

(1) 二次编码时的参数设置

与一次编码相比,二次编码的优势在于能够通过第一次编码时所采集到的视频信息,在第二次编码时调整和优化编码设置,从而以最佳的编码设置渲染视频文件。

在使用二次编码渲染视频文件时,比特率模式将包含"CBR,1 次"、"VBR,1 次"、"CBR,2 次"、"VBR,2 次约束"与"VBR,2 次无约束"5 种不同模式。

3. 输出 MPEG 文件

MPEG 是一种重要的视频编码技术,下面以目前最为流行的 MPEG 2 Blue-ray 为例,简单介绍 MPEG 文件的输出设置。

在“导出设置”选项组中，将“格式”设置为 MPEG 4 后，视频设置选项如图 6.65 所示。

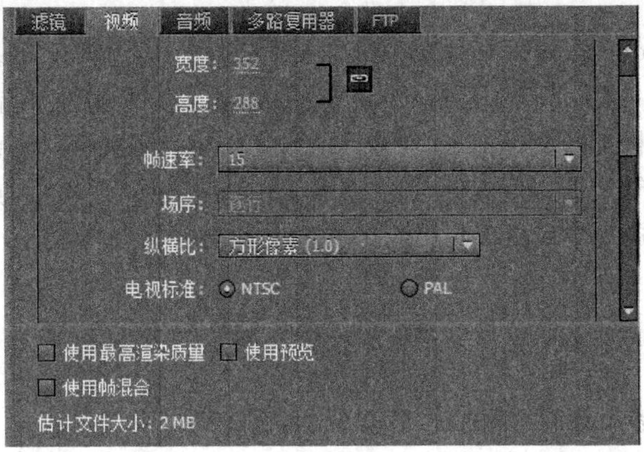

图 6.65　MPEG 4 视频输出设置选项

在上面的选项窗口中，常用选项部分的功能及含义如下：

(1) 帧尺寸(像素)

设定画面尺寸，预置有 720×576、1280×720、1440×1080 和 1920×1080 这 4 种尺寸供选择。

(2) 比特率编码

根据所采用编码方式的不同，编码时所采用比特率的设置方式也有所差别。比特率的编码方式包括 CBR、VBR 1 次和 VBR 2 次三种模式。其中，CBR 指固定比特率编码，VBR 指可变比特率编码方式。

(3) 比特率

当“比特率编码”选项为 CBR 时出现，用于确定固定比特率编码所采用的比特率。

(4) 最小比特率

当“比特率编码”选项为 VBR 1 次或 VBR 2 次时，在可变比特率范围内限制比特率的最低值。

(5) 目标比特率

当“比特率编码”选项为 VBR 1 次或 VBR 2 次时，在可变比特率范围内限制比特率的参考基准值。也就是说，多数情况下 Premiere Pro CS6 会以该选项所设定的比特率进行编码。

(6) 最大比特率

该选项与“最小比特率”选项相对应，作用是设定比特率所采用的最大值。

4. 输出为其他格式

一部高水平的视频产品常常需要多个软件共同协作才能完成，Premiere Pro CS6 提供了输出为多种交换文件的功能，方便用户导入其他非线性编辑软件共享编辑节目。包括输出为 EDL(Edit Decision List)文件、输出为 OMF(Open Media Framework)文件。

本章小结

本章介绍了Adobe公司最新视频处理软件Premiere Pro CS6的基本特点和基本使用方法。Premiere是一款非常优秀的影视制作及DV编辑软件,它能对诸如视频、图片、文本、声音、动画等多种素材进行编辑加工,并最终生成电影文件,被广泛应用于影视后期制作、广告制作、多媒体制作等领域。该软件入门比较容易,但要想制作出满意的效果,还需要深入地学习,逐步掌握。通过本章的学习,应该对视频素材的制作有一个全面的了解和认识。

思考题

1. 常见的视频播放软件有哪些? 各有什么特点?
2. 常用的视频处理软件有哪些? 各有什么特点?
3. 视频编辑软件Premiere Pro CS6的界面组成有哪些? 各有什么功能?
4. 简单叙述视频编辑的步骤。
5. 什么是转场? 如何为视频添加转场?
6. 什么是视频特效? 怎样为视频添加视频特效?
7. 什么是音频特效? 怎样为视频添加音频特效?
8. 使用Premiere Pro CS6创建字幕的流程是什么?
9. Premiere Pro CS6中素材的导入方法有哪些?

第7章　动画素材编辑处理

随着计算机信息技术的发展，人们对计算机动画已不再陌生，从日常生活中的动画电影到平常多媒体课件中的动画演示，人们逐渐接受了这种直观生动的媒体形式。计算机动画以其生动、形象、直观等突出特点，为多媒体课件和网页制作增添了无穷的活力，动画媒体可以使制作的多媒体应用程序更加富有特色和感染力。本章将介绍动画的基本概念、生成原理和方法，在此基础上介绍 Flash 动画制作的过程和基本方法。

7.1　动画制作基础

7.1.1　动画的概念和分类

1. 动画的基本概念

动画是由很多内容连续且互不相同的画面组成的。动画利用了人眼的视觉暂停效应，人在看物体时，画面在人脑中大约要停留 0.05～0.1s，如果每秒有 10～20 幅或更多画面进入人脑，那么人们在来不及忘记前一幅画面时就看到了后一幅，形成了连续的影像，这就是动画形成的基本原理。

图像显示所需的最慢速度因图而异，较高的速度会使动作看起来更流畅，较慢的速度会使图像闪烁或产生跳动性的画面，卡通动画的播放速率为 12 帧/秒或 24 帧/秒，电视画面播放速率为 25 帧/秒。

传统动画的画面是由大批的动画设计者手工绘制完成的。在制作动画时必须人工制作出大量的画面，一分钟动画所需的画面约在 720～1800 张之间，用手工来绘制图像是一项工作量很大的工程，因此就出现了关键帧的概念。关键帧是由经验丰富的动画大师绘制的主要画面，关键帧之间的画面称为中间画面，中间画面则由助手在关键帧基础上画出。

随着计算机技术的发展，动画技术也从原来的手工绘制进入了计算机动画时代。使用计算机制作的动画，表现力更强，内容更丰富，制作过程也更简单。经过人们不断的努力，计算机动画已经从简单的图形变换发展到今天真实的模拟现实世界。同时，计算机动画制作软件也日益丰富，功能日益强大，且更易于使用，制作动画也不再需要十分专业的训练。

2. 动画的分类

动画从本质上说，可分为两大类：逐帧动画和矢量动画。

逐帧动画是由一帧一帧的画面连续播放而形成的。这种动画也是传统的动画表现方式，构成动画的基本单位是帧。在创作逐帧动画时就要将动画的每一帧描绘下来，然后将所有的帧排列并播放，工作量很大。现在使用计算机作为动画制作的工具，只要设置能表现动作特点的关键帧，中间的动画过程会由计算机计算得出。这种动画常用来创作传统的动画片、电影特技等。

矢量动画是经过计算机计算生成的动画,表现为变换的图形、线条、文字等。这种动画画面其实只有一帧,通常由编程或是矢量动画软件来完成,是纯粹的计算机动画形式。

动画从表现形式上又分为二维动画、三维动画和变形动画。二维动画是指平面的动画表现形式,它运用传统动画的概念,通过平面上物体的运动或变形来实现动画效果,具有强大的表现力和灵活的表现手段。创作平面动画的软件主要有 Flash、GIF Animator 等。

三维动画是指模拟三维立体场景中物体的运动或变形来实现动画效果,虽然它也是由一帧帧的画面组成的,但它表现了一个完整的立体世界,有更强的视觉冲击力。通过计算机可以塑造一个三维的模型和场景,而不需要为了表现立体效果而单独设置每一帧画面。创作三维动画的软件主要有 3ds Max、Maya 等。

变形动画是通过计算机计算,把一个物体从原来的形状改变成为另一种形状,在改变的过程中把变形的参考点和颜色有序地重新排列,就形成了变形动画。适用于场景的转换、特技处理等影视动画制作。

7.1.2 动画制作系统

计算机动画制作系统由一套用于动画制作的计算机硬件和软件系统组成。它是在交互的计算机图形系统上配备相应的动画设备和动画软件形成的。所谓交互式,就是人和计算机之间信息交换的方式,是通过良好的屏幕界面实现的。用户输入一个命令和输入一些数据,计算机立即做出反应,或显示相应的图形,或做出肯定或否定的回答,并等待下一步操作,直到满意为止。

主机和动画制作软件是动画系统中最重要的部件。目前用于动画系统的主机有工作站和微机两种。工作站是一个性能优良、功能完备的计算机设备,通常个人使用的工作站为桌面型的机器。一个工作站可能是一个大型的计算机终端,也可能与其他工作站联网使用,或者是具有局部处理能力的单一设备。目前国内用于动画制作的工作站主要是美国 SGI (Silicon Graphics Inc)的产品,如 4D 系列和 INDIO 系列。SGI 工作站是一个真正的三维工作站,有专门用于硬件支持的图形功能,可配置许多优秀的动画制作软件。

动画系统中的彩色图形显示器也是很重要的设备,显示器性能的优劣直接影响到动画系统的质量。分辨率和颜色数是显示器的两个重要指标。显示器上的发光点叫做像素,显示器屏幕上像素点的多少叫做显示分辨率。显示分辨率常用以下形式表示:800×600、1024×768、1280×1024 等,前面的数字表示屏幕的每一行有多少个像素点,后面的数字表示一个屏幕有多少行,这两个数字越高分辨率就越高,显示出来的画面就越精细。显示器显示的颜色数也是很重要的指标,对于二维计算机制作系统来说,3 万种颜色就足够了;对于三维电视动画制作系统,则要求在 1600 多万种颜色以上,才能使动画颜色过渡柔和。

计算机动画系统除了常见的图形输入设备(如键盘、鼠标、光笔)外,还必须配备扫描仪、摄像机、大容量硬盘等设备。由于计算机动画系统生成的动画系列必须输出到录像带、电影胶片或者存储在光盘上才能为广大观众所接受,因此还必须配备录像设备、摄影胶片设备或光盘刻录设备。

计算机动画系统中使用的软件分为系统软件和应用软件两大类。系统软件包括操作系统、网络通信系统、高级语言、辅助开发工具等;应用软件主要包括绘画、二维动画、三维动画及画面合成等软件。

7.2 常见动画制作软件介绍

动画是一门幻想艺术，更容易直观表现和抒发人们的感情，它把一些原先不活动的东西，经过视频的制作与放映，变成会活动的影像，扩展了人类的想象力和创造力。

目前全球动画制作发展速度很快，逐渐形成了一种动漫产业。在动漫制作产业中，简单地说，动漫就是活动的漫画，因此动漫产业的发展中动画制作软件起着十分重要的作用，下面介绍常见的动画制作软件。

7.2.1 二维动画制作软件

二维动画也称为平面动画，随着动漫产业日益发展壮大，平面动画制作软件越来越受到人们的重视，使用计算机软件开发动漫产品成为一种时尚。常见的平面动画制作软件如下。

1. Flash

Flash 最初是美国 Macromedia 公司开发的一种二维矢量动画制作软件。通常包括 Macromedia Flash，用于设计和编辑 Flash 文档；以及 Macromedia Flash Player，用于播放 Flash 文档。现在 Flash 已经被 Adobe 公司购买，是目前使用最为广泛的二维动画软件。Flash 本身并不是专业的动画制作软件，但由于 Flash 容易上手，因此很快受到计算机爱好者的喜欢，用它来制作一些网络上使用的动画作品。

2. Ulead GIF Animator 5.0

GIF(Graphics Interchange Format)类型的文件主要用于网络传输，是一种压缩比较高的位图图形格式。GIF 还支持动画功能，是互联网上使用频繁的文件格式之一。

GIF 动画实际上就是一个包含许多帧画面的文件，容易学习，制作简单，在多媒体课件中简单的动画都可采用 GIF 动画格式。Ulead GIF Animator 5.0 是比较简单易上手的平面动画制作软件，具有 Ulead 公司产品一向友好的用户界面和简单的操作过程，是一款功能强大又容易掌握的软件。

3. ANIMO

ANIMO 是英国 Cambridge Animation 公司开发的运行于 SGI O2 工作站和 Windows NT 平台上的二维卡通动画制作系统，它是世界上最受欢迎、使用最广泛的系统，具有面向动画师设计的工作界面，扫描后的画稿保持了艺术家原始的线条，它的快速上色工具提供了自动上色和自动线条封闭功能，并和颜色模型编辑器集成在一起提供了不受数目限制的颜色和调色板，具有多种特技效果处理，包括灯光、阴影、照相机镜头的推拉、背景虚化、水波等，并可与二维、三维和实拍镜头进行合成。新版 Animo 6 对使用性和功能方面进行了大量的更新和补充，提高了 Animo 用户在从系统构造、扫描、处理和上色一直到合成和输出整个制作管线的使用效率。

4. TOONZ

TOONZ 是世界上最优秀的卡通动画制作软件系统，它可以运行于 SGI 超级工作站和 PC 的 Windows NT 平台上，被广泛应用于卡通动画系列片、音乐片、教育片、商业广告片等中的卡通动画制作。

TOONZ利用扫描仪将动画师所绘的铅笔稿以数字方式输入到计算机中,然后对画稿进行线条处理、检测画稿、拼接背景图、配置调色板、画稿上色、建立摄影表、上色的画稿与背景合成、增加特殊效果、合成预演及最终图像生成。利用不同的输出设备将结果输出到录像带、电影胶片、高清晰度电视及其他视觉媒体上。TOONZ既保持了原来所熟悉的工作流程,又保持了具有个性的艺术风格,同时扔掉了上万张人工上色的繁重劳动,扔掉了用照相机进行重拍的重复劳动和胶片的浪费,获得了实时的预演效果,流畅的合作方式及快速达到所需的高质量产品。

除了以上介绍的平面动画制作软件外,还有很多优秀的软件,包括国内的点睛辅助动画制作系统(方正公司与中央电视台合作开发)、国内开发的矢量动画创作软件SimpleSVG、日本Celsys公司开发的全球第一款专业漫画制作软件ComicStudio等,这些软件各有特点,分别适合于不同的开发场所,此处不再详述。

7.2.2 三维动画制作软件

三维动画设计是为了表现真实的三维立体效果,物体无论旋转、移动、拉伸、变形等操作都能通过计算机动画表现出来的空间感觉。三维动画是真正的计算机动画。目前最为流行的三维软件主要包括AutoDesk公司的3ds Max、Alias公司的Maya、Softimage/XSI公司的Lightwave 3D。这些软件各有特点,简单介绍如下。

1. 3ds Max

3ds Max是AutoDesk公司推出的三维动画制作软件。自1997年以来,3ds Max已推出了成熟的2.0、3.0 、4.0、5.0和6.0版,并成为计算机制作三维动画的代表产品。

3ds Max的前身就是3DS,依靠在PC平台中的优势,3ds Max一推出就受到了瞩目。它支持Windows 95、Windows NT,具有优良的多线程运算能力,支持多处理器的并行运算,丰富的建模和动画能力,出色的材质编辑系统,这些优秀的特点一下就吸引了大批的三维动画制作者和公司。现在在国内,3ds Max的使用人数大大超过了其他三维软件。

3ds Max具有1000多种特性,为电影、视频制作提供了独特直观的建模和动画功能及高速的图像生成能力。它具有完善人物设计和模拟动画的效果,并增加了MAX Script编程语言,使三维动画的创建更加得心应手,设计的动画也越来越接近真实世界。

3ds Max的成功在很大程度上要归功于它的插件。全世界有许多的专业技术公司在为3ds Max设计各种插件,它们都有自己的专长,所以各种插件也非常专业。有了这些插件,用户就可以轻松地设计出惊人的效果。

2. Maya

Maya是Alias(Wavefront)(2003年7月更名为Alias)公司的产品,作为三维动画软件的后起之秀,深受业界欢迎和钟爱。Maya集成了最先进的动画及数字效果技术,不仅包括一般三维和视觉效果制作的功能,而且还结合了最先进的建模、数字化布料模拟、毛发渲染和运动匹配技术。Maya因其强大的功能在3D动画界产生巨大的影响,已经渗入到电影、广播电视、公司演示、游戏可视化等各个领域,成为三维动画软件中的佼佼者。《星球大战前传》、《黑客帝国》等很多大片中的计算机特技镜头都是应用Maya完成的。逼真的角色动画、丰富的画笔,接近完美的毛发、衣服效果,不仅使影视广告公司对Maya情有独钟,许多喜爱三维动画制作,并有志向影视计算机特技方向发展的朋友也被Maya的强大功能所吸引。

Maya 的最新版本为 Maya 6.5。Maya 6.5 为性能驱动型版本，可满足寻求大幅度性能提升而同时又处理海量数据的游戏、电影、广播和数字出版等的需要。Alias 对软件进行了重新架构设计，大幅提升了软件性能，因此 Maya 拥有处理最复杂模型、场景和动画数据的能力和可靠性。

3. Softimage 3D

Softimage 3D 是 Softimage 公司开发的三维动画软件。它在动画领域名气很大，《侏罗纪公园》、《闪电悍将》等电影里都可以找到它的身影。Softimage 3D 杰出的动作控制技术，使越来越多的导演选用它来完成电影中的角色动画。Softimage 3D 的最新版本是 3.8 版。

Softimage 3D 最知名的部分是它的超级渲染器，是所有动画软件中最强的渲染器，它可以渲染出具有照片品质的图像，还具有很快的渲染速度。Softimage 3D 的另一个重要特点就是超强的动画能力，它支持各种制作动画的方法，可以产生非常逼真的运动，它所独有的 functioncurve 功能可以让用户轻松地调整动画，而且具有良好的实时反馈能力，使创作人员可以快速地看到将要产生的结果。

4. LightWave 3D

LightWave 的最新版本是 5.5 版，它的价格非常低廉，这是众多公司选用它的原因之一。但光有低廉的价格还不行，LightWave 3D 的品质也是非常出色的，名扬全球的好莱坞巨片《泰坦尼克号》中的泰坦尼克号模型就是用 LightWave 制作的。

据统计，现在在电影与电视的三维动画制作领域中，使用 LightWave 3D 的比例大大高于其他软件，连 Softimage 3D 也甘拜下风。全世界大约有 4 万人在使用 LightWave3D，LightWave 3D 是全球唯一支持大多数工作平台的 3D 制作系统。各种平台上都有一致的操作界面，无论使用高端的工作站系统还是使用 PC，LightWave 3D 都能胜任。

7.3 矢量动画制作软件——Flash CS6

Flash 是一款用于矢量图创作和矢量动画制作的专业软件，主要应用在网页设计和多媒体制作中，具有强大的功能且性能独特。Flash 制作的矢量图动画大大增加了网页和多媒体设计的观赏性。由于它具有存储容量小，而且具有矢量图的特性，放大而不失真，图像效果清晰，可以同步音效等特点，因此很快受到广大设计人员和计算机爱好者的青睐。

7.3.1 Flash CS6 介绍

1. Flash 动画特点

Flash 是目前最为流行的二维动画制作软件，是矢量图编辑和动画创作的专业软件。Flash 软件提供的物体变形和透明技术使得创建动画更加容易；交互设计让用户可以随心所欲地控制动画，用户有更多的主动权；优化的界画设计和强大的工具使 Flash 更简单实用，Flash 还具有导出独立运行程序的能力。Flash 的主要特点如下：

① Flash 采用矢量绘图。同普通位图图像不同的是，矢量图无论放大多少倍都不会失真，因此 Flash 动画的灵活性较强。

② Flash 动画拥有强大的网络传播能力。由于 Flash 动画文件较小且是矢量图，而且

采用的是流式播放技术,因此它的网络传输速度优于其他动画文件。

③ Flash动画具有交互性,能更好地满足用户的需要。可以在动画中加入滚动条、复选框、下拉菜单等各种交互组件,可以通过单击、选择等动作决定动画运行过程和结果。

④ Flash动画制作成本低,效率高。使用Flash制作的动画在减少了大量人力和物力资源消耗的同时,也极大地缩短了制作时间,使得Flash动画拥有了崭新的视觉效果。Flash动画比传统的动画更加简易和灵巧,已经逐渐成为一种新兴的艺术表现形式。

⑤ Flash动画在制作完成后可以把生成的文件设置成带保护的格式,这样就维护了设计者的利益。

2. Flash动画应用

随着Internet的发展,Flash动画被延伸到生活的多个领域。不仅可以在浏览器中观看,还具有在独立的播放器中播放的特性。Flash动画凭借生成文件、动画画质清晰、播放速度流畅等特点,在以下诸多领域中都得到了广泛应用。

(1) 制作动画

Flash动画流行于网络,其诙谐幽默的演绎风格吸引了大量的网络爱好者。另外,Flash动画比传统的GIF动画文件要小很多,在网络带宽局限的条件下,它更适合网络传输。

(2) 制作游戏

Flash动画区别于传统动画的重要特征之一就在于它的互动性,观众可以在一定程度上参与或控制Flash动画的进行,这得益于Flash较强的Action Script动态脚本编程语言。

随着ActionScript编程语言发展到3.0版本,其性能更强、灵活性更大、执行速度也越来越快,使得用户可以利用Flash制作出各种有趣的Flash游戏。

(3) 制作教学课件

为了摆脱传统的文字式枯燥教学,远程网络教育对多媒体课件的要求非常高。一个课件需要将教学内容播放成为动态影像,或者播放教师的讲解录音;而复杂的课件在互动性方面有着更高的要求,它需要学生通过课件融入到教学内容中,利用Flash制作的教学课件就能够很好地满足这些需要。

(4) 制作电子贺卡

Flash可以制作包括多媒体在内的交互式动画,从而可以制作出一张静态或动态的Flash电子贺卡。

(5) 制作动态网站

Flash在网站广告方面起着重要的作用,任意打开一个门户网站,都可以看到Flash广告元素的存在。由于网站中的广告不仅要求具有较强的视觉冲击力,而且占用的空间越小越好,Flash动画便可以满足以上要求。

7.3.2 Flash相关术语

1. 帧

帧是Flash动画的基本组织元素,帧代表动画中的图像画面,很多的帧按照一定的顺序排列播放就形成了动画。帧具有时间性:一是它自身的长度,就是显示一帧从头到尾的时间,可以调节帧率来控制一帧的长度;二是一帧在帧序列中的位置,不同的位置会产生不同的动画效果。

Flash CS6 中连续的普通帧在时间轴上用灰色显示，并且在连续普通帧的最后一帧中有一个空心矩形块。连续普通帧的内容都相同，在修改其中的某一帧时其他帧的内容也同时被更新。由于普通帧的这个特性，通常用它来放置动画中静止不变的对象(如背景和静态文字)。

2. 关键帧

Flash 动画是一种运用关键帧处理技术的插值动画，在 Flash 中只要设置动画的开始帧和结束帧，中间的帧动画效果就会由计算机自动计算完成，而设定的开始帧和结束帧是整个动画形成的关键画面，这些帧就称为关键帧。

关键帧在时间轴中是含有黑色实心圆点的帧，是用来定义动画变化的帧，在动画制作过程中是最重要的帧类型。在使用关键帧时不能太频繁，过多的关键帧会增大文件的大小。补间动画的制作就是通过关键帧内插的方法实现的。

3. 空白关键帧

在时间轴中插入关键帧后，左侧相邻帧的内容就会自动复制到该关键帧中，如果不想让新关键帧继承相邻左侧帧的内容，可以采用插入空白关键帧的方法。在每一个新建的 Flash 文档中都有一个空白关键帧。空白关键帧在时间轴中是含有空心小圆圈的帧。

4. 元件

在 Flash 动画中大量的动画效果是依靠一个个小物件、小动画组成的，这些物件在 Flash 中可以进行独立的编辑和重复使用，这些物件和动画就称为元件(也称为符号)。元件分为三种类型：影片剪辑元件、按钮元件和图形元件。

图形元件可以是单帧的矢量图、位图图像、声音或动画，它可以实现移动、缩放等动画效果，同时具有相对独立的编辑区域和播放时间，在场景中要受到当前场景帧序列的限制。

按钮元件是 Flash 实现交互功能的重要组成部分，它的作用就是在交互过程中触发某一事件。按钮元件可以设置四帧动画，分别表示按钮在不同操作下的 4 种状态：一般、鼠标经过、鼠标按下和反应区。

影片剪辑元件和图形元件有一些共同点，影片剪辑元件不受当前场景中帧序列的影响。影片剪辑元件和按钮元件要通过“控制”菜单下的测试影片或测试场景命令才能观看到效果。

5. 图层

图层是 Flash 中最基本也是最重要的概念。使用图层和图层文件夹可以将动画中的不同对象与动作区分开，例如可以绘制、编辑、粘贴和重新定位一个图层中的元素而不会影响到其他图层。图层位于“时间轴”窗口中的左侧。在 Flash CS6 中，图层一般分为 5 种类型，即一般图层、遮罩图层、被遮罩图层、引导图层、被引导图层。

在 Flash 中，每个图层及图层中的内容都是独立的，这样就可以单独编辑每层的内容而不必担心会引起对其他层的误操作。同时，为了动画设计的需要，Flash 还添加了遮罩层和运动引导层这两种特殊的图层。

遮罩层决定了与之相连接的被遮罩层的显示情况。遮罩层相当于一个完整的罩子，而里面的动画就像罩子上的洞，可以看到下面被遮罩层的图形；也可以理解为与普通层刚好相反，有动画的地方表示透明，而没有动画的地方表示遮罩。

运动引导层用于辅助设置沿指定路径运动的动画效果。设计者可以在运动引导层中绘制出指定的曲线路径,该层下面与之相连接的被引导层中的对象则沿着此曲线路径运动。

6. 库

在Flash中创建的元件和导入的文件都存储在"库"窗口中,在"库"窗口中的资源可以在多个文档中使用,而且可以使用无限次。

7. 舞台

在Flash中,舞台是设计者进行动画创作的区域,设计者可以在其中直接绘制插图,也可以在舞台中导入需要的组件、插图及多媒体文件等。

8. 时间轴

时间轴是Flash动画的控制台,所有关于动画的播放顺序、动作行为及控制命令等操作都在时间轴中编排。时间轴主要由图层、帧和播放头组成,在播放Flash动画时,播放头沿时间轴向后滑动,而图层和帧中的内容则随着时间的变化而变化。

7.3.3 Flash CS6界面组成

Flash CS6安装后运行软件,首先出现的是"欢迎"界面。界面中列出了一些常用的任务,左边是从模块创建各种动画文件,中间是创建一个空白的新项目,右边是学习,可以进入Flash网站学习相关知识,如图7.1所示。

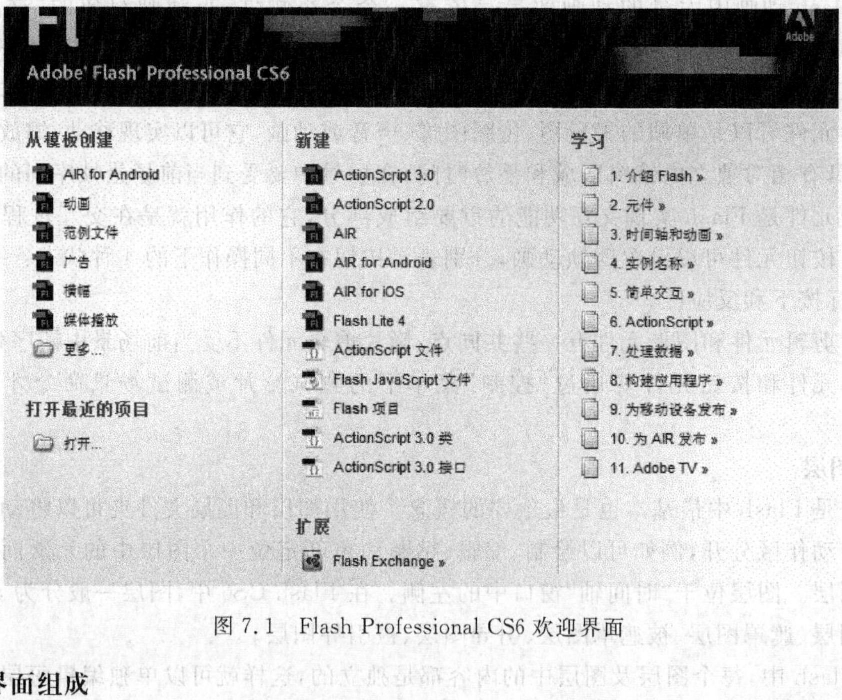

图7.1 Flash Professional CS6欢迎界面

1. 界面组成

在欢迎界面单击"新建"下面的ActionScript 3.0选项就创建了一个新的动画文件,程序界面如图7.2所示。

Flash CS6的工作界面主要包括标题栏、菜单栏、工具面板、时间轴面板、舞台等界面元素。程序窗口的最上面是标题栏,当前影片自动给了一个名称"未命名-1",在保存文件时要改为一个有意义的文件名称。

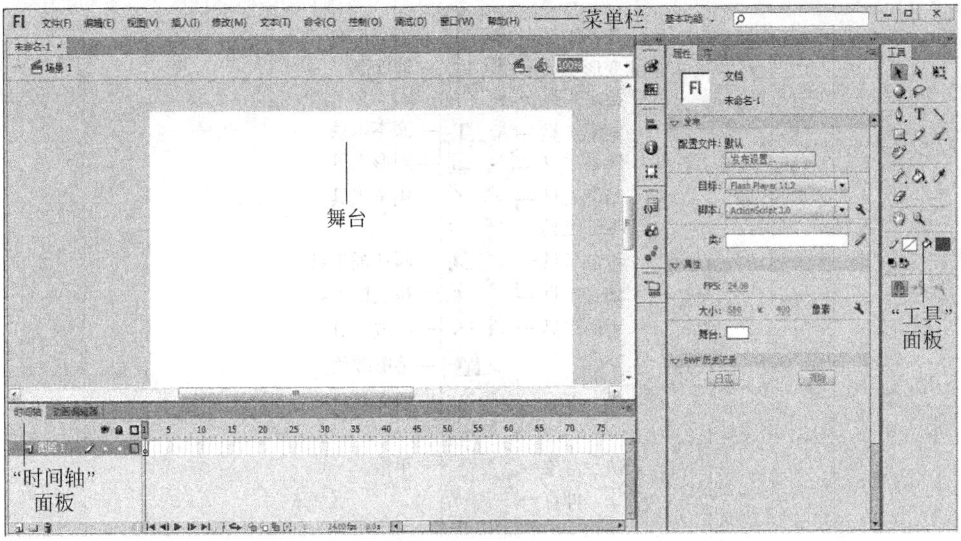

图 7.2　Flash CS6 主界面

2. 菜单栏

菜单栏包括文件、编辑、视图、插入、修改、文本、命令、控制、调试、窗口与帮助菜单。菜单栏中各个菜单的主要作用分别如下：

① 文件：用于文件操作，如创建、打开和保存文件等。

② 编辑：用于动画内容的编辑操作，如复制、粘贴等。

③ 视图：用于对开发环境进行外观和版式设置，如放大、缩小视图。

④ 插入：用于插入性质的操作，如新建元件、插入场景等。

⑤ 修改：用于修改动画中的对象、场景等动画本身的特性，如修改属性等。

⑥ 文本：用于对文本的属性和样式进行设置。

⑦ 命令：用于对命令进行管理。

⑧ 控制：用于对动画进行播放、控制和测试。

⑨ 调试：用于对动画进行调试操作。

⑩ 窗口：用于打开、关闭、组织和切换各种窗口面板。

⑪ 帮助：用于快速获取帮助信息。

3. “工具”面板

Flash CS6 的“工具”面板包含了用于创建和编辑图像的所有工具。包含了几十种工具，其中一部分工具按钮的右下角有三角图标，表示该工具里包含一组类型相似的工具，如图 7.3 所示。

注意：选择“窗口”→“工具”命令可以显示或隐藏工具；将鼠标指向“工具”面板的名称标签，单击并拖动鼠标即可改变工具箱在工作界面中的位置。

4. “时间轴”面板

“时间轴”面板用于组织和控制动画内容在一定时间内播放的层数和帧数。舞台的下部是“时间轴”面板，包括两部分，左边是图层面板，其中有一个黑色的“图层 1”标题，标题上面有三个按钮：一个眼睛、一个小锁和一个方框，用来控制图层操作，下部有三个按钮用来控

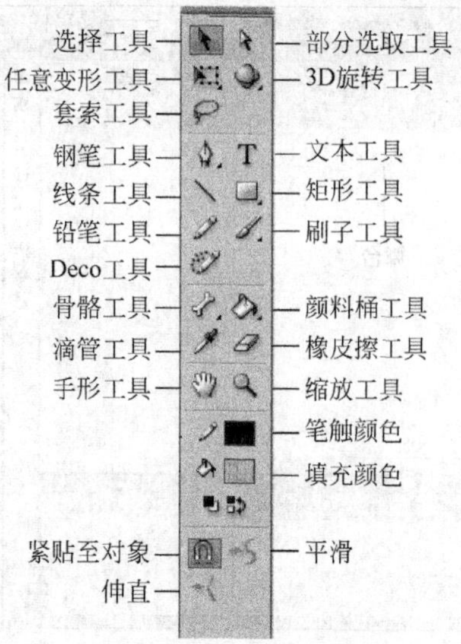

图 7.3　Flash CS6 的"工具"面板

制图层的添加、文件夹添加、删除等操作。右边是时间轴，上面有许多小格子，每个格子代表一帧，整数的帧上有数字序号，每一帧上都可以放若干个显示对象，动画就是由许许多多帧组成的。帧上面有一个红色的线，这是播放时间指针，表示当前的帧位置，同时下面的时间轴状态栏中有一系列状态指示，分别用来表示当前帧序号、帧频率和运行时间，如图 7.4 所示。

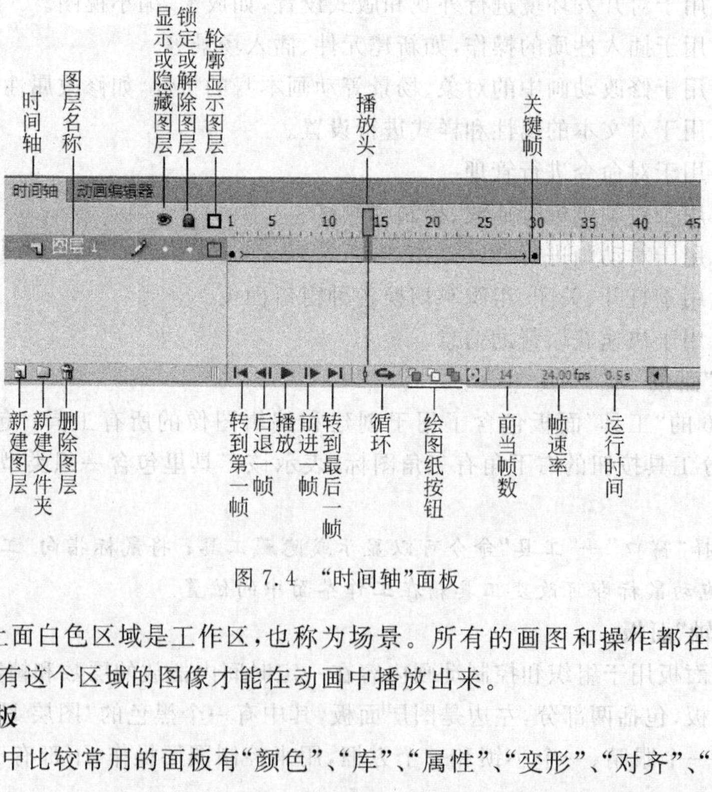

图 7.4　"时间轴"面板

时间轴的上面白色区域是工作区，也称为场景。所有的画图和操作都在这个白色的区域中实现，也只有这个区域的图像才能在动画中播放出来。

5. 浮动面板

Flash CS6 中比较常用的面板有"颜色"、"库"、"属性"、"变形"、"对齐"、"样本"、"动作"

等面板。常用面板的主要作用分别如下：

(1)"颜色"面板。选择"窗口"→"颜色"命令，或按 Alt+Shift+F 组合键，可以打开"颜色"面板，如图 7.5 所示。该面板用于给对象设置边框颜色和填充颜色。

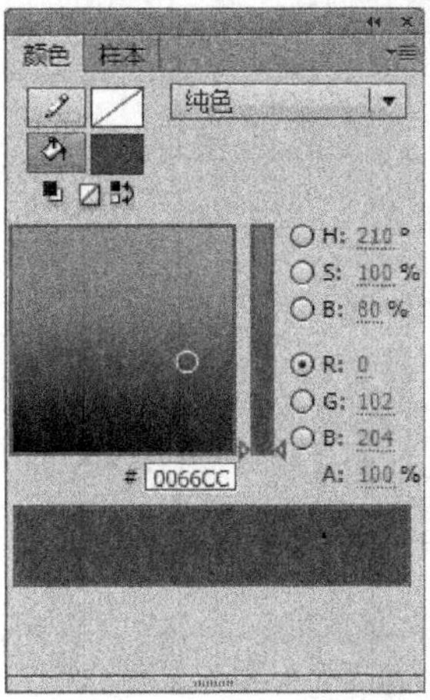

图 7.5 "颜色"面板

在设置边框颜色时，可以通过选择 Alpha 值来改变边框的透明度，在动画中产生淡入淡出的效果；在设置填充类中，可以选择纯色、径向等选项。

(2)"库"面板。选择"窗口"→"库"命令，或按 Ctrl+L 组合键，可以打开"库"面板。该面板用于存储创建的组件等内容，在导入外部素材时也可以导入到"库"面板中。

(3)"属性"面板。选择"窗口"→"属性"命令，或按 Ctrl+F3 组合键，打开"属性"面板。根据选择对象的不同，"属性"面板中显示出不同的相关信息。

(4)"动作"面板。选择"窗口"→"动作"命令，或按 F9 键，可以打开"动作"面板。在该面板中，左侧是以目录形式分类显示动作工具箱，右侧是参数设置区域和脚本编写区域。用户在编写脚本时，可以从左侧选择需要的命令，也可以直接在右侧编写区域中直接编写，如图 7.6 所示。

(5)"变形"面板。选择"窗口"→"变形"命令，或按 Ctrl+T 组合键，可以打开"变形"面板，如图 7.7 所示。在该面板中，可以对所选对象进行放大与缩小、设置对象的旋转角度和倾斜角度，以及设置 3D 旋转度数和中心点位置等操作。

(6)"对齐"面板。选择"窗口"→"对齐"命令，或按 Ctrl+K 组合键，打开"对齐"面板。在该面板中，可以对所选对象进行对齐和分布的操作。

(7)"样本"面板。选择"窗口"→"样本"命令，或按 Ctrl+ F9 组合键，打开"样本"面板。在该面板用中，可以选择或者自定义样本颜色。

7.3.4 动画素材导入

1. 导入图形与图像

Flash CS6 虽然也支持图形的绘制，但是它毕竟无法与专业的绘图软件相媲美，譬如 FreeHand、Illustrator 或 Photoshop 等。因此，从外部导入制作好的图形元素成为 Flash 动画设计制作过程中常用的操作。

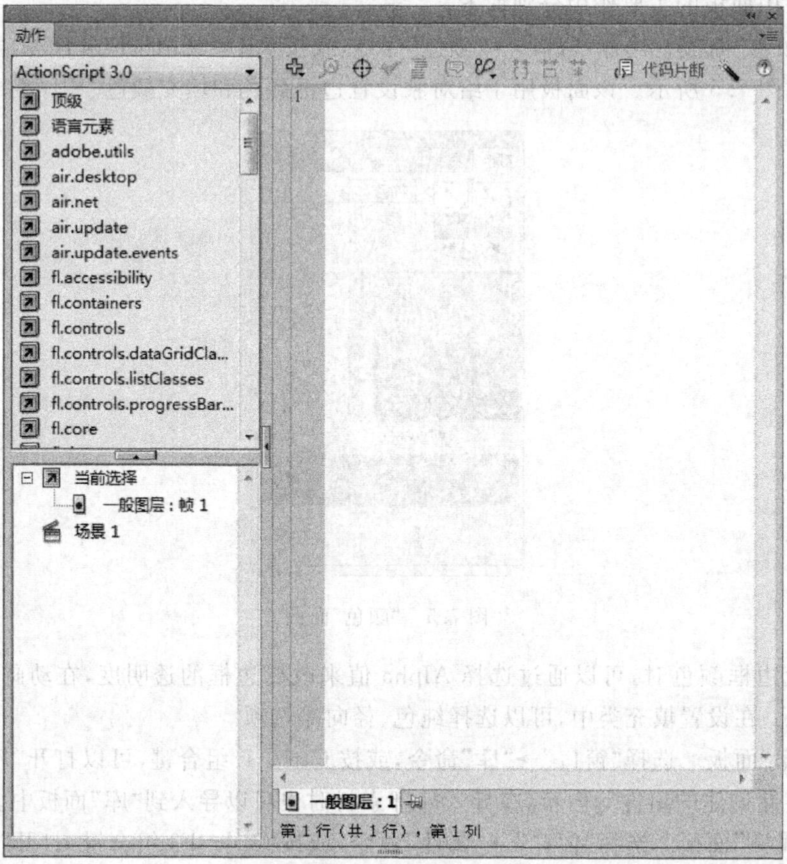

图 7.6 “动作”面板

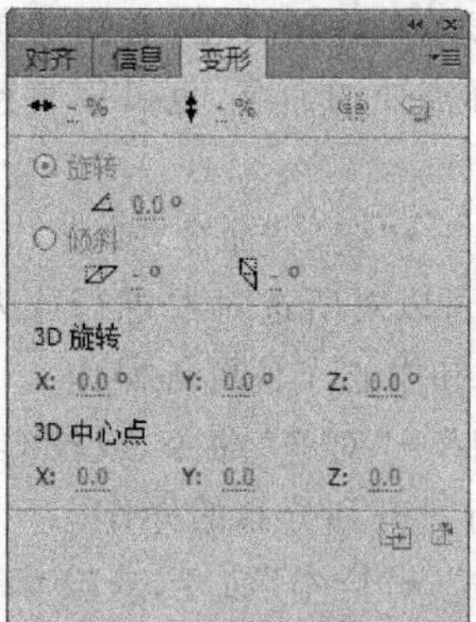

图 7.7 “变形”面板

(1) 导入的图形图像文件格式

Flash CS6 可以导入目前大多数主流图像格式,具体的文件类型和文件扩展名如表 7.1 所示。

表 7.1　Flash CS6 支持的图形图像文件格式

文 件 类 型	扩 展 名
Adobe illustrator	EPS、AI
AutoCAD DXF	DXF
位图	BMP
Windows 元文件	EMF
FreeHand	FH7～FH11
GIF 和 GIF 动画	GIF
JPEG	JPG
PICT	PCT、PIC
PNG	PNG
Flash Player	SWF
MacPaint	PNTG
Photoshop	PSD
Quick Time 图像	QTIF
Silicon 图形图像	SGI
TGA	TGA
TIFF	TIF

(2) 分离位图

分离位图可将位图图像中的像素点分散到离散的区域中，这样可以分别选取这些区域并进行编辑修改。

在分离位图时可以先选中舞台中的位图图像，然后选择“修改”→“分离”命令，或者按 Ctrl＋B 组合键，即可对位图图像进行分离操作。分离后的位图图像上将被均匀地蒙上一层细小的白点，表明该位图图像已完成了分离操作。

(3) 分离文字

分离文字和分离位图的操作一样，只是文字要进行两次分离。

2. 导入声音

声音是 Flash 动画的重要组成元素之一，它可以增添动画的表现能力。在 Flash CS6 中，用户可以使用多种方法在影片中添加声音，从而创建出有声动画。

(1) 声音的类型

Flash CS6 中的声音分为事件声音和音频流两种，其含义如下：

- 事件声音：事件声音必须在动画全部下载完后才可以播放，如果没有明确的停止命令，它将连续播放。
- 音频流：音频流在前几帧下载了足够的数据后就开始播放，可以边观看边下载，多应用于动画的背景音乐。

在实际制作动画过程中，绝大多数是结合事件声音和音频流两种类型声音的方法来插入音频的。

注意：*有时下载的声音不符合上述采样率要求，声音就不能导入到 Flash 中，这时通过软件改变声音的采样率使其符合要求就可解决该问题。*

(2) 导入声音到库

在 Flash CS6 中,可以导入 WAV、MP3 等文件格式的声音文件,但不能直接导入 MIDI 文件。导入文档的声音文件一般会保存在"库"面板中,因此与元件一样,只需要创建声音文件的实例就可以以各种方式在动画中使用该声音。

3. 声音的使用

Flash 中的声音可以分为背景音乐、主题音乐、片头曲、MTV、结束曲等。

在 Flash 中声音可以作为一个元件保存到"库"中,选择"文件"→"导入"命令可以将一个音乐文件导入到"舞台"或"库"中。

常见的声音文件格式有波形文件(. WAV)、CD 音乐(. CDA)、MP3 音乐(. MP3)、Midi 文件(. Mid)、微软音乐(. WMA)等,WAV 文件和 CD 音乐音质最好,MP3 和 WMA 是压缩文件,体积小。Flash 支持 WAV 和 MP3 音乐的导入,其他格式的音乐文件需要转换才能导入。

使用声音的方法与使用其他元件相同,首先将文件导入到"库"中,然后选择一个关键帧,将"库"中的声音元件拖到场景中,加载成功后会在帧上出现一个声波的标志,如果想观看帧的长度,可以按 F5 键延长帧,使声音在时间轴全面展示。

声音的控制有两种:一种是事件驱动播放(动作指令播放),一种是流式播放。事件驱动播放的声音可以独立播放,即使动画已经停止了,声音也可以继续播放。流式播放可以很好的与动画同步,动画停止音乐也停止,可以从音乐的任何位置开始播放。

4. 导入视频

导入视频文件为嵌入文件时,该视频文件将成为动画的一部分,如同导入位图或矢量图文件一样。可以将具有嵌入视频的影片发布为 Flash 影片。

如果要将视频文件直接导入到 Flash 文档的舞台中,可以选择"文件"→"导入"→"导入到舞台"命令;如果要将视频文件导入到 Flash 文档的"库"面板中,可以选择"文件"→"导入"→"导入视频"命令。

7.3.5 动画实例制作

1. 制作逐帧动画

在 Flash CS6 中,基本动画主要分为逐帧动画和补间动画两种类型。在逐帧动画中,需要为每个帧创建图像,适合于表演很细腻的动画,但花费时间也长。

逐帧动画在时间轴上表现为连续出现的关键帧。若要创建逐帧动画,就要将每一个帧都定义为关键帧,为每一帧创建不同的对象。输出的文件量很大,但是它与电影播放模式相似,适合于表演很细腻的动画,通常在网络上看到的行走、头发的飘动等动画,很多都是通过逐帧动画实现的。

创建一个文档,制作逐帧动画实现鸭子在水中由远及近、由模糊变清晰的过程。制作过程如下:

① 启动 Flash CS6,选择"文件"→"新建"命令,新建一个 Flash 文档。

② 选择"文件"→"导入"→"导入到库"命令,打开"导入到库"对话框,如图 7.8 所示。选择"鸭子"图片文件(通过网络下载),单击"打开"按钮将其导入到库。

③ 单击时间轴上第 1 帧,然后选择"插入"→"关键帧"命令,使第 1 帧成为关键帧,然后将"库"面板中的"鸭子.jpg"拖入舞台并转换为命名为 1 的元件,然后将该元件拖入舞台,并

将 Alpha 值设为 20%，如图 7.9 所示。

图 7.8 “导入到库”对话框

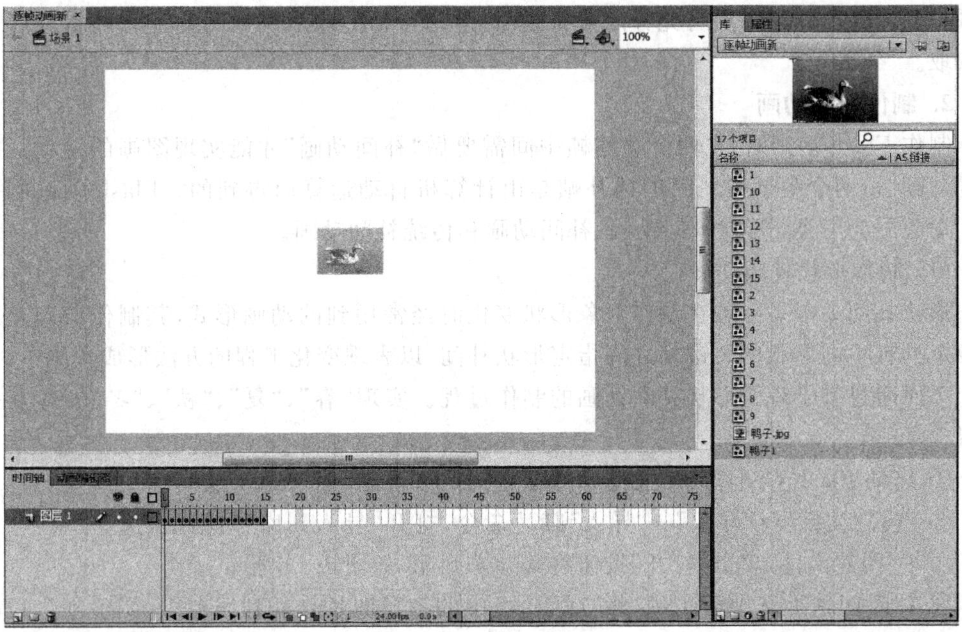

图 7.9 将原件拖入舞台

④ 依次设置第2～15帧，每一帧都设置元件的大小和Alpha值(值越大就越清晰，越小就越模糊)，使动画产生由远及近，由模糊变清晰的效果。

⑤ 按Ctrl+Enter组合键(系统对动画渲染，然后播放。按Enter键则在Flash场景中播放)即可观看逐帧动画的播放效果，如图7.10所示。

图7.10 播放效果

逐帧动画就是一幅幅静态的画面按照一定的顺序排列，以一定的播放速率播放形成的动画。制作这类动画需要有充分的素材画面，这些素材的获取可以用高速率相机或者摄像机获取。

2. 制作补间动画

制作Flash动画时，在两个关键帧中间需要做"补间动画"才能实现图画的运动。插入补间动画后，两个关键帧之间的插补帧是由计算机自动运算而得到的。Flash动画制作中补间动画分为三类：形状补间动画、补间动画和传统补间动画。

(1) 制作形状补间动画

形状补间动画是一种在制作对象形状变化时经常用到的动画形式，其制作原理是通过在两个具有不同形状的关键帧之间指定形状补间，以表现变化工程的方法形成动画。

下面通过例子说明形状补间动画的制作过程。实现"春"、"夏"、"秋"、"冬"图片变化的效果。

① 启动Flash CS6，选择"文件"→"新建"命令，新建一个Flash文档。

② 选择"文件"→"导入"→"导入到库"命令，打开"导入到库"对话框，选择"春"、"夏"、"秋"、"冬"图片文件，单击"打开"按钮将其导入到库，如图7.11所示。

③ 在时间轴上选中第1帧，将"库"面板中的冬景图片导入到舞台中，调整到合适的位置，右击图片，在弹出的快捷菜单中选择"分离"命令将图片分离，如图7.12所示。

图 7.11　选择图片

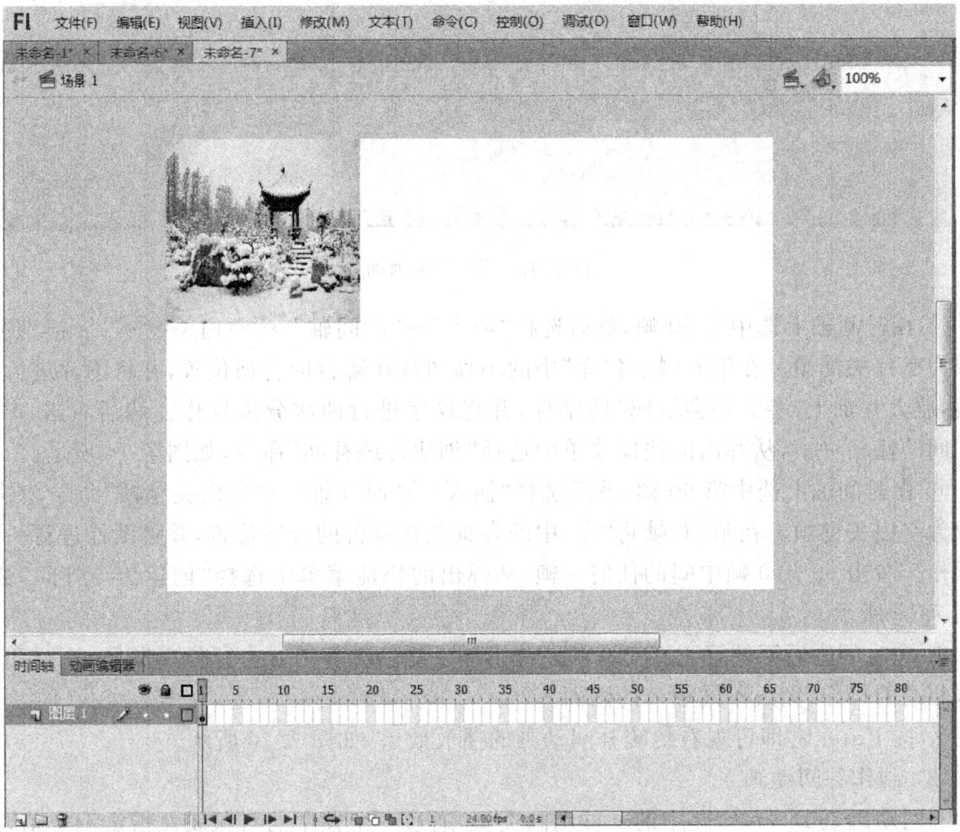

图 7.12　导入图片

④ 在时间轴上选中第30帧,选择"插入"→"时间轴"→"关键帧"命令,使第30帧成为关键帧。选择"任意变形工具"将图放大到舞台中间,并加上"冬天来了"的字样。然后右击1～30帧中间的任何一帧,从弹出的快捷菜单中选择"创建传统补间"命令,如图7.13所示。

图7.13 第30帧画面

⑤ 在时间轴上选中第60帧,然后选择"插入"→"时间轴"→"空白关键帧"命令,使第60帧成为空白关键帧。在第60帧将"库"中的小鸟图放在舞台的合适位置,并将图片进行一次分离,放大并加上"春天还会远吗"的字样,并将汉字进行两次分离操作。然后右击30～60帧中间的任何一帧,从弹出的快捷菜单中选择"创建传统补间"命令,如图7.14所示。

⑥ 在时间轴上选中第90帧,然后选择"插入"→"时间轴"→"空白关键帧"命令,使第90帧成为空白关键帧。在第90帧将"库"中的春景放在舞台的合适位置,并将图片进行一次分离操作。右击60～90帧中间的任何一帧,从弹出的快捷菜单中选择"创建传统补间"命令,如图7.15所示。

⑦ 在时间轴后面的第120、150帧处分别插入夏、秋图片,并进行分离操作,执行和以上步骤相同的操作,完成不同季节的画面。

⑧ 按Enter键即可观看传统补间动画的播放效果,如图7.16所示。

(2) 制作补间动画

补间动画是Flash CS6中的一种动画类型,通过一个帧中的对象属性指定一个值,然后为另一个帧中相同属性对象指定另一个值而创建的动画。

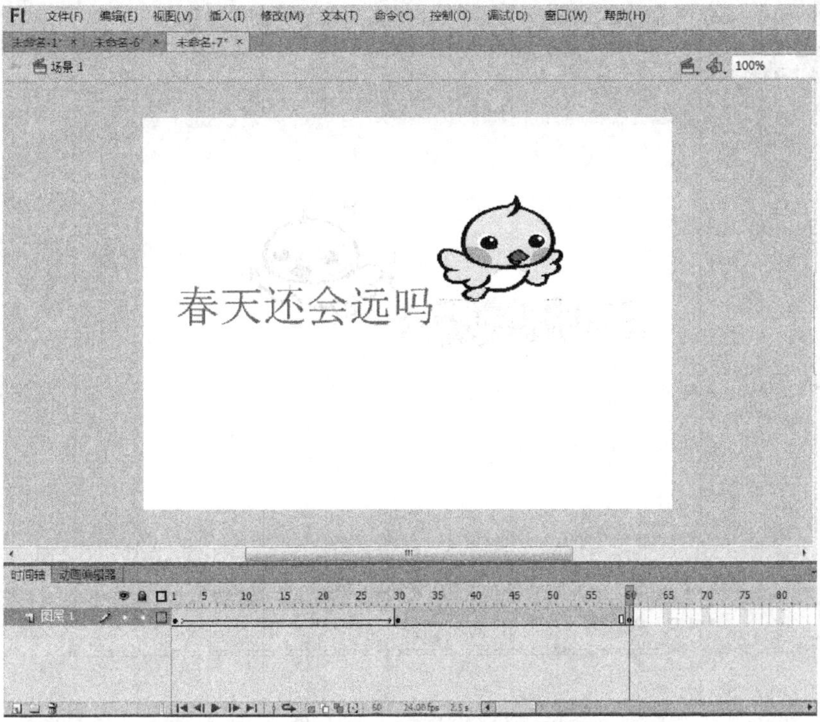

图 7.14　第 60 帧画面

图 7.15　第 90 帧画面

图 7.16　播放效果图

补间动画主要以元件对象为核心,一切补间动作都是基于元件。首先创建元件,然后将元件放到起始关键帧中,再右击第 1 帧,在弹出的快捷菜单中选择“创建补间动画”命令,此时将创建补间范围,最后在补间范围内创建补间动画。

下面通过例子说明补间动画的制作过程,实现小鸟飞行的效果。

① 启动 Flash CS6,选择“文件”→“新建”命令,新建一个 Flash 文档。选择“修改”→“文档”命令,打开“文档设置”对话框,修改舞台“背景颜色”为浅蓝色,如图 7.17 所示。

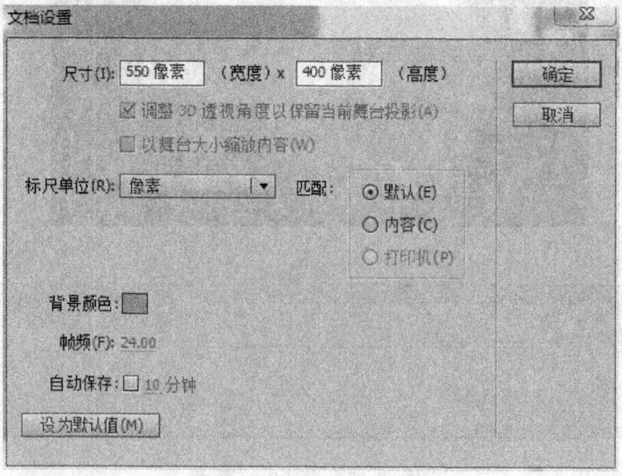

图 7.17　设置文档属性

② 选择“文件”→“导入”→“导入到库”命令，打开“导入到库”对话框，选择 JPEG 文件“小鸟”，单击“打开”按钮将其导入到库，如图 7.18 所示。

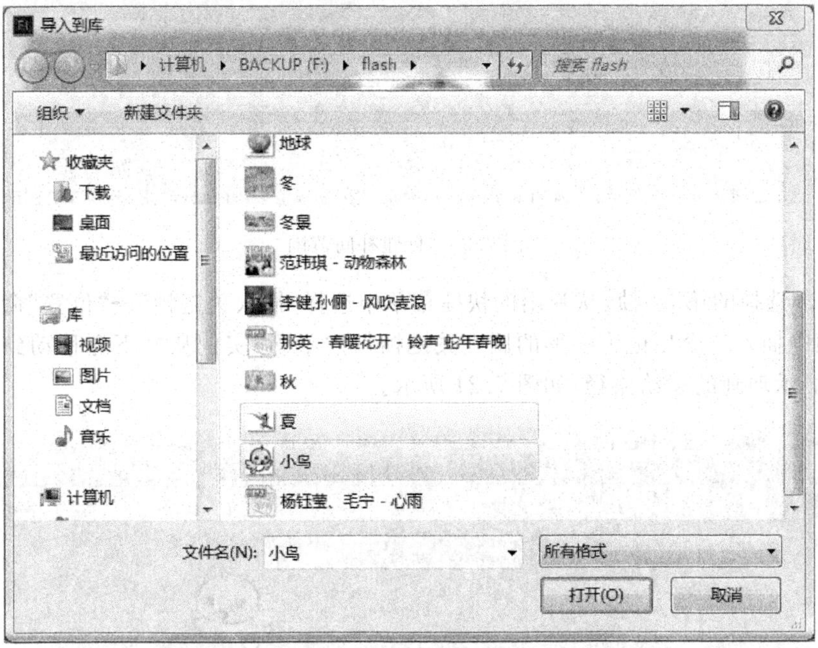

图 7.18　打开文件导入到库

③ 将“库”中的“小鸟”拖动到舞台，右击选中的“小鸟”图形，从弹出的快捷菜单中选择“转换为元件”命令，打开“转换为元件”对话框，命名为“小鸟”，“类型”选择为“影片剪辑”元件，然后单击“确定”按钮，此时转换为“小鸟”元件，如图 7.19 所示。

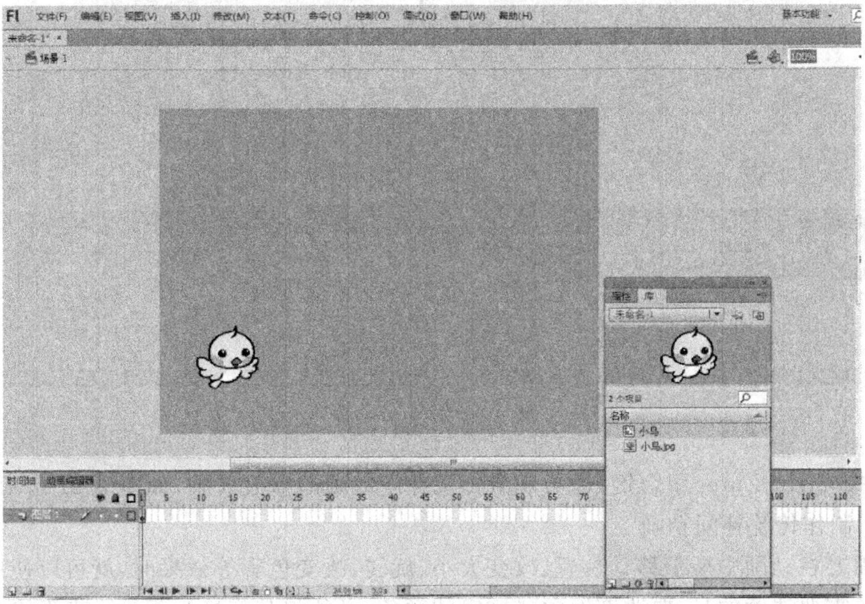

图 7.19　转换图形原件

④ 右击"时间轴"面板的第1帧,在弹出的快捷菜单中选择"创建补间动画"命令。此时在第1～24帧之间形成了补间范围,如图7.20所示。

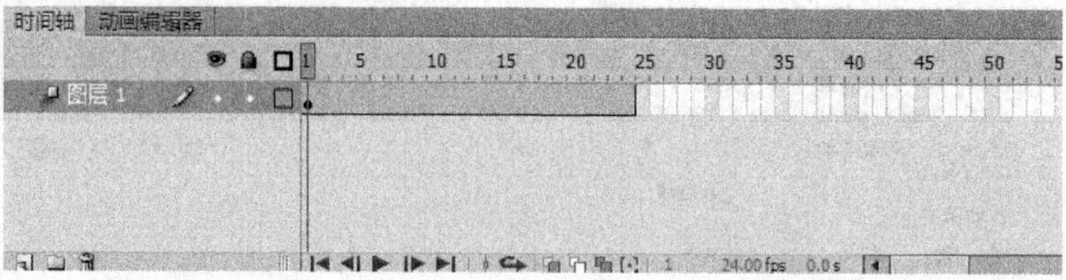

图7.20 创建补间范围

⑤ 右击选择的第24帧,从弹出的快捷菜单中选择"插入关键帧"→"位置"命令,此时会在第24帧中插入一个标记为菱形的属性关键帧,将"小鸟"实例从左下方移动到右上方时,舞台中会显示动画的运动路径,如图7.21所示。

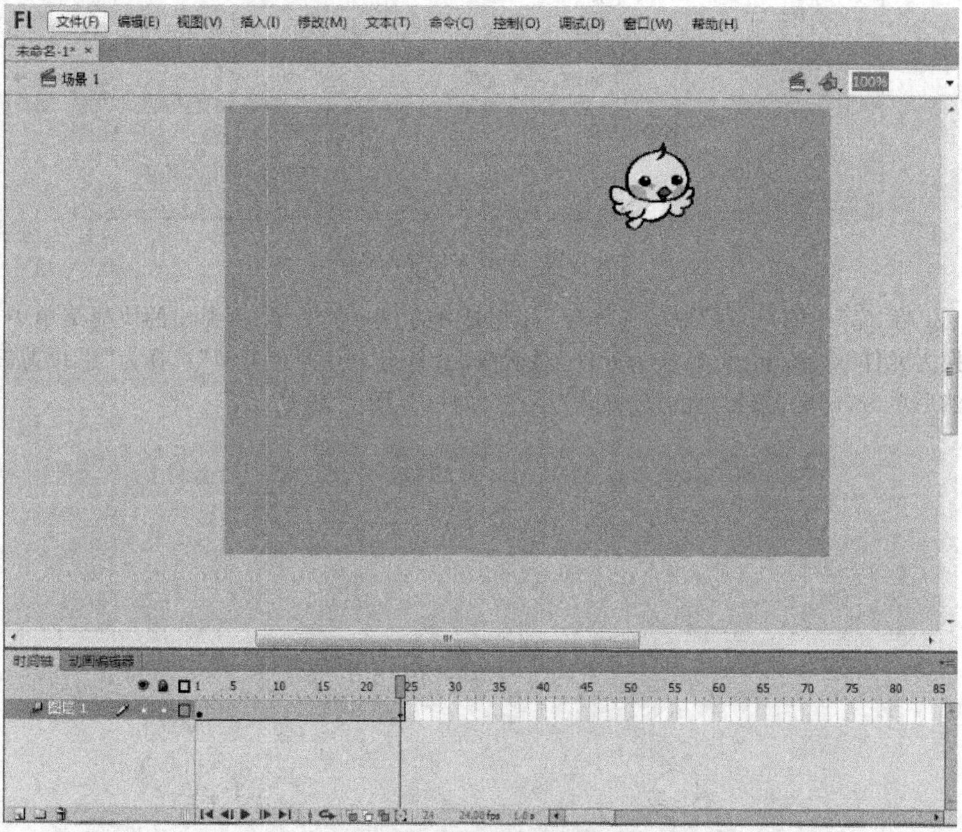

图7.21 改变位置

⑥ 按Ctrl+Enter组合键,即可观看传统补间动画的播放效果,如图7.22所示。

(3) 制作传统补间动画

当需要在动画中展示移动位置、改变大小、旋转、改变色彩等效果时,就可以使用传统补间动画。需要注意的是,要改变对象或文字的颜色,必须将其变换为元件;若要使文本块中的每个字符分别动起来,则必须将其分离为单个字符(多个文字时要执行两次分离操作)。

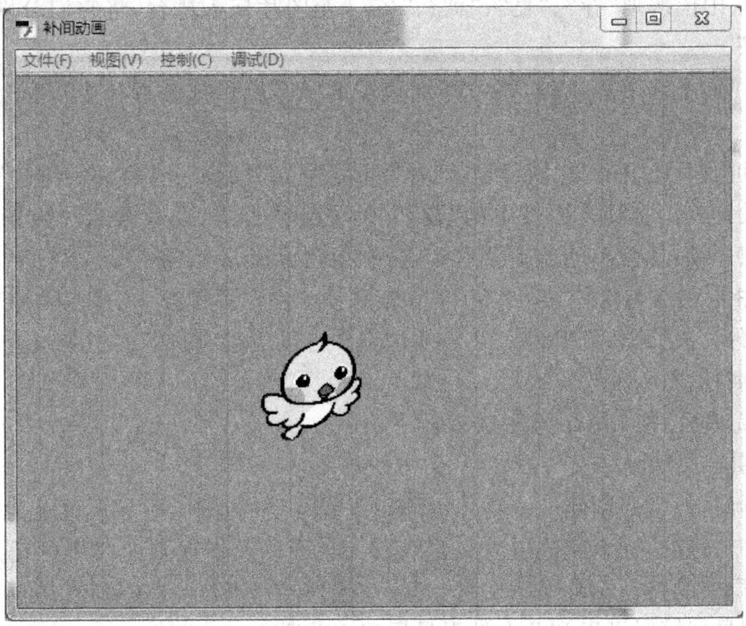

图 7.22 播放效果

下面通过一个例题说明传统补间动画的制作过程。

新建一个 Flash CS6 文档，制作传统补间动画，实现“春”、“夏”、“秋”、“冬”四季图片位置和旋转度的变化效果。

① 启动 Flash CS6，选择“文件”→“新建”命令，新建一个 Flash 文档。

② 选择“文件”→“导入”→“导入到库”命令，打开“导入到库”对话框，如图 7.23 所示。按住 Ctrl 键的同时选择“春”、“夏”、“秋”、“冬”4 个图片，单击“打开”按钮将其导入到“库”中。

图 7.23 把素材导入到库

③ 从“库”中依次把“春”、“夏”、“秋”、“冬”4 个图片拖入舞台，将它们分别转换为元件，类型为“图形”。

④ 在时间轴上选中第 1 帧，将“库”面板中的“春”原件拖到舞台中，调整到舞台中部合适的位置。

⑤ 在时间轴上选中第 30 帧，然后选择“插入”→“时间轴”→“空白关键帧”命令，使第 30 帧成为空白关键帧。将“库”面板中的“夏”元件拖到舞台中，调整合适的位置。右击 1～30 帧中间的任何一帧，从弹出的快捷菜单中选择“创建传统补间”命令。

⑥ 使用相同的方法选中第 60、90、120 帧并插入空白关键帧。分别从“库”中导入“夏”、“秋”、“冬”原件，并创建传统补间。在转换过程中可以通过“属性”面板来改变位置、颜色、旋转、透明度等属性。

⑦ 制作完成后，按 Enter 键测试动画。

3. 制作引导层动画

制作动画时，经常要创建一些物体沿固定路线运动的动画，引导层就是为创建这种动画提供物体运动轨迹的，这个轨迹可以是直线、斜线、圆弧及不规则曲线中的任意一种。动画播放时，引导层中的路径不会显示出来。某一图层和引导层建立关联后，该层就变成了被引导层。一个引导层同时可以和几个被引导层建立关联。

引导层是一种特殊的图层，在该图层中同样可以引入图形和元件，但是最终发布动画时引导层中的对象不会被显示出来。按照引导层发挥的功能不同，可以将引导层分为普通引导层和传统运动引导层两种类型。

(1) 普通引导层

普通引导层主要用于辅助静态对象定位，并且可以不使用被引导层而单独使用。创建普通引导层的方法是右击普通图层，从弹出的快捷菜单中选择“引导层”命令。同样，右击普通引导层，从弹出的快捷菜单中选择“引导层”命令，这样普通引导层就变成了普通层。

(2) 传统运动引导层

传统运动引导层主要用于绘制对象的运动路径，可以将图层链接到同一个运动引导层中，使图层中的对象沿引导层中的路径运动，此时该图层将位于运动层下方并成为被引导层。

创建传统运动引导层的方法是右击需要创建传统运动引导层的图层，在弹出的快捷菜单中选择“添加传统运动引导层”命令，即可创建传统运动引导层，而该引导层下方的图层会转换为被引导层，如图 7.24 所示。

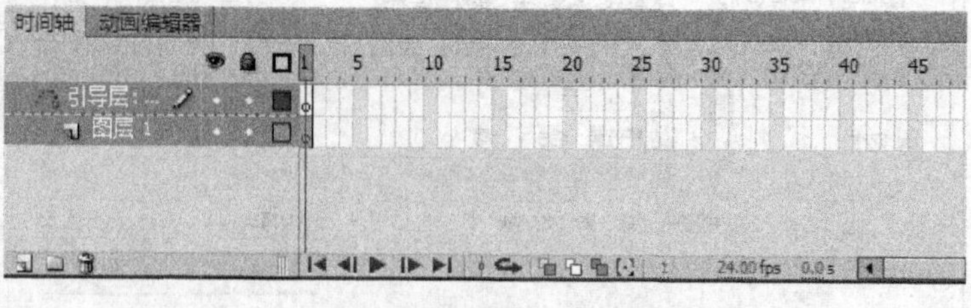

图 7.24　传统运动引导层

同样，右击传统运动引导层，在弹出的快捷菜单中选择“引导层”命令，可以转换为普通图层。下面将通过一个例题介绍如何创建引导层动画。该实例使用运动引导层制作蝴蝶在花丛中飞行的效果，步骤如下：

① 启动 Flash CS6，新建一个 Flash 文档。

② 在“时间轴”面板中选中“图层 1”的第 1 帧，选择“文件”→“导入”→“导入到舞台”命令，打开“导入”对话框，选择“花丛”图片，单击“打开”按钮将其导入到舞台，如图 7.25 所示。

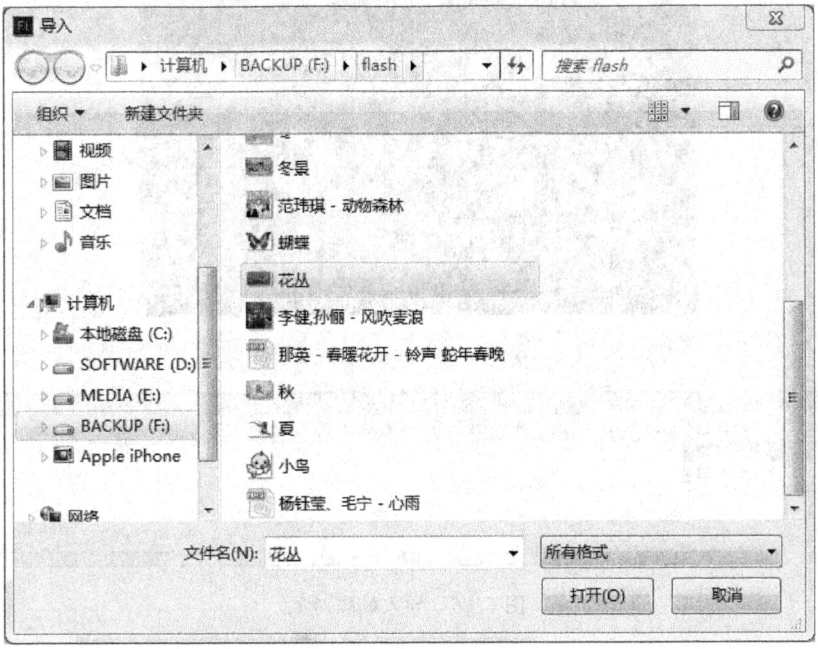

图 7.25　导入花丛背景

③ 在“时间轴”面板中单击“插入图层”按钮，插入“图层 2”，然后选择“文件”→“导入”→“导入到舞台”命令，将“蝴蝶”导入到舞台中，如图 7.26 所示。

④ 右击选中的“蝴蝶”图层，从弹出的快捷菜单中选择“转换为元件”命令，打开“转换为元件”对话框，将其“类型”修改为影片剪辑元件。

⑤ 选中“图层 1”和“图层 2”，按 F5 键(延长帧)直至添加到 86 帧(或者任意后面帧)。选中“图层 2”，在第 86 帧处插入关键帧，然后在 1～86 帧之间右击，在弹出的快捷菜单中选择“创建传统补间”命令，效果如图 7.27 所示。

⑥ 右击“图层 2”，在弹出的快捷菜单中选择“添加传统运动引导层”命令，在“图层 2”上添加一个引导层，并将引导层也添加到 86 帧，如图 7.28 所示。

⑦ 选中引导层第 1 帧，用“铅笔”工具描绘一条运动轨迹线，如图 7.29 所示。

⑧ 选中“图层 2”的第 1 帧，把“蝴蝶”元件拖拉到绘制轨迹的起点(拖拉过程中会看到有一个小圆圈，将圆圈对准轨迹的起点即可)，在第 86 帧把“蝴蝶”元件拖拉到绘制轨迹的终点(拖拉过程中会看到有一个小圆圈，将圆圈对准轨迹的终点即可)，将其紧贴在引导线上，注意引导层的帧数和被引导层帧数要相同，如图 7.30 所示。

⑨ 制作完成，按 Ctrl+Enter 组合键，预览蝴蝶飞行动画。

图 7.26 导入蝴蝶对象

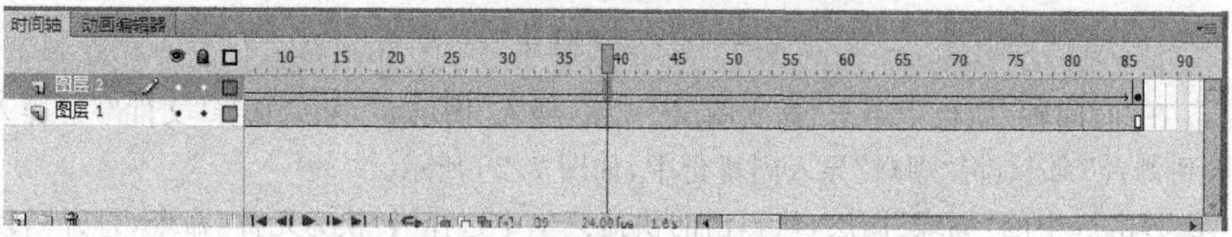

图 7.27 创建完成

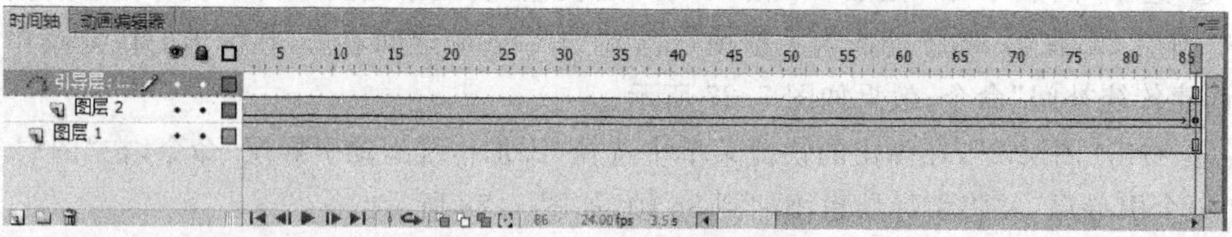

图 7.28 添加传统运动引导层

4. 制作遮罩层动画

遮罩层用来遮掩其他图层中的内容,被遮掩的对象是那些和遮罩层建立了联系的图层中的图像对象。图层如同是叠放在一起的一张张透明的胶片,通过其上没有图像的部分可以看见下层的图像。而遮罩层刚好相反,它好比是一张不透明的胶片,在其上打了很多洞,

图 7.29　绘制运动轨迹

图 7.30　把对象放到引导线起点和终点

透过这些洞可以看见被遮罩图层上的图像,遮罩层上的文字、图形等对象就可以视为在其上打的那些洞。

与遮罩层相关联的被遮挡的图层叫被遮罩层。遮罩层制作动画是非常有用的一种特殊图层,它的作用就是可以通过遮罩层内的图像看到被遮罩层中的内容。遮罩层的创建方法是在"时间轴"面板上右击要转换为遮罩层的图层,从弹出的快捷菜单中选择"遮罩层"命令,普通图层就可变为遮罩层。

下面通过一个例题来介绍遮罩层动画的制作过程。完成后在荷花池中出现鸭子。

① 启动 Flash CS6,新建一个 Flash 文档,设置文档属性,尺寸为 540×405 像素。

② 将"图层 1"命名为"左右线条",使用"线条"工具在舞台左侧绘制一条垂直竖线,如图 7.31 所示。

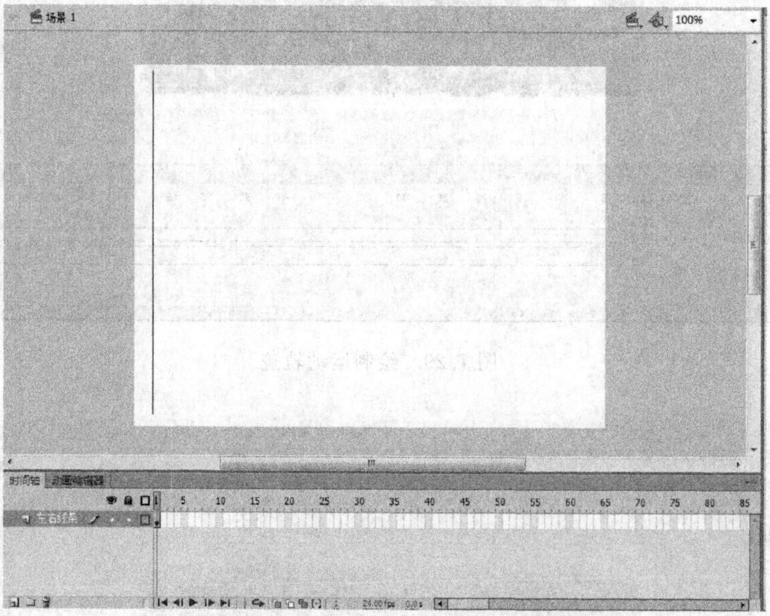

图 7.31 绘制左线条

③ 选择"窗口"→"对齐"命令,在弹出的"对齐"面板中选中"与舞台对齐"复选框,单击"分布"中的"左侧分布"按钮,如图 7.32 所示。

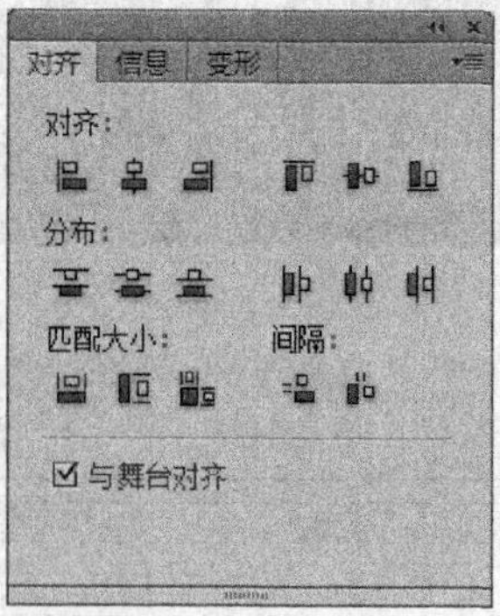

图 7.32 "对齐"面板

④ 在“时间轴”上选择第 50 帧，插入关键帧。使用相同的方法，在第 50 帧绘制一条相对于舞台右侧分布的垂直竖线，如图 7.33 所示。

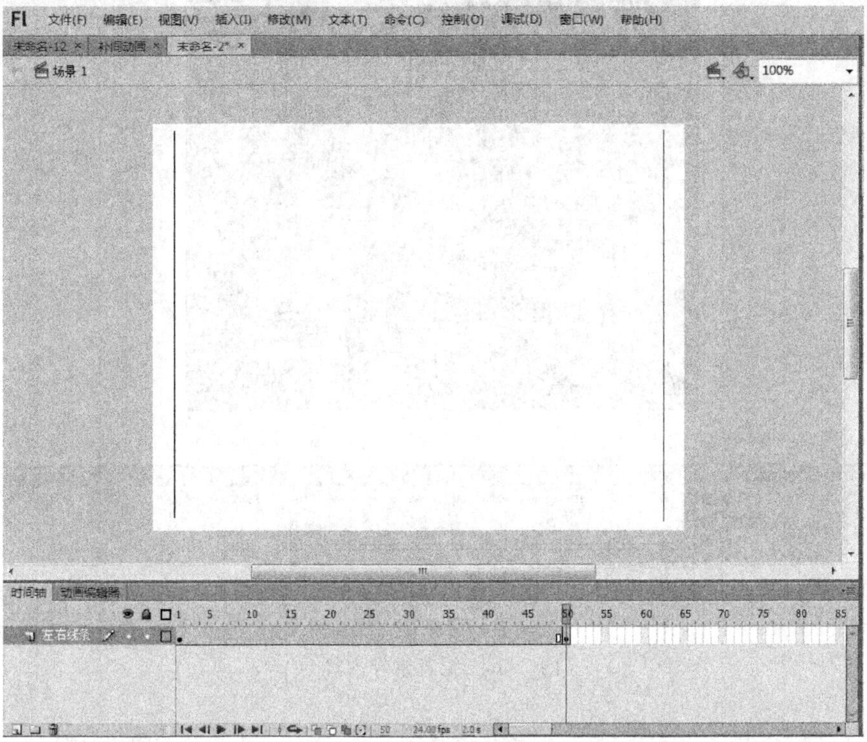

图 7.33　绘制右侧线条

⑤ 单击“时间轴”上创建新图层按钮，命名为“右左线条”。使用上述方法在“右左图层”的第 1 帧绘制一条舞台右侧分布的垂直竖线。在第 50 帧插入关键帧，绘制一条相对于舞台左侧分布的垂直竖线。

⑥ 分别选择这两个图层，右击任意一帧，在弹出的快捷菜单中选择“创建补间形状”命令，创建形状补间动画，如图 7.34 所示。

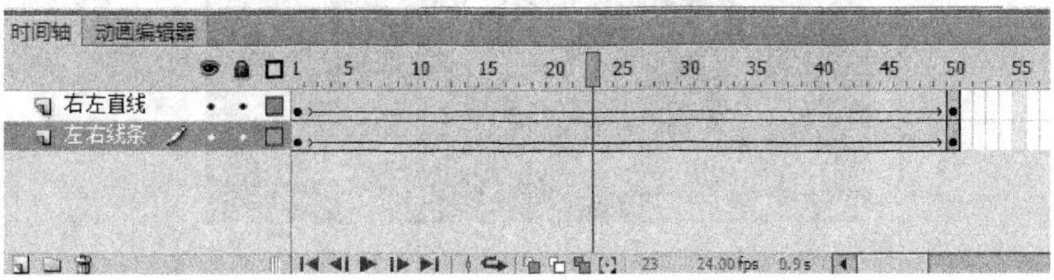

图 7.34　创建补间形状

⑦ 新建图层，命名为“荷花池”。选择“文件”→“导入”→“导入到舞台”命令，将“荷花池”图片导入到舞台，并调整其大小位置，如图 7.35 所示。

⑧ 新建图层，命名为“鸭子图”。选择“文件”→“导入”→“导入到舞台”命令，将“鸭子”图片导入到舞台，并调整其大小位置，如图 7.36 所示。

⑨ 选择“鸭子图”图层，选中第 25 帧，插入关键帧。将第 1～24 帧的内容用“清除帧”命

图 7.35　把背景导入舞台

图 7.36　将鸭子图片导入到舞台

令清除，如图 7.37 所示。

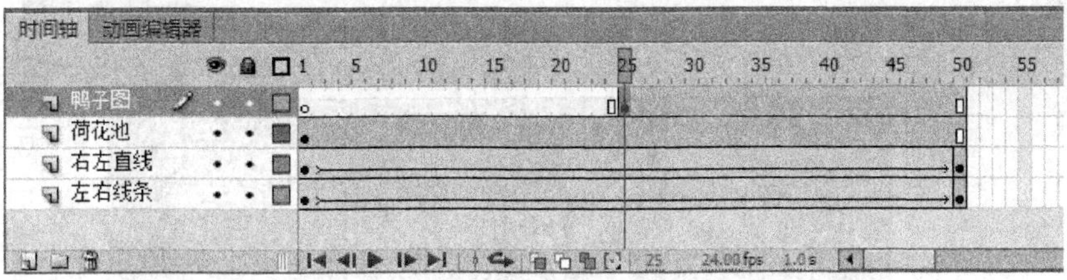

图 7.37　清除帧

⑩ 新建图层命名为"矩形"，选择第 25 帧插入空白关键帧，锁定除当前图层外的所有图层，并隐藏"鸭子图"和"荷花池"图层。使用"矩形"工具绘制一个长方形，使其和另外两条竖线对齐，如图 7.38 所示。

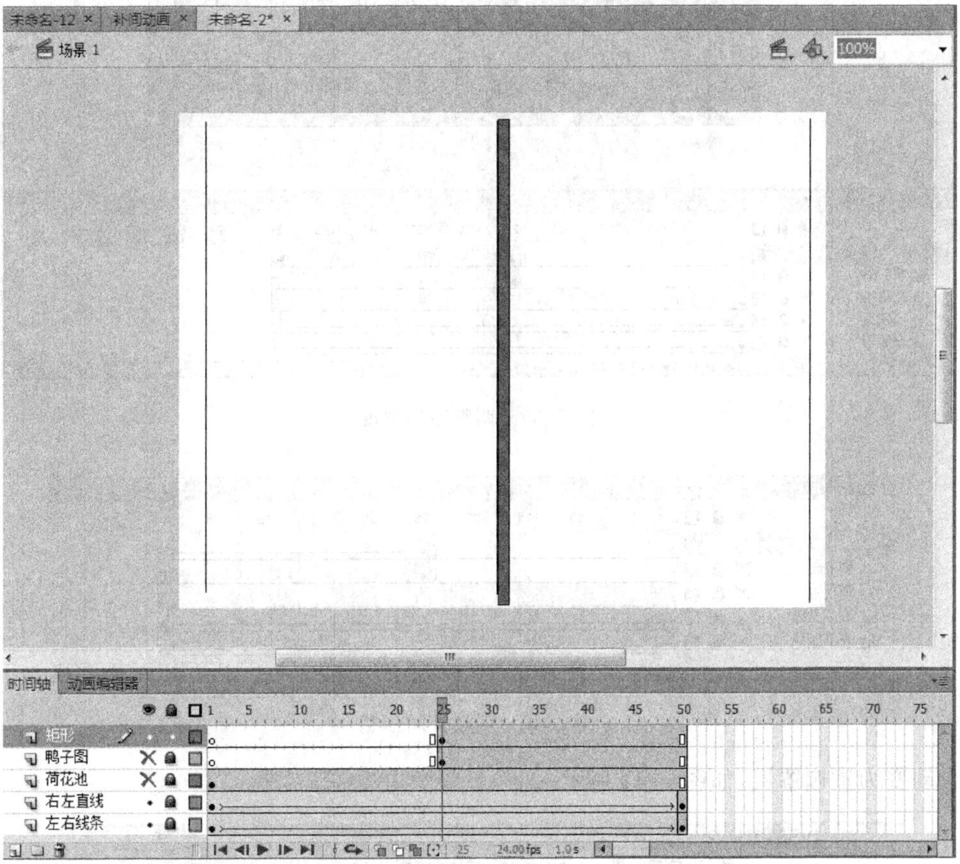

图 7.38　绘制一个长方形

⑪ 选中"矩形"图层的第 50 帧插入关键帧，使用"任意变形"工具调整矩形宽度，使其可以覆盖整个舞台，如图 7.39 所示。

⑫ 在"矩形"图层的第 25～50 帧之间任一帧处右击，在弹出的快捷菜单中选择"创建补间形状"命令，如图 7.40 所示。

⑬ 右击"矩形"图层，从弹出的快捷菜单中选择"遮罩层"命令，使其变为遮罩层，"鸭子

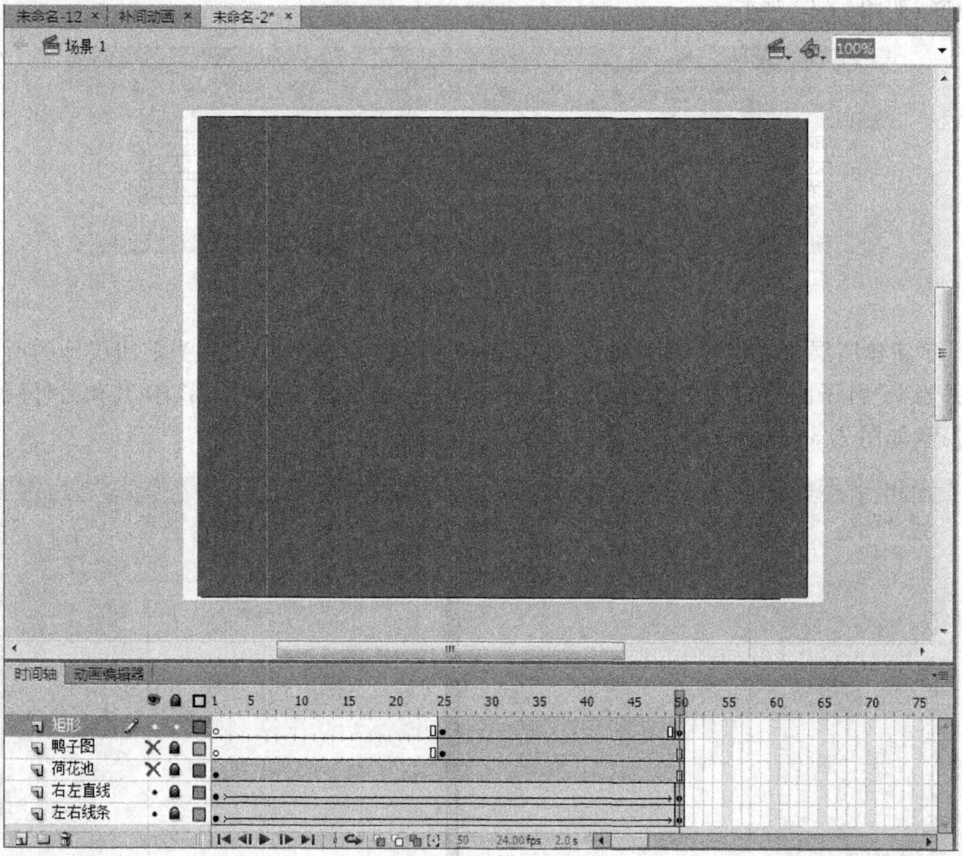

图 7.39　调整矩形宽度

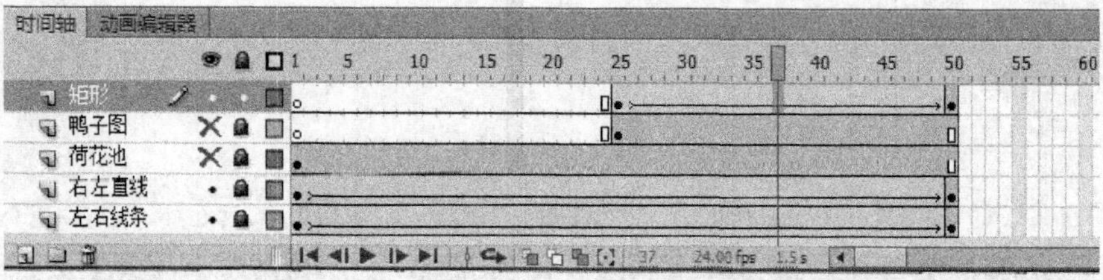

图 7.40　创建补间形状

图"自动变为被遮罩层,如图 7.41 所示。

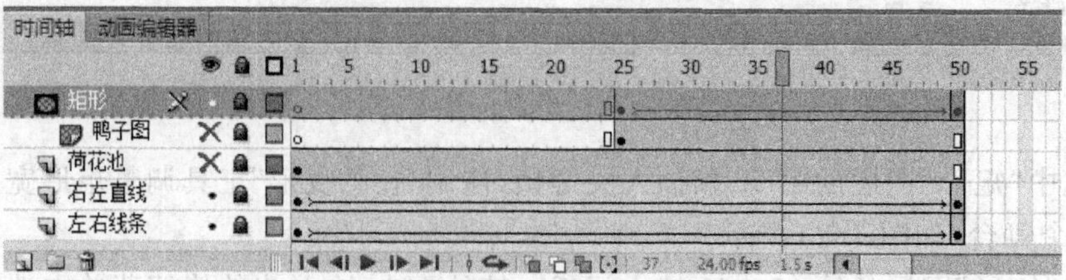

图 7.41　设置遮罩层

⑭ 按住 Shift 键的同时选中“左右线条”和“右左线条”图层，拖到“矩形”图层的上方，如图 7.42 所示。

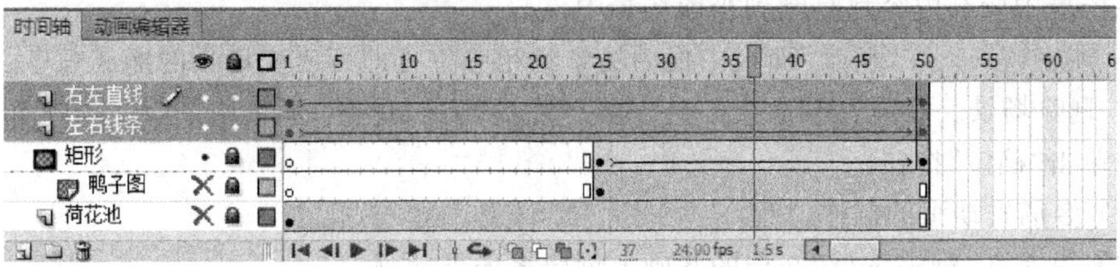

图 7.42　移动图层

⑮ 按 Ctrl+Enter 组合键预览动画效果，如图 7.43 所示。

图 7.43　效果图

5. 制作多场景动画

Flash 默认只使用一个场景来组织动画，有时需要使用多个场景来制作动画，这样就可以自行添加多个场景来丰富动画。每个场景都有自己的主时间轴，在其中制作动画的方法也一样。

(1) 多场景的创建和编辑的基础知识

① 添加场景。创建新场景，选择“窗口”→“其他面板”→“场景”命令，在打开的“场景”面板中单击“添加场景”按钮即可添加“场景 2”，如图 7.44 所示。

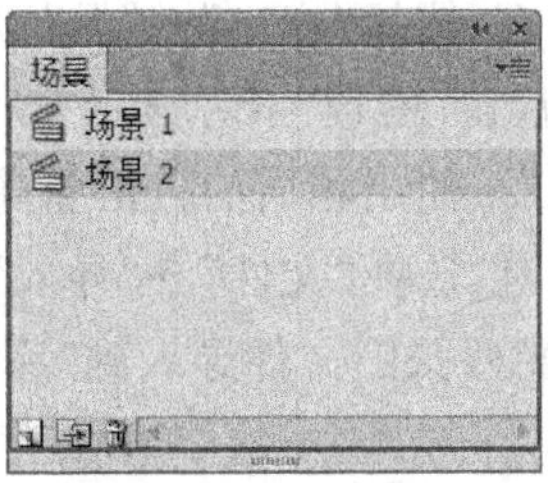

图 7.44　添加场景

② 切换场景。切换场景可以单击“场景”面板中需要进入的场景，或单击舞台右上方的“编辑场景”按钮。

③ 更改场景名称、重命名场景。双击“场景”面板中需

要改名的场景,使其变为编辑状态,输入新名称即可。

④ 复制场景。在“场景”面板中选择要复制的场景,或者单击“直接复制场景”按钮,即可将原场景中所有内容都复制到当前场景中。

⑤ 排序场景。在“场景”面板中拖动场景到相应位置即可改变场景的播放顺序。

⑥ 删除场景。在“场景”面板中选中要删除的场景,单击“删除场景”按钮,在弹出的提示框中单击“确定”按钮。

(2) 多场景动画的制作过程

本案例是在“蝴蝶飞行”文档的基础上创建多场景动画。

① 启动 Flash CS6,打开“蝴蝶飞行”文档,如图 7.45 所示。

图 7.45　蝴蝶飞行

② 选择“窗口”→“其他面板”→“场景”命令,打开“场景”面板,单击其中的“复制场景”按钮,在“场景”下方显示“场景 1 复制”选项,将其重命名为“场景 2”,如图 7.46 所示。

③ 使用相同的方法新建场景 3,如图 7.47 所示。

④ 选择“文件”→“导入”→“导入到库”命令,打开“导入到库”对话框,选择“草地”、“荷花池”两张图文件导入到“库”,如图 7.48 所示。

⑤ 选择“场景 3”中的背景图形,打开“属性”面板,单击“交换”按钮,如图 7.49 所示。

⑥ 打开“交换位图”对话框,如图 7.50 所示,选择“草地”图片文件,单击“确定”按钮。

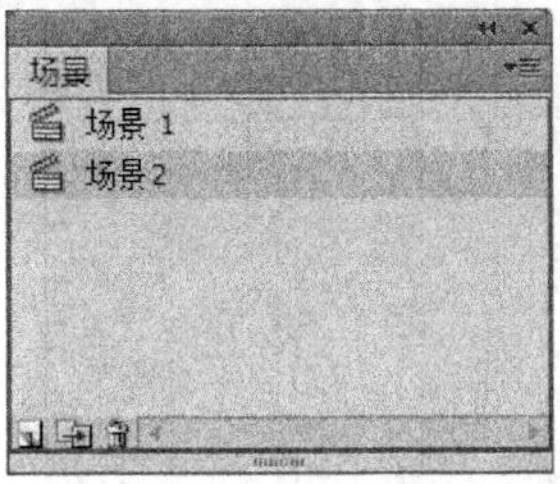

图 7.46　复制场景 2

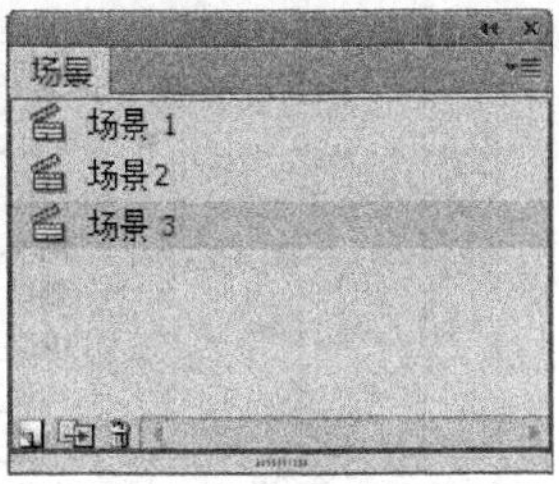

图 7.47　复制场景 3

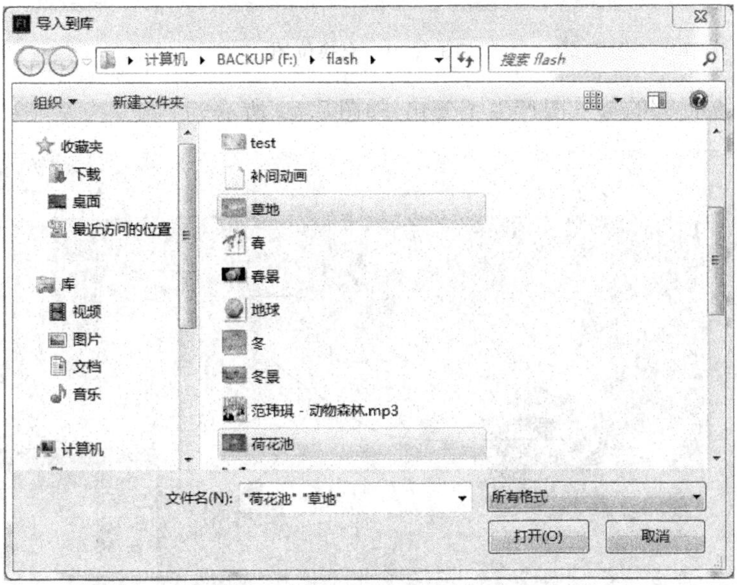

图 7.48　将文件导入到库

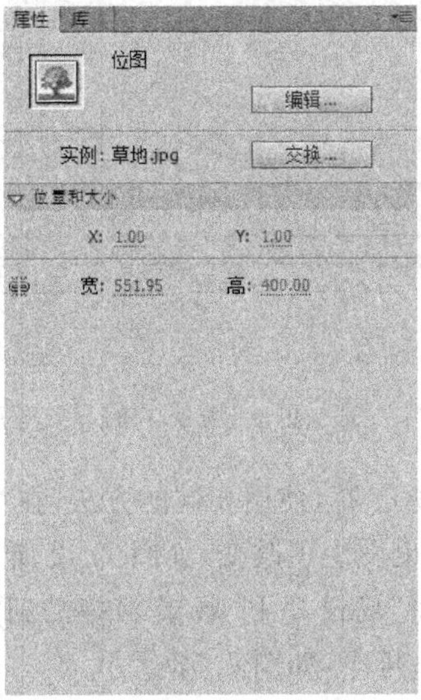

图 7.49　“属性”面板

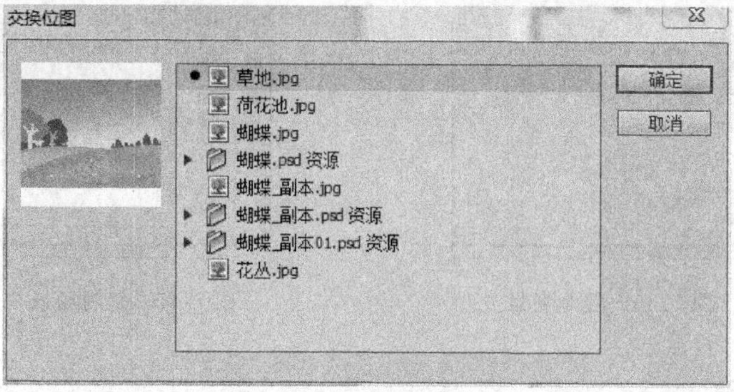

图 7.50　交换位图

⑦ 此时"场景 3"的背景图产生了变化,如图 7.51 所示。

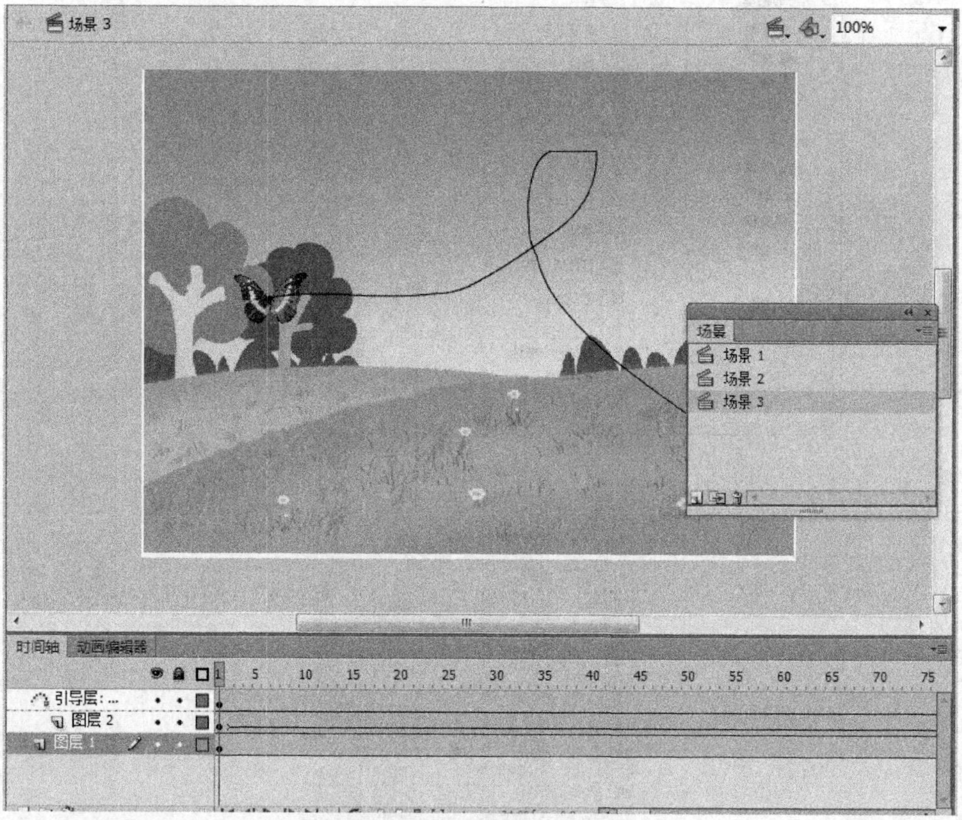

图 7.51　更改"场景 3"的背景图片

⑧ 在"场景面板"中选择"场景 2",使用相同的方法,在"交换位图"中选择"荷花池"图片文件,此时"场景 2"的背景图形也发生了改变,如图 7.52 所示。

⑨ 此时打开"场景"面板,将"场景 2"和"场景 3"拖动到"场景 1"之上,使三个场景以"场景 3"、"场景 2"、"场景 1"的顺序排序,如图 7.53 所示。

⑩ 按 Ctrl+Enter 组合键预览动画效果,如图 7.54 所示。

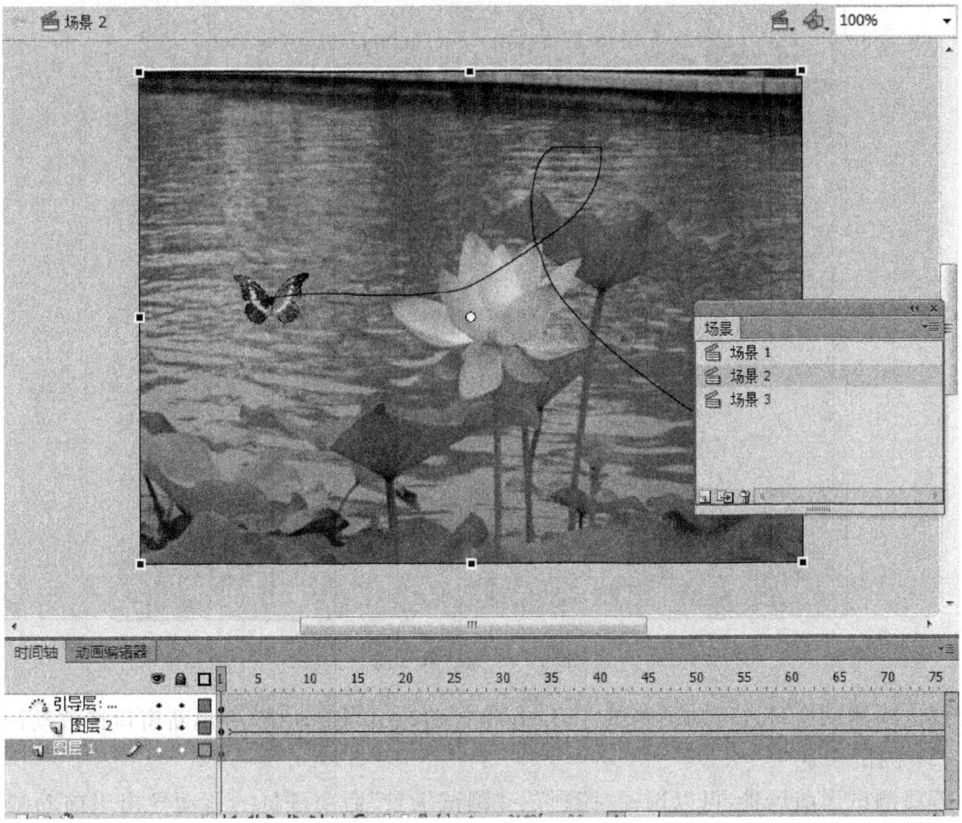

图 7.52　更改“场景 2”的背景图片

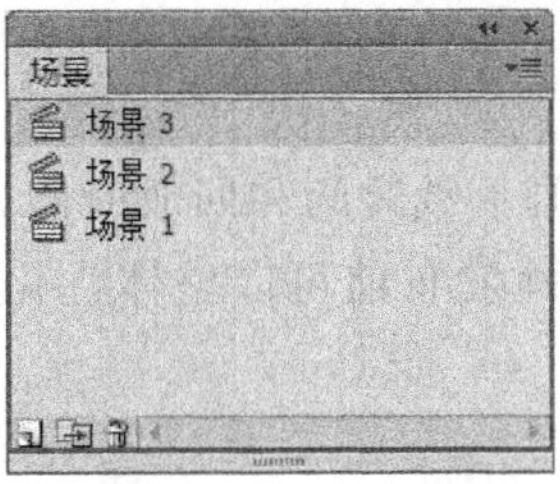

图 7.53　场景新排序

7.3.5　作品测试与发布

在动画制作完成后，发布之前要根据使用场合的需要，对动画进行适合的优化处理，设置多种发布格式，保证制作动画与其他的应用程序兼容。

1. 作品测试

测试动画可以保证动画播放的平滑。使用 Flash Player 提供的以下优化动画和排除动作脚本故障的工具，可以对动画进行测试。

(1) 测试动画

若要测试整个动画，可以选择“控制”→“测试动画”→“测试”命令，或者按 Ctrl+Enter

图 7.54 最后效果图

组合键进入测试窗口进行动画测试。Flash 将自动导出当前动画,弹出新窗口播放动画。

(2) 测试场景

若要测试当前场景,可以选择“控制”→“测试场景”命令,Flash 自动导出当前动画的当前场景,用户在打开的新窗口中进行动画测试。

完成对当前动画或场景的测试后,系统会自动在当前编辑文件所在文件目录中生成测试文件。

2. 作品优化

优化动画主要是为了缩短动画下载时间和回放时间,动画的下载时间和回放时间与动画文件的大小是成正比的。在动画发布前可以整体优化动画,也可以优化动画的元素、文本、颜色等参数。

(1) 总体优化动画

总体优化动画的方法有以下几种:

① 对经常使用的元素,尽量使用元件、动画或者其他对象。

② 应尽量使用补间动画形式。

③ 对于动画序列,最好使用动画剪辑而不是图形元件。

④ 限制每个关键帧中的改变区域,在尽可能小的区域中执行动作。

⑤ 避免使用动画位图元素,或使用位图图像作为背景或静态元素。

⑥ 尽可能使用 MP3 格式的音乐。

(2) 优化元素和线条

优化元素和线条的方法有以下几种:

① 尽量将元素组合在一起。

② 随动画改变的元素和不随动画改变的元素,使用不同的图层分开。

③ 使用“优化”命令,减少线条中分隔线段的数量。

④ 少使用虚线、点状线、锯齿线之类的特殊线条。

⑤ 尽量使用“铅笔”工具绘制线条。

(3) 优化文本和字体

优化文本和字体的方法有以下几种:

① 尽可能使用同一种字体和字形,减少嵌入字体的使用。

② 对于“嵌入字体”,选择时只选中需要的字符,不要包括所有字体。

(4) 优化颜色

优化颜色的方法有以下几种:

① 使用“颜色”面板,匹配动画的颜色调色板与浏览器专用的调色板。

② 减少渐变色的使用。

③ 减少 Alpha 透明度,会减慢动画回放的速度。

3. 作品发布

用 Flash CS6 制作的动画为 FLA 格式,在默认情况下,使用“发布”命令可创建 SWF 文件及将 Flash 动画插入浏览器窗口所需的 HTML 文档。Flash CS6 还提供了多种发布格式,可以根据需要选择发布格式并设置发布参数。

(1) 预览和发布动画

在发布 Flash 文档之前,首先需要确定发布的格式并设置格式的发布参数才可进行发布。首先为发布的 Flash 文档创建一个文件夹,将要发布的文档保存其中,然后选择“文件”→“发布设置”命令,打开“发布设置”对话框进行设置。

(2) 设置发布格式

Flash CS6 的发布格式有 Flash、HTML、GIF 等。

发布者根据需要选择发布格式,根据所选的发布格式对其进行设置。

4. 作品导出

在 Flash CS6 中导出动画,可以创建能够在其他应用程序中进行编辑的内容,并将动画直接导出为单一的格式。导出图像则可以将 Flash 图像导出为动态图像和静态图像。

(1) 导出动画

导出动画无需对背景音乐、图形格式及颜色等进行单独设置,它可以把当前 Flash 动画的全部内容导出为 Flash 支持的文件格式。

(2) 导出图片

Flash 可以将图像导出为动态图像和静态图像两种,动态图像的导出格式是 GIF,静态图像的导出格式是 JPEG。

本 章 小 结

本章对多媒体动画软件 Animator、Flash、3ds Max 进行了简单的介绍。较为详细地介绍了 Flash CS6 的使用方法。这些软件具有一定的相似性,由于课程的特殊性,对每种软件只是进行了简单的入门介绍,在 Flash CS6 中通过对软件功能、界面组成、实例制作三个环节的学习,让同学们对动画制作过程有一个系统的了解。有兴趣的同学可继续深入学习,在制作实践中不断提高制作水平。

思 考 题

1. 动画是怎样形成的?
2. 多媒体动画包括哪些类型?各有什么特点?
3. 简述制作多媒体动画的过程。
4. 矢量动画制作软件 Flash CS6 的界面组成包括哪几部分?各部分的功能如何?
5. 掌握以下概念:帧,关键帧,空白关键帧,原件,库。
6. 简单叙述图像、声音、视频素材的导入方法。
7. 什么是逐帧动画?什么是补间动画?什么是遮罩层?什么是引导层?
8. 简述 Flash CS6 作品的发布过程。

第8章 多媒体系统开发

多媒体应用系统设计不仅要求利用计算机技术将文字、图形、图像、声音、动画、视频等多种媒体有机地融合为图、文、声、形并茂的应用系统，而且要进行精心的创意和精彩的组织，使其变得更加人性化和自然化。

多媒体应用系统设计本身比较复杂，若纯用编程方法实现，工作量大且难度高。因此多媒体创作工具的研制和推广是十分必要的。随着多媒体应用需求的日益增长，许多公司都对多媒体创作工具及其产品非常重视，并集中人力进行开发，从而使得多媒体创作工具日新月异，产品日益丰富。随着网络技术与多媒体技术的完美结合，为计算机辅助教学带来了极大的方便，借助于交互性的多媒体课件，人们可以随心所欲地接收教育，彻底改变了传统的教育教学模式。为此，在本章将介绍多媒体系统的开发工具、开发步骤、人员组成等内容，了解和初步掌握多媒体系统开发的特点。

8.1 多媒体开发工具概述

8.1.1 多媒体创作工具的定义

多媒体创作工具是集成处理和统一管理文本、图形、静态图像、视频图像、动画、声音等多种媒体信息的一个或一套编辑、制作工具，也称为多媒体开发平台。而在集成多媒体信息的基础上，创作工具提供了自动生成超文本组织结构功能，即进行超级链接的功能，就称为超媒体创作工具。在多媒体应用设计过程的选题、设计、准备数据、集成、测试及发行各阶段中，创作工具实际上是指在集成阶段所使用的工具。

多媒体创作工具实质是程序命令的集合。它不仅提供各种媒体组合功能，还提供各种媒体对象显示顺序和导航结构，从而简化程序设计过程。目的是为多媒体/超媒体应用系统设计者提供一个自动生成程序编码的综合环境。因此，多媒体创作工具应包括制作、编辑、输入输出各种媒体数据，并将其组合成所需要的呈现序列的基本工作环境。

8.1.2 多媒体创作工具的特点

根据应用目标和使用对象的不同，一般认为多媒体创作工具具有以下功能和特点。

1. 良好的编程环境

多媒体创作工具应提供编排各种媒体数据的环境，能对媒体元素进行基本的信息和信息流控制操作，包括条件转移、循环、数学计算、数据管理和计算机管理等。多媒体创作工具还应具有将不同媒体信息编入程序的能力、时间控制能力、调试能力、动态文件输入与输出等能力。

2. 数据输入输出能力

媒体数据一般由多媒体素材编辑工具完成,由于制作过程中经常要使用原有的媒体素材或加入新的媒体,因此要求多媒体创作工具软件也应具备一定的数据输入和处理能力。另外,对于参与创作的各种媒体数据,可以进行实时呈现与播放,以便对媒体数据进行检查和确认。这些工具需具备的能力有:

① 能输入输出多种图像文件,如BMP、PCX、TIF、GIF等。

② 能输入输出多种动态图像及动画文件,如AVI、MPG等,同时可以把图像文件互换。

③ 能输入输出多种音频文件,如波形文件、CD Audio、MIDI等。

3. 动画处理的能力

多媒体创作工具可以通过程序控制,实现显示区的位块移动和媒体元素的移动,以制作和播放简单动画。另外,多媒体创作工具还应能播放由其他动画制作软件生成动画的能力,以及通过程序控制动画中物体的运动方向和速度,制作各种过渡特技等。如移动位图,控制动画的可见性、速度和方向等,其特技功能是淡入、淡出、抹去、旋转、控制透明及层次效果。

4. 超级链接的能力

媒体元素可分为静态对象中的文字、图形、图像等,基于时间的数据对象中的声音、动画、视频等。超级链接能力是指从一个对象跳到另一个对象,程序跳转、触发、链接的能力。从一个静态对象跳到另一个静态对象,允许用户指定跳转链接的位置,允许从一个静态对象链接到另一个数据对象。

5. 应用程序的连接能力

多媒体创作工具应能将外界的应用控制程序与所创作的多媒体应用系统连接,也就是从一个多媒体应用程序来激发另一个多媒体应用程序,并加载数据,然后返回运行的多媒体应用程序。多媒体应用程序能够连接(调用)另一个函数处理的程序,主要包括:

(1) 可建立程序级通信(Dynamic Data Exchange,DDE)。

(2) 对象的链接和嵌入(Object Linking and Embedding,OLE)。

6. 模块化和面向对象

多媒体创作工具应能让开发者编成独立片断并使之模块化,甚至目标化,使其能"封装"和"继承",让用户能在需要时独立使用。通常的开发平台提供一个面向对象的编辑界面,使用时只需根据系统设计方案就可以方便地进行制作。所有的多媒体信息均可直接定义到系统中,并根据需要设置其属性。总之,多媒体创作工具应具有形成安装文件或可执行文件的功能,在脱离开发环境后能运行。

7. 良好的界面,易学易用

多媒体创作工具应具有友好的人机交互界面,屏幕呈现的信息要多而不乱,即多窗口、多进程管理,应具备必要的联机检索帮助和导航功能。此外,多媒体创作工具应操作简便,易于修改,菜单与工具布局合理,有良好的技术支持等。

8.1.3 创作工具的种类

每一种多媒体创作工具都提供了不同的应用开发环境,并具有各自的功能和特点,适用于不同的应用范围。根据多媒体创作工具的创作方法和特点的不同,可将其划分为如下几类。

1. 以时间为基础的多媒体创作工具

以时间为基础的多媒体创作工具所制作出来的节目最像电影或卡通片,它们是以可视的时间轴来决定事件的顺序和对象显示上演的时段,这种时间轴中可以包括多行道或多频道,以便安排多种对象同时呈现。它还可以用来编辑控制转向一个序列中任何位置的节目,从而增加了导航和交互控制。

通常该类多媒体创作工具中都会有一个控制播放的面板,它与一般录音机的控制面板类似。在这些创作系统中,各种成分和事件按时间路线组织,这种控制方式的优点是操作简便,形象直观,在一个时间段内可任意调整多媒体素材的属性(如位置、转向、出图方式等)。缺点是要对每一个素材的呈现时间作精确的安排,调试工作量大,适合于一项有头有尾的消息。这类多媒体创作工具的典型产品有 Director 和 Action 等。

2. 以图标为基础的多媒体创作工具

在这些创作工具中,多媒体成分和交互队列(事件)按结构化框架或过程图标为对象,它使项目的组织方式简化,而且多数情况下是显示沿各分支路径上各种活动的流程图。创作多媒体作品时,创作工具提供一条流程线(Line),供放置不同类型的图标使用,使用流程图隐去“构造”程序,多媒体素材的呈现是以流程为依据的,在流程图上可以对任意图标进行编辑。优点是调试方便,在复杂的设计框架中,这个流程图对开发过程特别有用。缺点是当多媒体应用软件制作很大时,图标与分支很多。这类创作工具的典型代表是 Authorware。

3. 以页式或卡片为基础的多媒体创作工具

以页式或卡片为基础的多媒体创作工具都是提供一种可以将对象连接于页面或卡片的工作环境。一页或一张卡片便是数据结构中的一个节点,它类似于教科书中的一页或数据袋内的一张卡片,只是这种页面或卡片的数据比教科书上的一页或数据包内一张卡片的数据多样化罢了。在多媒体创作工具中,可以将这些页面或卡片连接成有序的序列。

这类多媒体创作工具是以面向对象的方式来处理多媒体元素的。这些元素用属性来定义,用剧本来规范,允许播放声音元素及动画和数字化视频节目。在结构化的导航模型中,可以根据命令跳转到所需的任何一页,形成多媒体作品。其优点是便于组织和管理多媒体素材,缺点是在要处理的内容非常多时,卡片或页面数量过大,不利于维护与修改。这类创作工具主要有 Tool Book 及 HyperCard 等。

4. 以传统程序语言为基础的创作工具

这些工具需要大量编程,可重用性差,不便于组织和管理多媒体素材,且调试困难,如 Visual C++、Visual Basic。其他如综合类多媒体节目编制系统则存在着通用性差和操作不规范等缺点。

8.2 多媒体应用系统开发步骤

多媒体应用系统的开发步骤如图 8.1 所示,包括从需求分析到测试与应用的 6 个阶段。

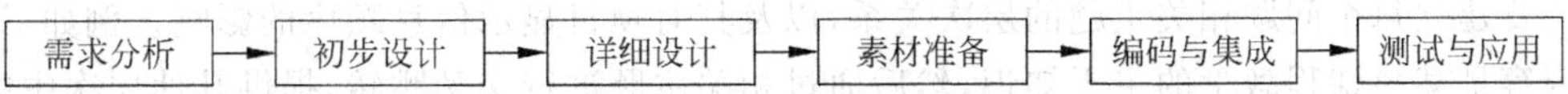

图 8.1 多媒体应用系统开发流程

1. 需求分析

需求分析是创作一种新产品的第一阶段。该阶段的任务是确定用户对应用系统的具体要求和设计目标。对多媒体应用系统设计的需求分析不同于普通的应用程序设计,因此需求分析要另辟新径。在用户需求提出后,设计人员要不断地探索酝酿,对问题认识逐步深入。这一过程可分为如下 4 步。

(1) 分析问题

根据用户提出的需求,反复思索酝酿,以期更深入了解。首先可组织一切与该问题相关的因素,并将所有相关信息以画草图、详列构思等方式表示出来,然后从各种不同角度分析问题,以期获得各种不同的结论。

(2) 寻找策略

实现一个应用系统设计,应从多方面来考虑,这样可采用多种策略找出解决方法。常用策略有如下几种:

① 分层次。将大系统划分为若干子系统,每个子系统再分,层层划分构成树结构的层次系统。即自顶向下逐步细化划分系统,然后自底向上逐个解决问题。

② 分段法。将整个问题分成几段,分别处理,最后集成。

③ 核心扩展。把系统最核心部分确定后,从该处入手扩展到各有关部分,直到全部解决。如设计一超媒体结构的教学软件,核心是超媒体结构的生成,必须先解决这一问题才可能扩展到各相关部分。

(3) 评估方案

评估的目的在于确认各种可能的方案是否真正使问题得到解决。因此,必须将方案与用户需求互相对照并列出功能,并请最终用户判断这些方案的正确性。

(4) 总结评定

在对各种方案进行评定时,应请最终用户来判断这些方案的正确性,并在正确的方案中找出有创意的目标方案。这里要强调创意新颖,但也要强调可行性。因为有的设计方法可能很有创意,但可行性不高,难以实现。从众多的分析方案中找到一个可行性高而最有价值的方案后,再次征求用户意见确定之。

2. 初步设计

通过需求分析确定了设计方案后,就要决定如何构造应用系统结构。在确定系统整体结构设计模型之后,要确定组织结构是线性、层次链接,还是网状链接,然后着手脚本设计、绘制插图、屏幕样板和定型样本。通常结构设计中要确定如下内容。

(1) 主题目录

主题目录是整个系统的入口点、查询中心。主题目录应体现出良好的设计,例如一幅导游图应直截了当地表明项目的简要结构,用户通过它可访问项目的所有元素。主题目录同时设定了其他主题内容,所以应以整个项目为一体,形成一致而有远见的设计。

(2) 层次结构

要建立每个问题相关主题的层次关系,以及其对项目显示信息顺序的影响。例如,第一层内容是某一课程教学的主干知识,然后通过相关主题进行交叉跳转,提供其他层次中的信息,从而建立起知识层次结构。

(3) 交叉跳转

应用系统设计的交叉跳转可通过相应转移语句来实现。在使用多媒体创作工具时,使用主题词或图标作为跳转点,指定要转向的主题,将相关主题连接起来。

3. 详细设计

多媒体系统的内部设计要具有一致性,即屏幕画面上字体和字型的一致,各种媒体元素的融合和整体性。通常要考虑如下几项设计标准。

(1) 主题设计

当把表现的内容分为多个相互独立的主题或屏幕时,应当使声音、内容和信息的广度保持一致的形式。

(2) 字体使用

选择文本字体(字型、字号、颜色等)是保证项目的易读性和美观性的重要因素。

(3) 声音的运用

声音运用要注意内容易懂,音量不可过大或过小,并与其他声音采样在质量上保持一致。设计人员要花时间理解与之相关的问题,并判定相应的规则。

(4) 图像和动画的使用

选用图像一定要在设计标准中说明其用途。同时要说明图像如何显示及其位置,是否需要边框,颜色数、尺寸大小及其他因素。

4. 素材准备

准备多媒体素材是多媒体应用设计中一件费时却又必须做的事。无论动画、文本、声音等媒体文件源于何处,都必须进行数字化处理、编辑,最后转换为系统开发环境下要求的存储形式。

由于多媒体创作媒体形式多、数据量大、制作工具和方法较多,因此素材的采集与制作可由多人分工合作。

5. 编码与集成

所有的多媒体数据,根据脚本设计进行编程连接或选用创作工具实现集成、连接、编排与组合,从而构造出多媒体应用系统。应选择适宜的创作工具和方法进行制作。若要开发有创新的应用系统,就不要为创作工具局限性所控制。采用程序编码设计,首先要选择功能强、可灵活进行多媒体应用设计的编程语言或编程环境,如 Visual Basic 或 Visual C++等。具体的多媒体应用系统制作任务可分为两个方面:一个是素材制作,另一个是集成制作。

6. 系统的测试与应用

完成一个多媒体系统设计后,必须进行系统测试,以发现程序中的错误。系统测试贯穿系统设计的始终,开发周期的每个阶段、每个模块都要经过单元测试、功能测试,模块连接后要进行总体功能测试,发现错误后及时改进。问题发现越早,越能减少后续工作人力、物力的浪费。对软件程序模块的测试方法是"走代码(Walk-Through)"的方法,即静态地研读设计书和源代码,对有逻辑分支部分,每个分支均至少走过一遍来检查错误,并记录下来。而对模块功能测试按设计目标要求逐项检查。当模块集成后,所有文件逻辑性连接形成一个可执行文件构成原型便可交给用户。对可执行的版本测试、修改后,形成一个可用的版本,投放试用。在应用中再不断地清除错误,强化软件的可用性、可靠性及功能。具体方法如下。

(1) 用户实测

把系统交给多个用户使用,看是否能满足用户需求、有无特殊困难和问题。要求用户记录使用过程。

(2) 多种环境下实地观测

应用系统能否正常使用,不仅是系统本身设计的好坏,还涉及许多外部因素。因此,应在多种应用环境下测试应用软件,检查软件对操作平台的支持性能。

(3) 专家评估

聘请应用领域专家和计算机软件开发专家进行应用系统评估。这两方面的人员缺一不可,由他们进行评估、功能测试,并提出较为完整的评估报告。

(4) 问卷与访谈

选取较多的用户进行问卷调查,以便了解更多的用户意见。

8.3 多媒体项目开发人员组成

从多媒体项目的构想到产品交付使用,有许多工作进程必须成功地操作。用计算机代码生产想象的东西并使其走进人们的生活,这项工作需要耗费大量的时间和精力。这就是多媒体制作,包括从初始构想到最终发行之间的每一件事情——过程就像组装产品。

多媒体制作是一个复杂的过程,没有现成的准则来制定毫无疏漏的开发进程计划。一项原始的简单的多媒体制作自然能够由一个人完成,但这决不是一项具有代表性的多媒体制作项目。多媒体应用项目需要许多人共同合作来完成,诸如计算机美工、软件编程人员、文字编辑、外语翻译、音乐设计和摄影录像等方面的人才。

1. 项目总负责人

项目总负责人承担项目开发的主要责任,即组织人才开发多媒体或者管理日常工作。这也意味着项目总负责人对工程从谈判到交付使用的过程中负更多的责任。

作为一名优秀的项目总负责人,管理能力是首要的。即使项目开发队伍很小,高超的管理能力对于项目总负责人处理费用开支、工作进程和不可避免的困难都是必须的。除了管理能力外,有远见和洞察力是一名优秀的多媒体项目总负责人的另一个基本素质。从多媒体制作项目策划设计到最后完成,构想产品的外观及给人的整体感觉是项目总负责人的责任。项目总负责人必须能把自己的构想清楚地表达给适合的人选,让他们来具体完成。项目总负责人应该了解各成员的工作进度,指导他们高效率地完成任务。

多媒体作为一项新兴产业,在各方面工作得力的人才短缺,没有人会把希望寄托在没有经验的人身上。在当今时代,许多多媒体项目总负责人来自电视和无线广播行业,他们经常把印刷出版、图像设计等方面或计算机基础培训的背景知识带到项目中来。

总之,项目总负责人是整个多媒体开发制作过程的最高统帅,负责重要的决策,预计工作进展并按计划投放资金。主要任务有选择稿本、筹划资金、启动创作,组织调试和发布等。

2. 编导

编导负责将稿本转化成多媒体作品的负责人,有如下几项任务。

(1) 人员组织

编导调配各方面专业人才的分工，如稿本修改、人机交互设计、界面设计、文字录入、音乐创作、语言录音、图形处理、视频制作和程序设计等，以便协调开展工作。

(2) 解释稿本

作品的特色、交互风格、分支分层结构、菜单形式、超级文本、超级媒体的组织方式等都属于解释稿本的范围。

(3) 设计指导

编导对作品的总体和模块设计进行指导。总体设计是指对整个稿本的版面、图文比例、呈现方式、色彩、音乐的节奏及整体的结构进行总的设计和描述。分模块设计的关键是根据总体设计的方案和原则，对模块所表达内容的交互性作更深一层的描述。

3. 脚本创作者

脚本是多媒体软件开发的核心。创作者需对软件的主题和内容有深入的理解，并应具有较强的综合组织能力。脚本应紧扣主题目标，然后逐渐发展成一份提纲，一个故事概要，一篇详细的描述，最后演变成可操作的模块和层次。不管作品的类型如何，脚本都应体现多媒体软件的集成性和交互性特点。

4. 数据采集、艺术设计和设计制作人员

数据采集人员负责前期处理的工作，包括扫描文字的录入或光学识别读入、文件标识和数据转换。艺术设计人员负责设计界面的视觉效果、背景音乐、图形、视频及变形图像等。设计制作人员负责多种媒体信息的协调和同步处理等工作，包括图形、视频图像、声音的处理。

8.4 多媒体创作工具——Authorware

Authorware 最初是由 MichaelAllen 于 1987 年创建的公司，而 Multimedia 正是 Authorware 公司的产品。1992 年 Authorware 跟 MacroMind-Paracomp 合并，组成了 Macromedia 公司。2005 年 Adobe 与 Macromedia 签署合并协议，新公司为 AdobeSystems。2007 年 8 月 3 日，Adobe 宣布停止 Authorware 的开发计划，最高版本为 7.0。

Authorware 是一种解释型、基于流程的图形编程语言。它是一个基于图标的、适合 Windows 平台的开发环境。Authorware 被用于创建互动的程序，其中整合了声音、文本、图形、简单动画及数字电影。它可以用来制作多媒体教学系统、多媒体咨询系统、多媒体交互数据库、军事指挥和模拟系统及仿真模拟培训等各种多媒体应用系统。

8.4.1 Authorware 的功能特点

Authorware 是集音、视频为一体的可视化媒体解决方案，主要特点如下。

1. 面向对象的可视化编程

Authorware 提供直观的图标流程控制界面，利用对各种图标逻辑结构的布局来实现整个系统的制作。采用鼠标对图标的拖放来替代复杂的编程语言。

2. 丰富的人机交互方式

Authorware 具有多种内置的用户交互和响应方式及相关的函数和变量，并具有改进的交互类型，使用户对多媒体系统的动态演示效果能进行细致的调整。

3. 丰富的多媒体素材

Authorware具有一定的绘图功能，能方便地编辑各种图形和多样化地处理文字，也为多媒体作品制作提供了集成环境，能直接使用其他软件制作的文字、图形、图像、声音和数字电影等多媒体素材，增加了对新媒体的支持。

4. 简单的一键式发行(One Button Publishing)

用户只需要按动一个键就会保存应用程序，然后发布到Web或企业内部网，可制作出脱离开发环境，在Windows下直接执行的EXE文件。

5. 增强的扩展能力

利用新的XML分析能力，输入基于XML的信息到Authorware应用程序中；整合了全部ActiveX控制的新范围，通过增强的通信支持以延伸ActiveX控制的工具和方法；动态链接到丰富的文本文件，以创建容易编辑、更新、维护的应用程序。

8.4.2 Authorware 7.0的界面组成

用户可以从www.macromedia.com网站下载中文试用版，下载后运行安装程序，按照向导操作即可安装成功。安装完成后即可运行主程序，主界面如图8.2所示，Authorware主要由6部分组成。

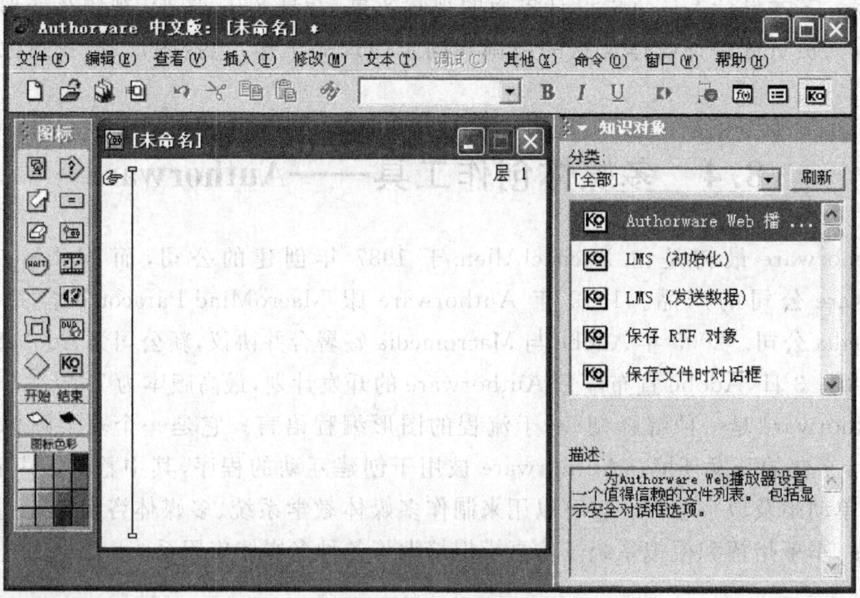

图8.2 Authorware 7.0的主界面

1. 标题栏

显示正在编辑的文件名及Authorware程序的状态。

2. 菜单栏

Authorware 7.0的菜单系统是为进行多媒体文件的建立、打开、编辑、调试、保存等多项操作而设置的命令选项。

3. 常用工具栏

Authorware 7.0 的常用工具栏按钮、功能如图 8.3 所示。

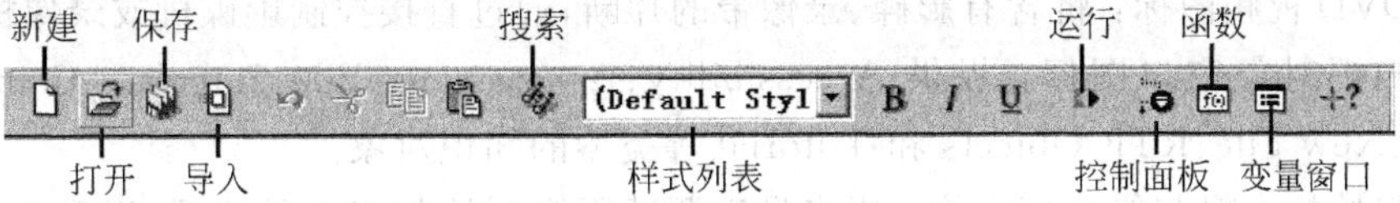

图 8.3　常用工具栏

4. 图标面板

图标面板集中了 Authorware 程序开发所使用的图标，如图 8.4 所示。

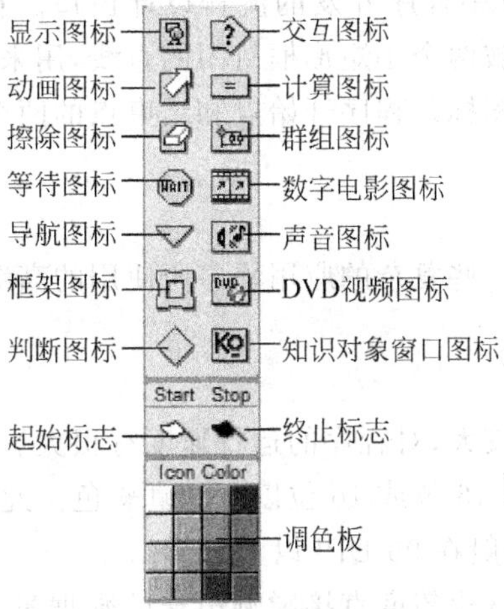

图 8.4　工具图标面板

各图标作用如下：

① 显示图标：显示文本和图形图像。

② 动画图标：驱动对象运动形成动画。

③ 擦除图标：擦除显示在展示窗口中的任何对象。

④ 等待图标：用于设置一段等待的时间，其作用是暂停程序的运行，直到用户按键、单击鼠标或者经过一段时间的等待之后，程序继续运行。

⑤ 导航图标：控制程序从一个图标跳转到另一个图标去执行，常与框架图标配合使用。

⑥ 框架图标：为程序建立一个可以前后翻页的控制框架，配合导航图标建立页面、超文本和超媒体。

⑦ 判断图标：控制程序流程的走向，完成程序的条件设置、判断处理和循环操作等功能。

⑧ 交互图标：设置人机交互作用的结构，达到人机交互的目的。

⑨ 计算图标：用于计算函数、变量和表达式的值及编写命令程序，例如给变量赋值、执行系统函数等。

⑩ 群组图标：将一部分程序图标组合起来，实现模块化子程序的设计。

⑪ 数字电影图标：用于加载和播放外部各种不同格式的动画和影片，并对电影文件进

行播放控制，支持 *.avi、*.flc、*.dir、*.mov、*.mpeg 等格式。

⑫ 声音图标：将声音文件插入到 Authorware 中。

⑬ DVD 视频图标：将含有影碟、录像带的片断，通过直接控制影碟机或录像机播放。

⑭ 知识对象窗口图标：提供 Accessibility、Assessment、File、Interface Components、Internet、New File、RTF Objects 和 Tutorial 等类型的知识对象。

⑮ 起始标志旗与终止标志旗：用来设定调试程序开始与终止的位置，以利于单独调试某一个程序段。

⑯ 调色板：可以将流程线上的图标用不同的颜色表示。

5. 设计窗口

设计窗口是 Authorware 中程序开发的流程设计窗口。在设计窗口中，流程用可视化图标表示。主流程线是一条被两个小矩形框封闭的直线，用来放置设计图标，程序执行时沿主流程线依次执行各个设计图标。程序开始点和结束点的两个小矩形分别表示程序的开始和结束。

6. 知识对象窗口

知识对象窗口用来开发一些复杂的应用程序所使用的高级选项。

8.4.3 基础实例制作

图片和声音占用的空间较大，对程序的运行速度有很大影响。在使用图片时，如果 256 色可以满足需要，就不要使用 16 位或 16 位以上的真彩色。此外，屏幕的显示精度为 72DPI 或 96DPI，所以图片分辨率一般在 96 DPI 以下。

声音素材的采样频率和量化精度直接影响声音的数据量。对于录制的解说，一般使用 22.05kHz 采样频率，16 位量化精度。若采用 44.1kHz，在效果上没有明显提高，却大大增加了数据量。声音的编码最好采用 Macromedia 的 SWA 格式，这种格式质量不错，压缩比也很高。可以使用 Xtras→Other→Conver WAV to SWA 将 WAV 格式转化为 SWA 文件格式。

1. 运动文字

运动文字是多媒体作品中使用较多的素材，用 Authorware 制作运动的文字也比较简单。通过该实例主要了解显示图标(Display)、移动图标(Motion)、文本输入与格式化、文字和图像的显示模式设置、文字运动等操作。

设计完成后的流程图如图 8.5 所示。

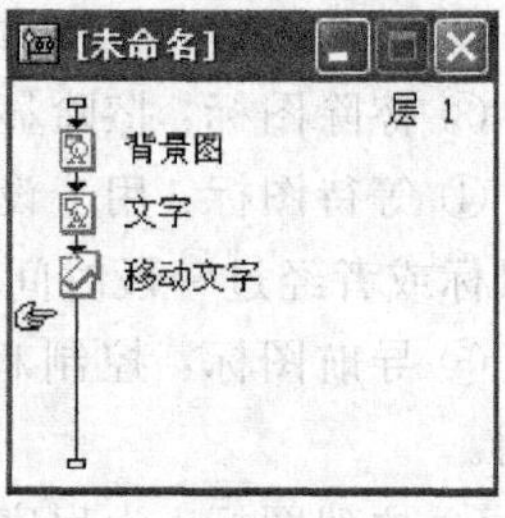

图 8.5 移动的文字流程图

(1) 制作步骤

① 新建一个文件，向设计窗口中依次拖入两个显示图标和一个运动图标，并命名为背景图、文字和移动文字。

要在主流程线上放置一个设计按钮，只需用鼠标从设计按钮面板中拖动相应的图标到主流线上相应的位置释放即可。拖曳一个"显示"图标到主流程线上的操作如下：首先将鼠标移到图标面板上的"显示"图标上，按住鼠标左键将其拖曳到主流程线上释放，此时主流程线上的"显示"设计按钮呈选中状态(黑色高亮)。在"未命名"高亮显示时，输入该设计按钮的标题(如背景图)，然后在主流程线上单击鼠标，"显示"按钮便设置完毕。添加其他按钮，方法相似。

② 双击主流程线上的“背景图”显示图标，打开程序演示窗口，如图 8.6 所示。这个窗口就是用户最终看到的窗口。同时出现“编辑工具”，其中 8 个按钮的功能依次为选择/移动、文本编辑、水平、垂直画斜线工具、画椭圆/圆、画矩形、画圆角矩形、画任意多边形。

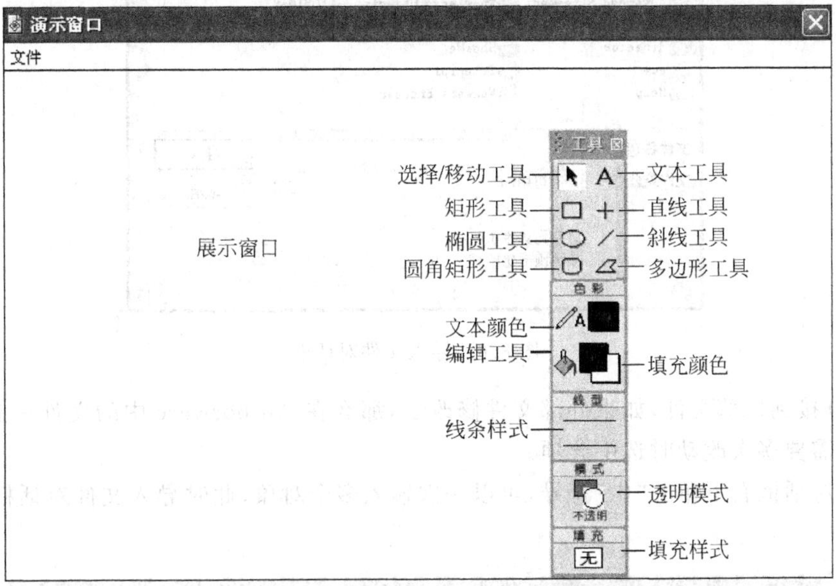

图 8.6　展示窗口

当图标按钮被打开后，展示窗口出现在屏幕上，该“显示”按钮中所包含的内容(包括文本、图形等)均显示在演示窗口上，利用图形工具箱中的工具，既可以直接创建文本或图形，也可以对显示在演示窗口的文本和图形对象进行编辑。

工具按钮的下面是文本颜色和填充颜色按钮，完成对文字和图形的填充。

单击填充颜色下面的线条(Lines)、模式(Modes)、填充(Fill)按钮，分别弹出线条样式、透明模式、填充效果面板，在其中可以选择线条样式、透明模式和填充效果，如图 8.7 所示。

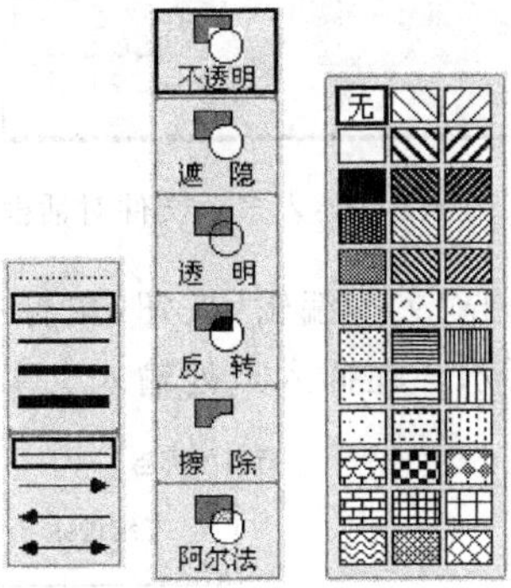

图 8.7　附加工具面板

③ 单击工具栏上的“导入”工具，或选择“文件”→“导入和导出”→“导入媒体”命令，弹出导入文件对话框，如图 8.8 所示。

选中“显示预览”复选框，可以在右边的窗口中预览选中的文件。选中“链接到文件”复

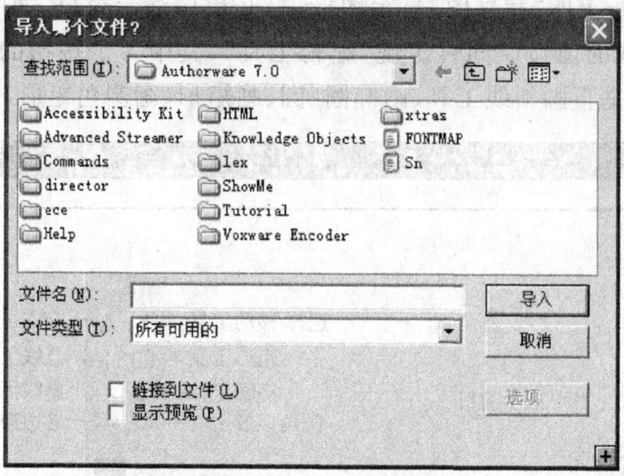

图 8.8　导入文件对话框

选框,将链接到外部文件,如果外部文件修改了,那么在 Authorware 中的文件一起修改,一般在图片需要多次改动时选中此项。

单击对话框右下角的"+"符号,可以一次输入多个对象,此时导入文件对话框如图 8.9 所示。

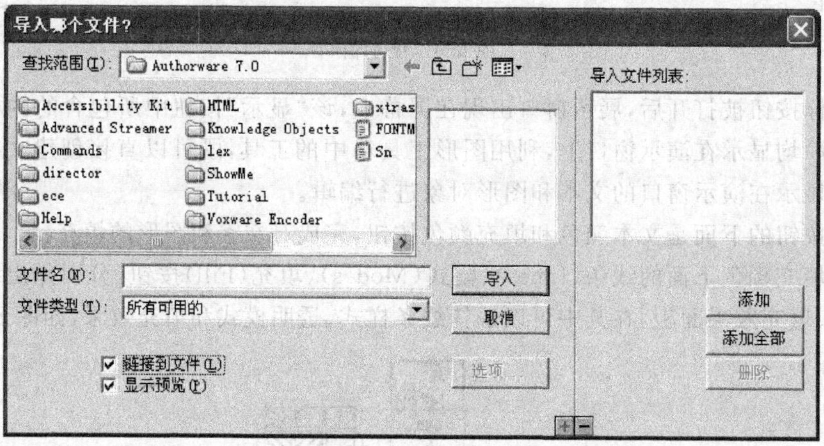

图 8.9　导入多个文件对话框

④ 双击"文字"显示图标,单击"文本编辑"按钮,鼠标指针为 I 形,在展示窗口中单击,进入文本编辑状态,如图 8.10 所示。在插入点处输入文字"移动的标题文字"。

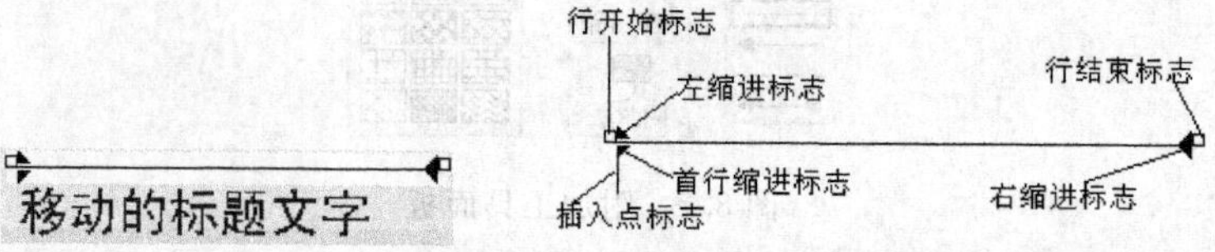

图 8.10　文字编辑栏

⑤ 格式化文本。可以使用"文本"菜单设置文字的格式。建议使用文字样式表来格式化文本,样式表和 Word 中的样式是相似的,使用了某种样式的文字,在更改样式后,文字将

自动更新，而不需要重新设置。

定义样式：选择“文本”→“定义样式”命令，弹出图 8.11 所示对话框，设置自己喜爱的文字样式。应用样式：先选中文字，然后选择“文本”→“应用样式”命令。或直接选取工具栏上的样式表，选择采用的样式。

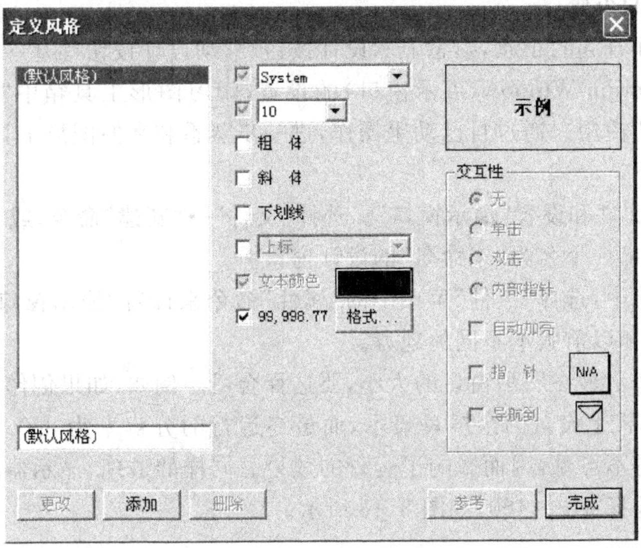

图 8.11　定义样式对话框

⑥ 双击流程线上的“移动文字”图标，在工作区的底部弹出移动设置对话框，如图 8.12 所示。用鼠标单击刚才输入的文字，可以在对话框的左上方预览窗口中看到要设置移动的对象。然后将文字拖曳到另外一个位置，一个移动的标题文字就做成了。单击“预览”按钮预览效果。

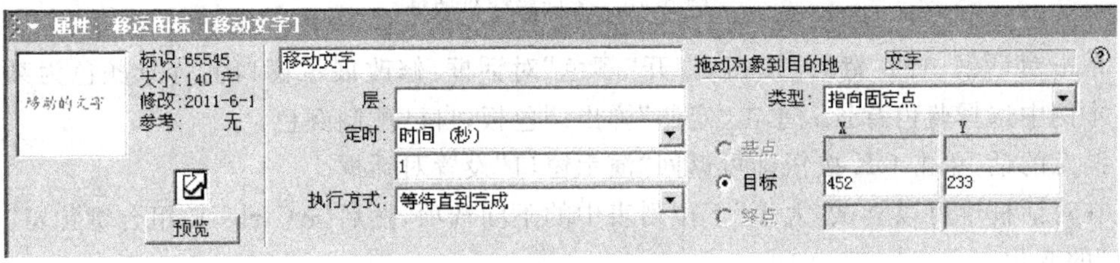

图 8.12　移动属性设置

如果觉得移动的位置不太合适，可以再仔细调整，直到满意为止。

(2) 制作技巧

① 当双击一个显示图标，对其中内容编辑后，按住 Shift 键再打开另一个显示图标，可同时看到两个显示图标的内容，这样便于不同图标中图像或文字的相对定位。

② 在调试程序时，遇到没有设置内容的图标，系统会停下来，这时移动图标中移动的对象即可完成设置。因此开始可以先不设置，在调试自动停下时再进行设置，这样更方便一些。

③ 按住 Ctrl 键双击图标，可打开其属性对话框，对其进行设计。

④ 程序运行时,双击某个对象也可以使程序暂停下来,对其进行编辑。

⑤ 不拖图标到设计窗口,而是直接导入文件,Authorware 会自动判断文件类型,并在流程线上加上相应的图标,图标名就是文件名。

⑥ 在各种对话框中输入数字或符号时,输入法必须为英文状态。

2. 一面升起的小旗

通过制作一面升起的小旗,熟悉显示设计按钮、移动设计按钮等基本操作步骤和常用命令。学习 Presentation Window(展示窗口)的设置,学习图形工具箱中"直线"工具按钮和"矩形"工具按钮的使用。通过自己动手操作,进一步熟悉和掌握图形工具箱使用技术。

制作过程如下。

① 创建新的文件和设置"演示窗口"。选择"文件"→"新建"命令,或者单击工具栏中的"新建"按钮,将弹出一个名为"未命名"的设计窗口。

在"修改"菜单中,选择"文件"菜单中的"属性"命令来设置"演示窗口"。文件的属性在窗口的下部,这是和以前版本不同的地方。

窗口的大小表示最终展示窗口的大小,要选择合适。例如,如果创作是在一个分辨率为 1024×768 的计算机上设置为全屏幕显示,而最终运行的分辨率为 800×600 时,原先的一部分对象就会变得不可见,因而影响了运行的效果。同样的道理,显示器的型号也是要充分考虑的。在这里选择 640×480,如图 8.13 所示。

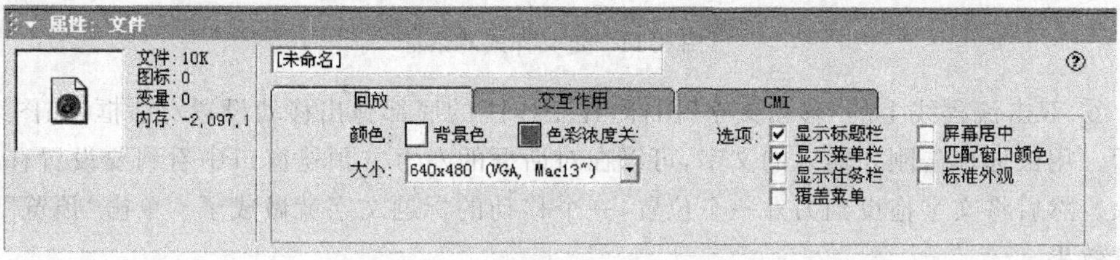

图 8.13 文件属性对话框

单击对话框中的"背景"按钮,打开"颜色"对话框,修改展示窗口的背景颜色为某种颜色。本例中选择蓝色背景。单击"定制"弹出调色板,自己配制颜色。

满意的话,单击 OK 按钮即可返回"演示窗口"设置对话框。

在对话框中可以尝试"大小"下拉列表中的不同选项,然后按 Ctrl+R 组合键预览"演示窗口"的变化。

② 拖拉一个"显示"图标到主流程线上,命名为"背景"。

③ 在主流程线上双击"显示"图标,打开设计窗口。

④ 绘制旗杆。在图形工具箱中选择矩形工具,将鼠标从工具箱移开后,箭头光标变成了十字光标,用来画旗杆。在窗口准备放置旗杆的位置,拖曳鼠标键不要松开,拖曳过程中调整矩形的大小,如图 8.14 所示。

创建显示对象的颜色。默认情况下 Authorware 用白色作背景色,黑色为前景色,笔画和线条则用黑色。为使创建的显示对象更引人注目,可以改变这种设置。要改变系统的设置,可以双击图形工具箱中的椭圆工具,或按 Ctrl+K 组合键来弹出设置颜色的对话框,如图 8.15 所示。

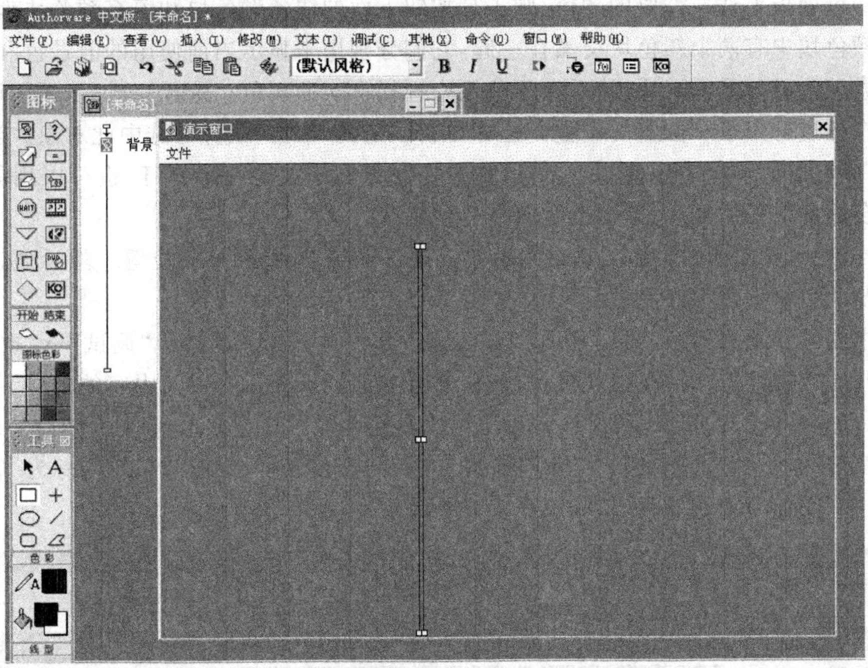

图 8.14 绘制矩形作旗杆

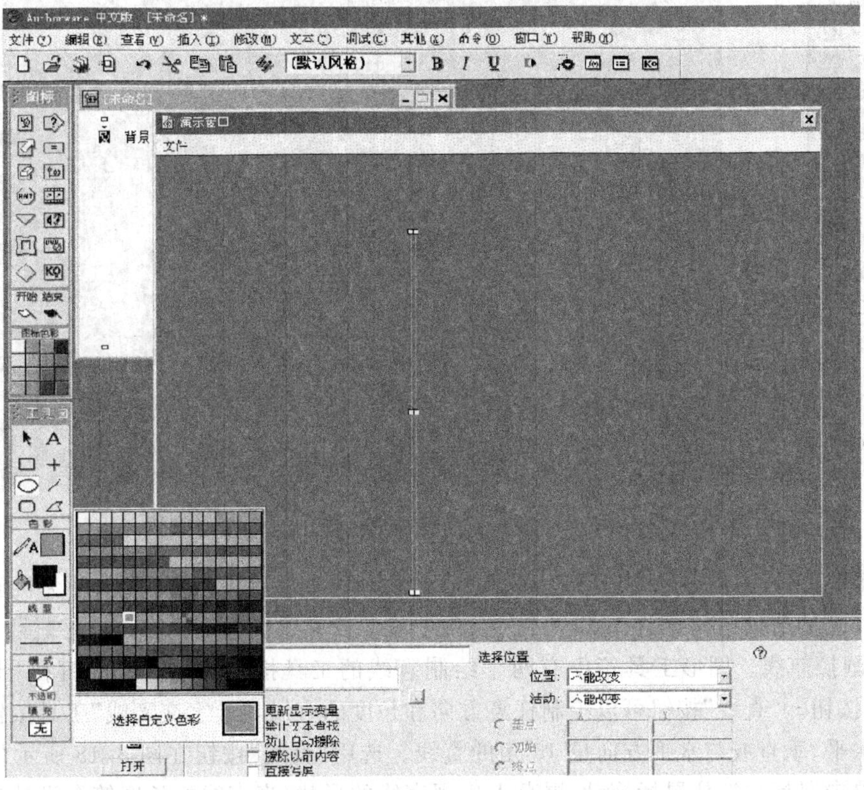

图 8.15 填充色对话框

在颜色面板上选择需要的颜色，则工具按钮下面的线条颜色块和填充颜色块就会改变。在填充颜色块中有两个颜色块交叉在一起，它们分别用来显示当前使用的前景色和背景色。单击前景色区或背景区域块，然后在调色板中选择喜欢的颜色。选择完成后，关闭调色板。

对旗杆进行大小和位置的调整。选择"指针"工具，单击"旗杆"，选中此对象。当旗杆被选中后，旗杆的四周会出现控制点，可以拖曳控制点来缩放此矩形旗杆，也可以用鼠标移动旗杆到合适的位置后释放，即可改变旗杆的位置。

⑤ 绘制旗帜。选用矩形工具在图示位置画矩形旗子，并调整其位置。然后通过改变前景色来改变旗帜颜色为红色。

在主流程线上添加另一个"显示"图标按钮，命名为"旗帜"。选择"调试"→"重新开始"命令打开此"显示"图标。在文件被执行时，如果它遇到一个不含任何内容的"显示"按钮时，Authorware 会自动打开展示窗口，并且图形工具箱会显示在空白的演示画面上。此时展示窗口中旗杆"显示"图标和旗帜"显示"图标的内容同时被显示，红旗"显示"图标为当前图标，旗杆"显示"图标内容处于底层，如图 8.16 所示。

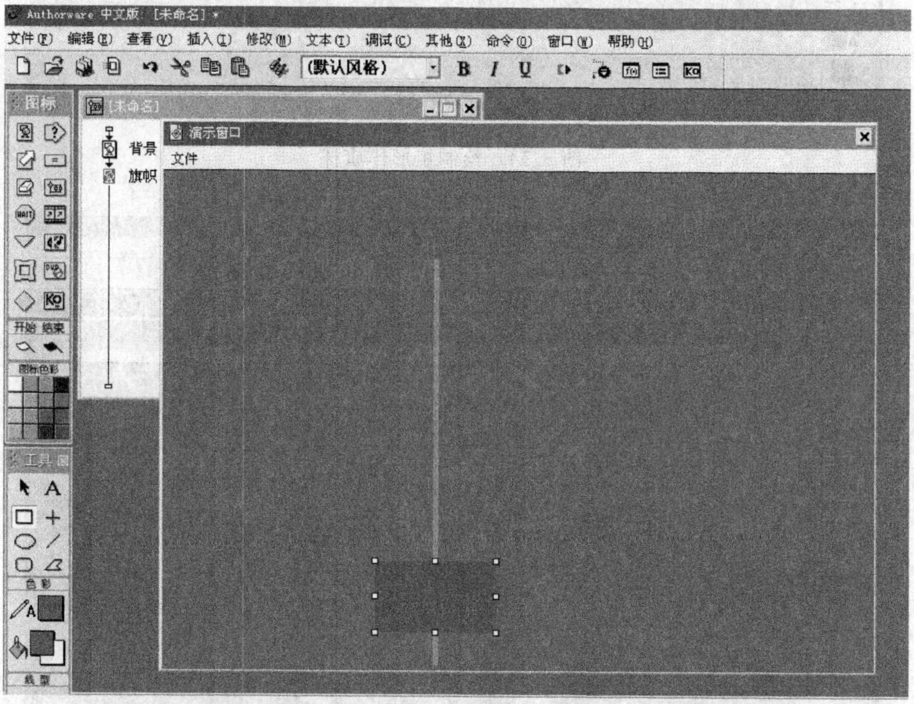

图 8.16　画矩形旗帜

⑥ 画拉旗杆。在图 8.17 所示位置画矩形拉旗杆，调整其位置和大小，并为拉旗杆填充和旗杆同色的前景色。

⑦ 画拉旗线。图形工具箱中有两个绘制直线的工具按钮："直线"按钮和"十字交叉线"工具按钮。"直线"按钮可以绘制任意方向和长度的直线，"十字交叉线"工具按钮只能用来绘制水平、垂直或与水平方向呈 45°角的直线。选用"直线"按钮在图 8.18 所示位置画拉旗线。单击鼠标并按住鼠标拖动，屏幕上出现直线的形状，当直线的长度符合设计需要时释放鼠标，此时直线两端各有一个白色句柄，表示直线处在选中状态。继续画另一条拉旗线。

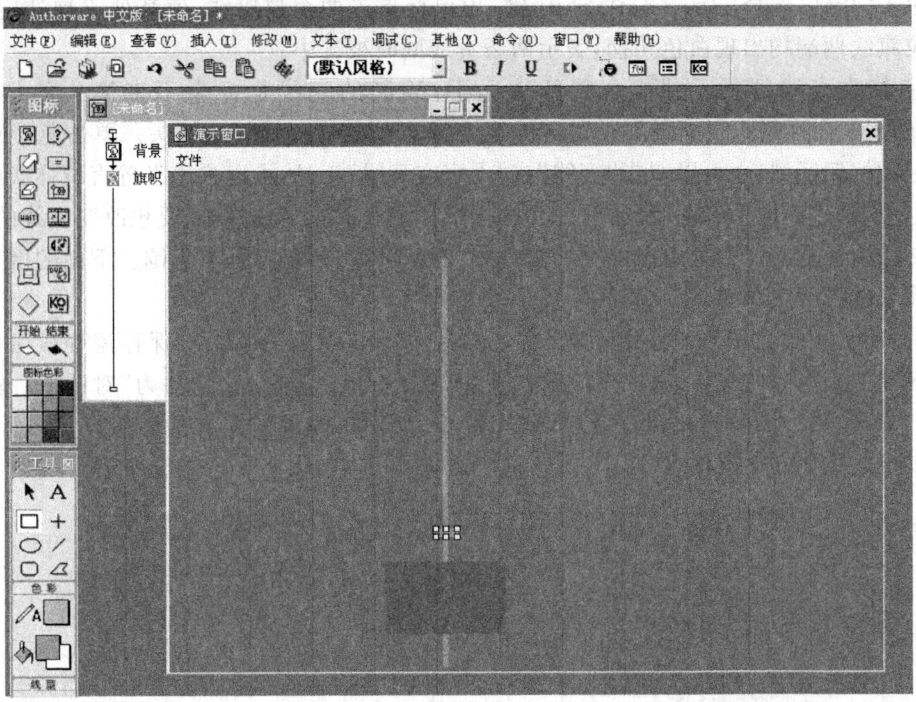

图 8.17 画拉旗杆并填充颜色

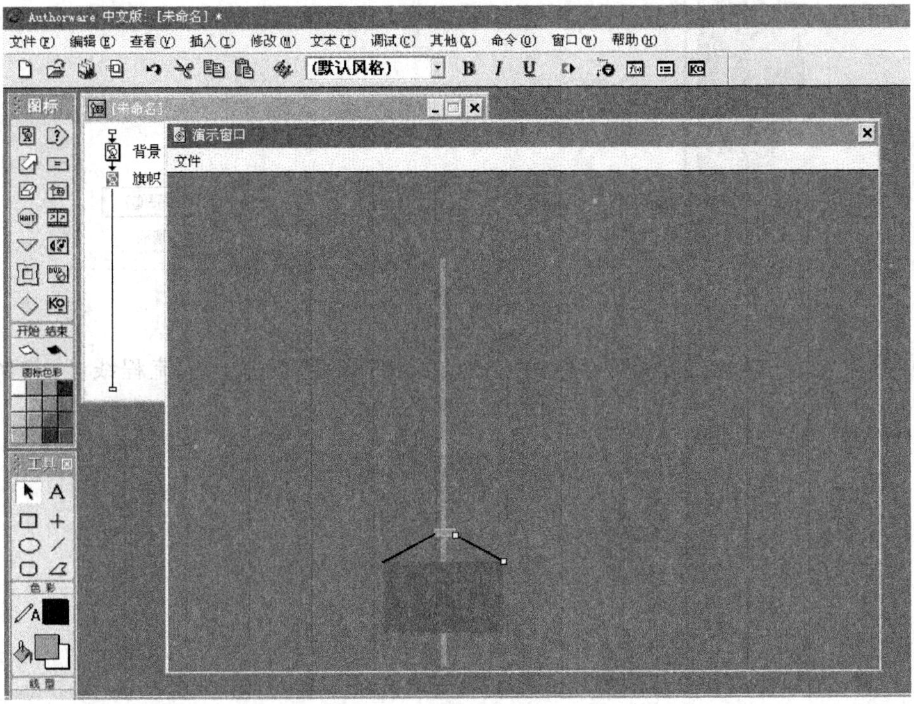

图 8.18 画拉旗线并选择线型

单击"指针"选择工具。按住 Shift 键,用鼠标单击两个拉旗线,使其处于被选定状态。两条拉旗线两端均出现白色句柄,表示两条直线同时被选中。

⑧ 修改直线的显示线型。默认情况下,绘制的直线是一个不带箭头的细直线,Authorware 允许用户根据需要设置不同宽度的直线或给直线加上箭头。单击色彩块下面的"线型"按钮区域,也可以双击"直线"或"十字交叉线"工具,可以弹出设置直线样式的对话框,在显示的对话框上有两个区域,上面的区域是直线的宽度选择区,要想改变直线的宽度,只需在相应的宽度样例上单击即可。被选中的样例将被黑色方框所包围。下面的区域为直线的箭头选择区,选择方法和直线一样。

⑨ 保存命令。用于保存当前的文件。选择"文件"→"保存"命令,保存流程线窗口程序的内容。如果当前的文件还没有保存过,使用该命令会打开"保存文件为"对话框。输入文件名 Flag,单击"保存"按钮保存文件,如图 8.19 所示。如果当前文件已经有了名称,该命令可以快速将文件重新保存。

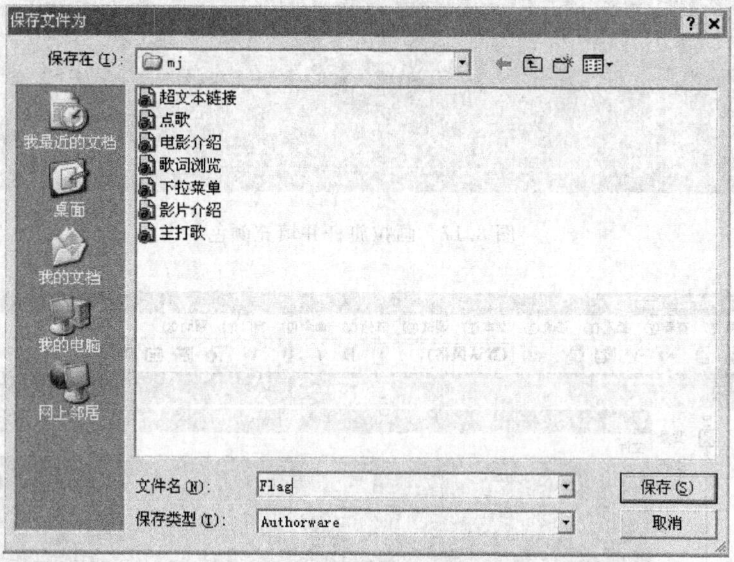

图 8.19 保存文件对话框

⑩ 在主流程线上添加"移动"图标。拖曳一个"移动"图标到主流程线上,如图 8.20 所示。

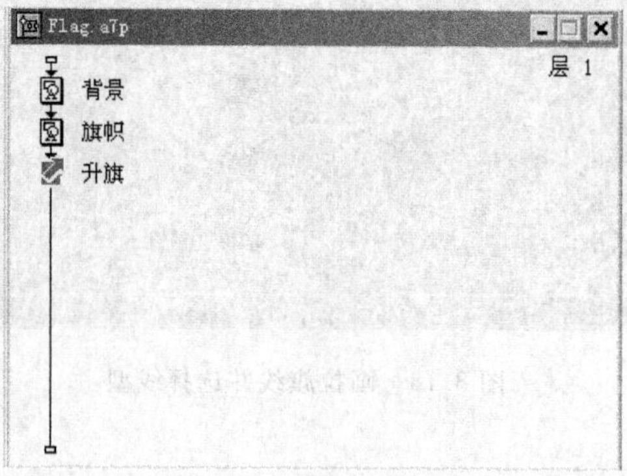

图 8.20 添加移动图标

"移动"图标用于移动显示对象以生成动画效果，被移动的对象是含在一个显示设计按钮中的内容。移动的对象可以在指定的时间内从屏幕上的一个位置移动到另一个位置，也可以指定的速度在屏幕上按照指定的路线移动。

旗子的冉冉升起就是利用运动图标的移动特性使显示图标中的内容产生移动。

⑪ 设置升旗运动。双击"移动"图标，打开对话框并进行设置。选择"调试"→"重新开始"命令(或按 Ctrl+R 组合键)运行该文件。Authorware 在遇到一个新的"移动"图标时会自动打开它，由于用于设计动画的对象放在它前面的"显示"按钮中，因此当"移动"图标打开时，该对象依然在演示画面上。运行该命令，旗杆、旗和拉旗线均同时出现在演示窗口上，如图 8.21 所示。

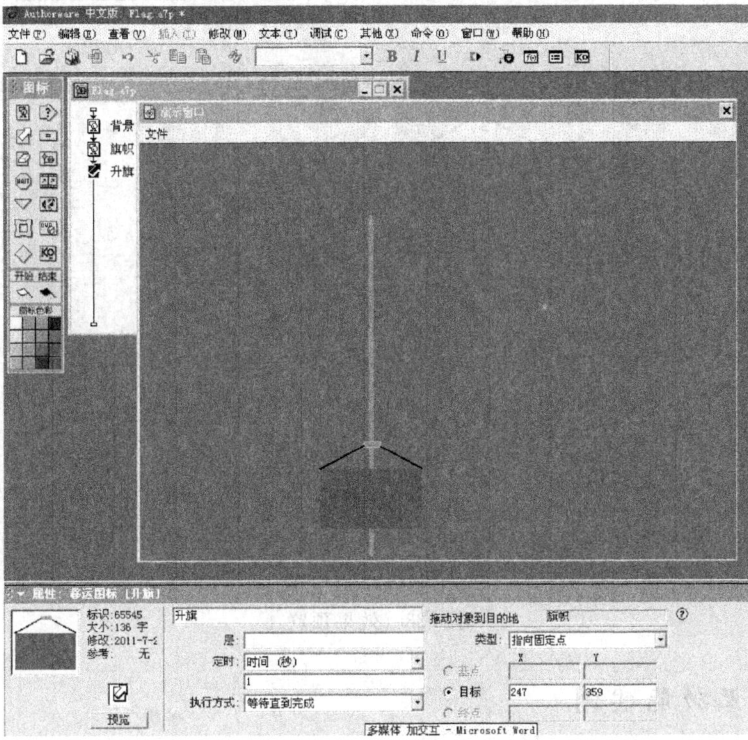

图 8.21 运动图标设置对话框

选定移动对象。移动对话框到合适位置，使其下层的旗杆和旗子显示出来。单击旗子，选定其为移动对象，此时在预览窗口中便出现所选定的移动对象。

⑫ 设置"运动"路径。选择运动对象后，在"类型"下拉列表中选择"指向固定点"，在"定时"下拉列表中选择"时间(秒)"，将时间设定为 5s，如图 8.22 所示。

设置移动的终点位置：从显示位置把旗子拖曳到旗杆顶部。

⑬ 预览效果。调整运动设置对话框，使移动对象在"演示窗口"中显现出来，单击"播放"按钮观看动画效果，如图 8.23 所示。

⑭ 调整参数，使对象达到最佳效果。选择"调试"→"重新开始"命令(或按 Ctrl+R 组合键)运行程序，观看整体效果。

⑮ 存盘保存，设计结束。

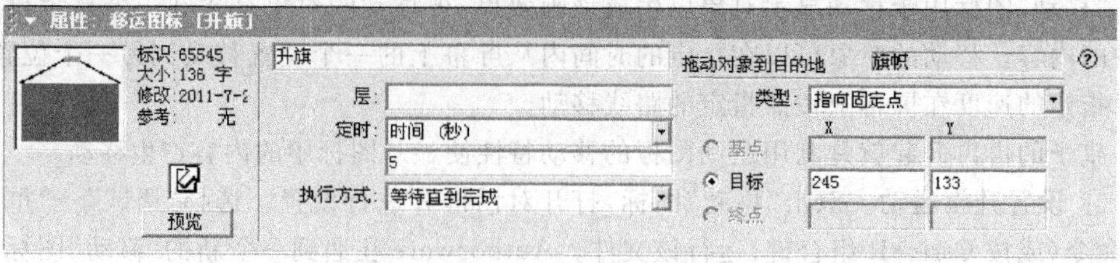

图 8.22 移动属性设置对话框

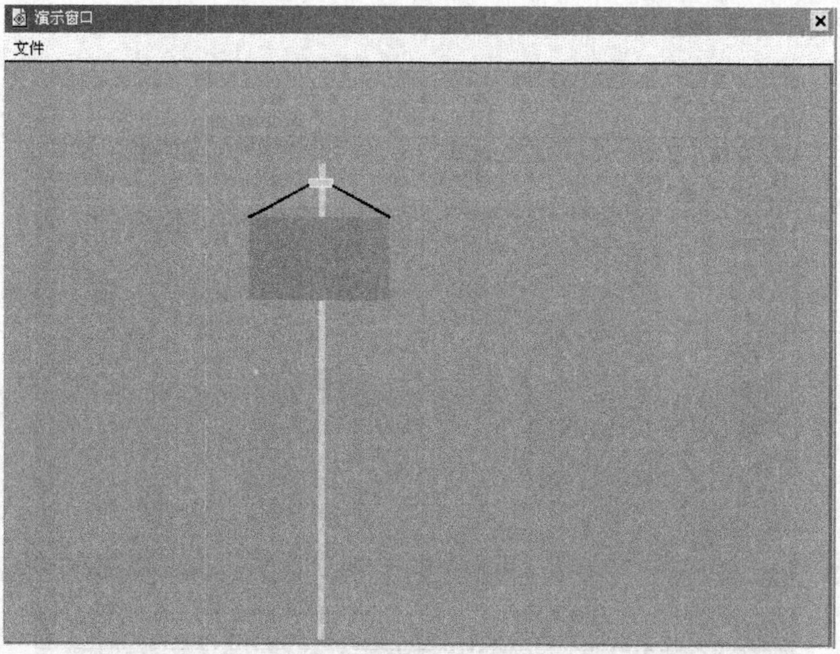

图 8.23 效果预览

8.4.4 交互功能实例

1. 按钮类交互工具

Authorware 的交互性是指双向信息传递方式，即不仅可以向用户演示信息，同时允许用户向程序传递一些控制信息，如通过键盘、鼠标等来控制程序的运行。

任何一个交互都具有以下组成部分：交互方法、响应和结果。交互方法有很多种，如可以设置按钮让用户单击，设置文本输入让用户输入，设置下拉式菜单让用户选择等。响应就是用户采用的动作。结果就是当程序接收到用户的响应后所采取的动作。

Authorware 的交互性是通过交互图标来实现的，它不仅能够根据用户的响应选择正确的流程分支，而且具有显示交互界面的能力。交互图标与前面的图标最大的不同点就是它不能单独工作，必须和附着在其上的一些处理交互结果的图标一起才能组成一个完整的交互式的结构。另外，它还具有显示图标的一切功能，并在显示图标的基础上增加了一些扩展功能，如能够控制响应类型标识的位置和大小。

下面通过选择正确答案的实例制作来学习 Authorware 的交互功能。该实例完成制作一个选择正确答案的实际应用。单击题目下面的单选按钮，选择正确的答案，如果选错了，会显示“选择错误”文字提示；如果选对了，会显示“选择正确”文字提示。制作步骤如下：

① 新建一个文件，拖动一个群组图标到流程线上，命名为“出题目”，双击群组图标按钮，打开一个“出题目”的演示窗口，如图 8.24 所示。

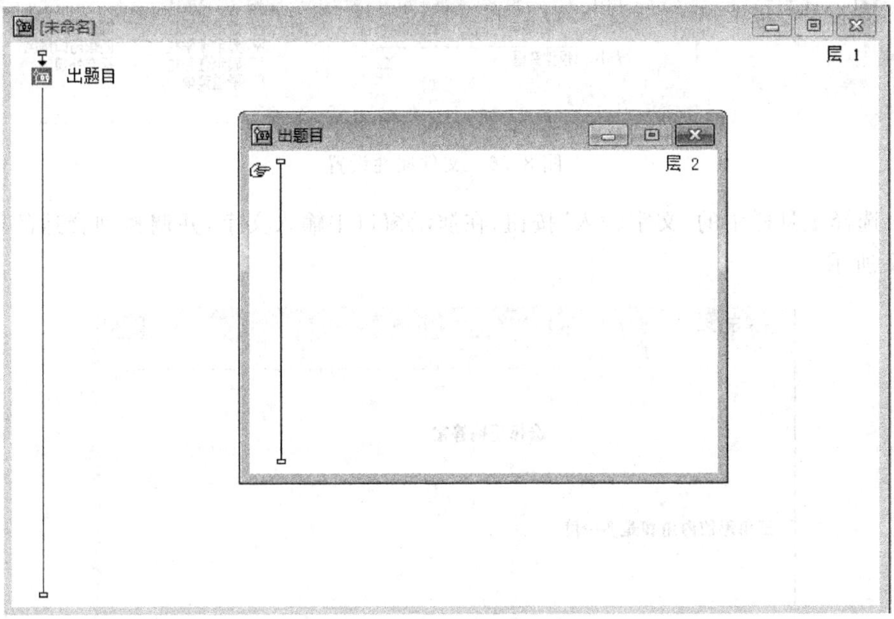

图 8.24　群组图标演示窗口

② 拖动一个显示图标到流程线上，命名为“显示题目”，双击显示图标按钮，出现“演示窗口”界面，如图 8.25 所示。

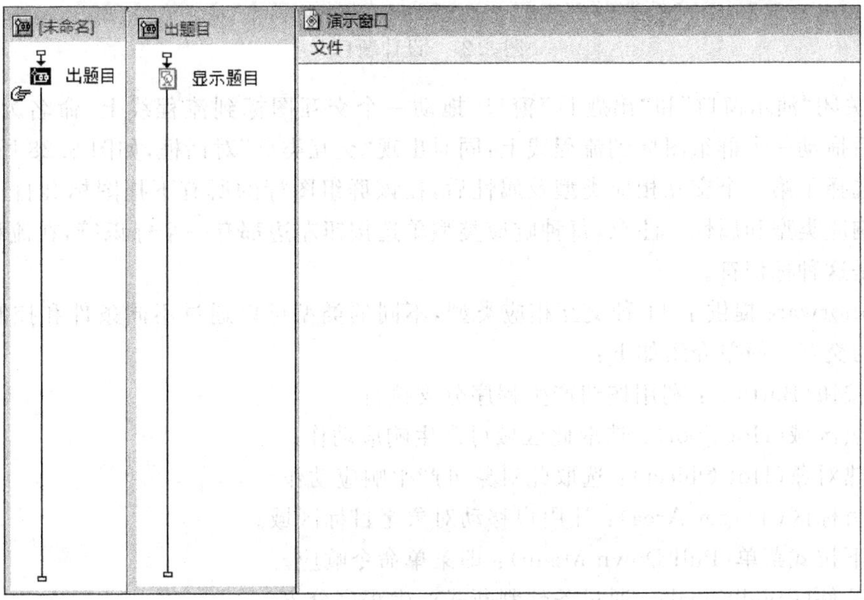

图 8.25　演示窗口界面

③ 选择"修改"→"文件"→"属性"命令,打开"属性:文件"面板,如图8.26所示。在"大小"下拉列表中选择"根据变量"选项,调整演示窗口的大小,使演示框的大小合适。

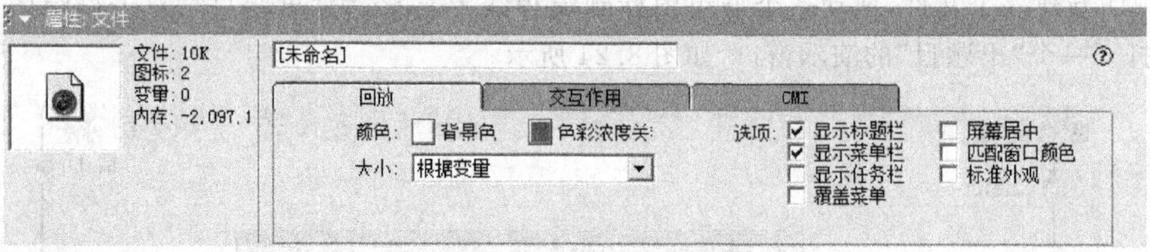

图8.26 文件属性设置

④ 选择工具栏中的"文字输入"按钮,在演示窗口中输入文字,并调整到合适的位置,如图8.27所示。

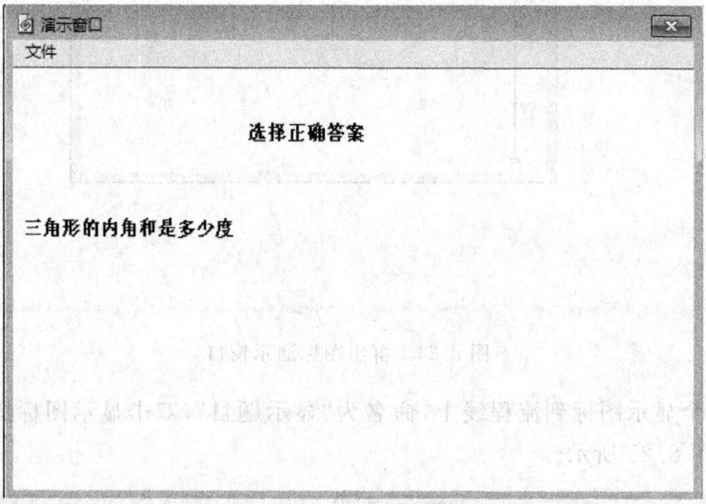

图8.27 设计题目

⑤ 关闭"演示窗口"和"出题目"窗口,拖动一个交互图标到流程线上,命名为"选择答案",然后拖动一个群组图标到流程线上,同时出现"交互类型"对话框,如图8.28所示。

当选择了第一个交互相应类型及属性后,在该群组图标的所有下挂图标会自动被赋予相同的响应类型和属性。注意,每种响应类型单选按钮左边都有一个标识符,在流程线上看到的都是这种标识符。

Authorware提供了11种交互相应类型,不同的类型可以通过不同条件和控制产生多种形式的交互。简单介绍如下:

- 按钮(Button):利用按钮产生程序分支执行。
- 热区域(Hot Spot):选取此区域可产生响应动作。
- 热对象(Hot Object):选取此对象可产生响应动作。
- 目标区(Target Area):让用户移动对象至目标区域。
- 下拉式菜单(Pull-Down Menu):即菜单命令响应。
- 条件(Conditional):通过条件判断式产生程序分支。
- 文本输入(Text Entry):让用户输入文本。

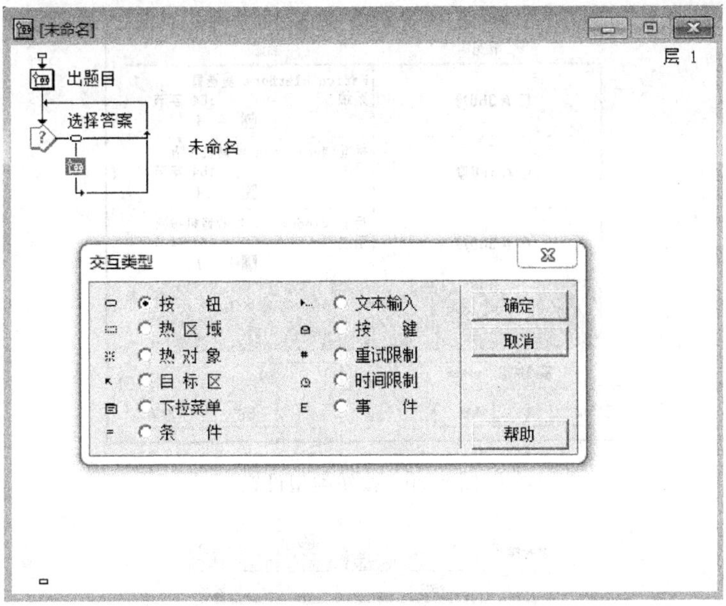

图 8.28 交互类型设计

• 按键(Keypress)：控制键盘上的按钮，从而产生响应。
• 重试限制(Tries Limit)：可以限制用户的交互次数。
• 时间限制(Time Limit)：可以限制交互的时间。
• 事件(Event)：可以对一些特定事件作出相应的响应动作。

⑥ 选择"按钮"单选按钮，单击"确定"按钮，并将此群组命名为"A 360 度"。

单击图标的交互标识(图标上面的圆角矩形框)按钮，打开"属性：交互图标[A 360 度]"面板，设置图标的交互属性，如图 8.29 所示。

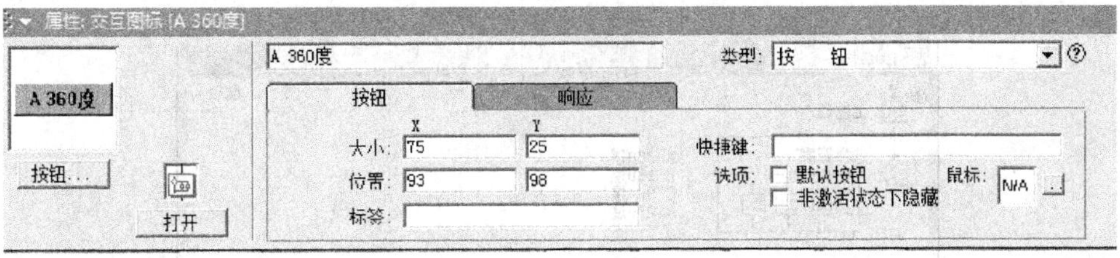

图 8.29 交互属性设置

⑦ 单击"按钮"按钮，打开"按钮"对话框，如图 8.30 所示。选择"标准 Windows 3.1 收音机(单选)按钮系统"，单击"确定"按钮。

⑧ 单击图 8.29 中的"鼠标 N/A"，打开"鼠标指针"对话框，如图 8.31 所示。选择小手鼠标指针图形，单击"确定"按钮。

⑨ 按相同的步骤添加"B180 度"、"C90 度"、"D270 度"群组图标，如图 8.32 所示。

⑩ 按住 Ctrl 键的同时，单击群组图标"A 360 度"下边的流程线，使流程线的走向改变，如图 8.33 所示。

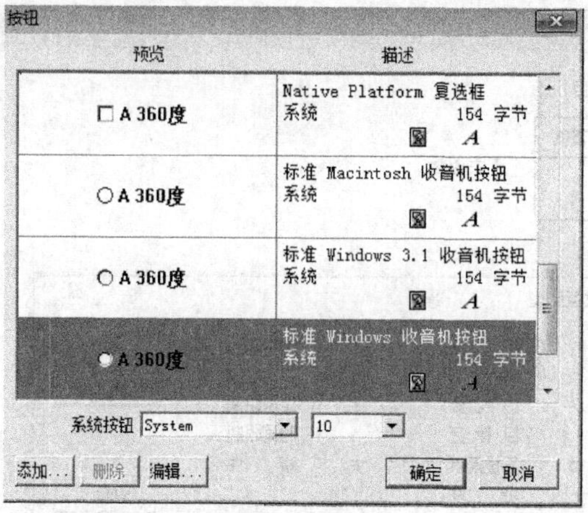

图 8.30　按钮类型设置

图 8.31　鼠标类型设置

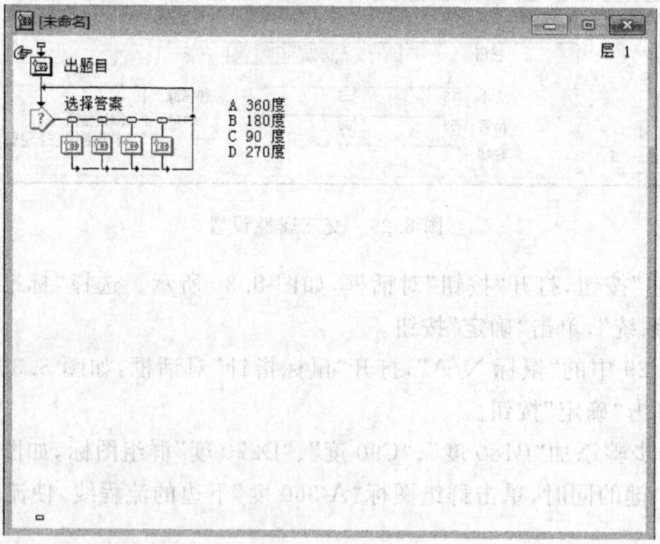

图 8.32　添加群组图标

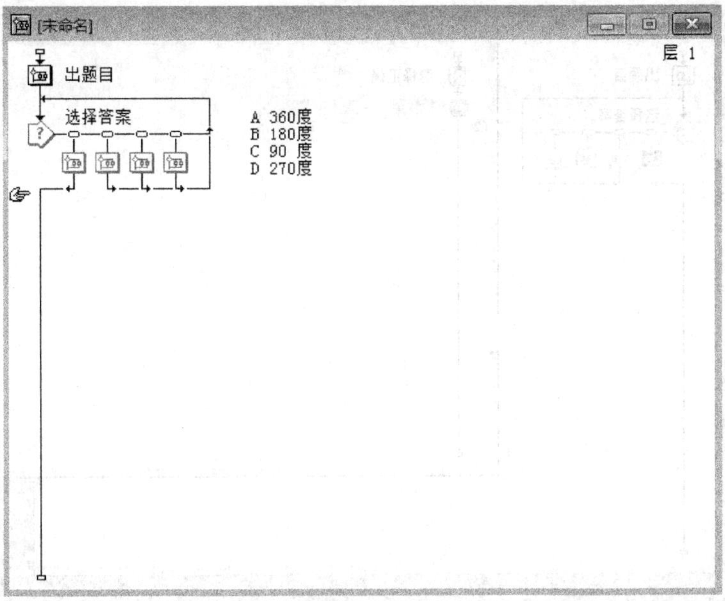

图 8.33　流程线改变方向

⑪ 双击“A 360 度”的群组图标，拖动显示图标到流程线上，命名为“选择正确”。双击此显示图标，进入“演示窗口”界面，在界面输入“选择正确”，并将字体改为红色，如图 8.34 所示。

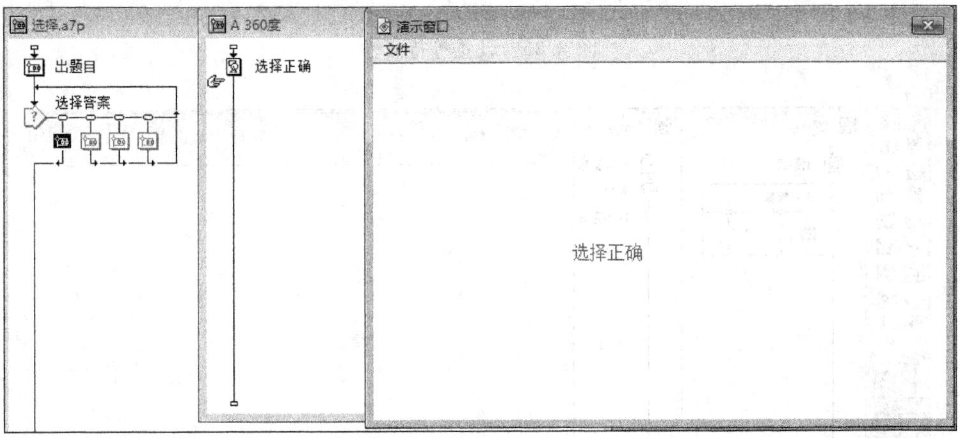

图 8.34　群组图标演示窗口

⑫ 在“A 360 度”群组流程线上拖入等待图标，命名为“暂停 0”，并在“属性：等待图标[暂停]”面板中将“时限”设为 3s，如图 8.35 所示。

⑬ 在“A 360 度”群组流程线上拖入擦除图标，命名为“擦除正确”。双击擦除图标，打开“演示窗口”对话框，如图 8.36 所示。

⑭ 单击红色字体“选择正确”，就会在“属性：擦除图标[擦除正确]”面板中的“被擦除的图标”编辑框中显示“选择正确”的图标。演示窗口中红色字体“选择正确”字体消失了，如图 8.37 所示。

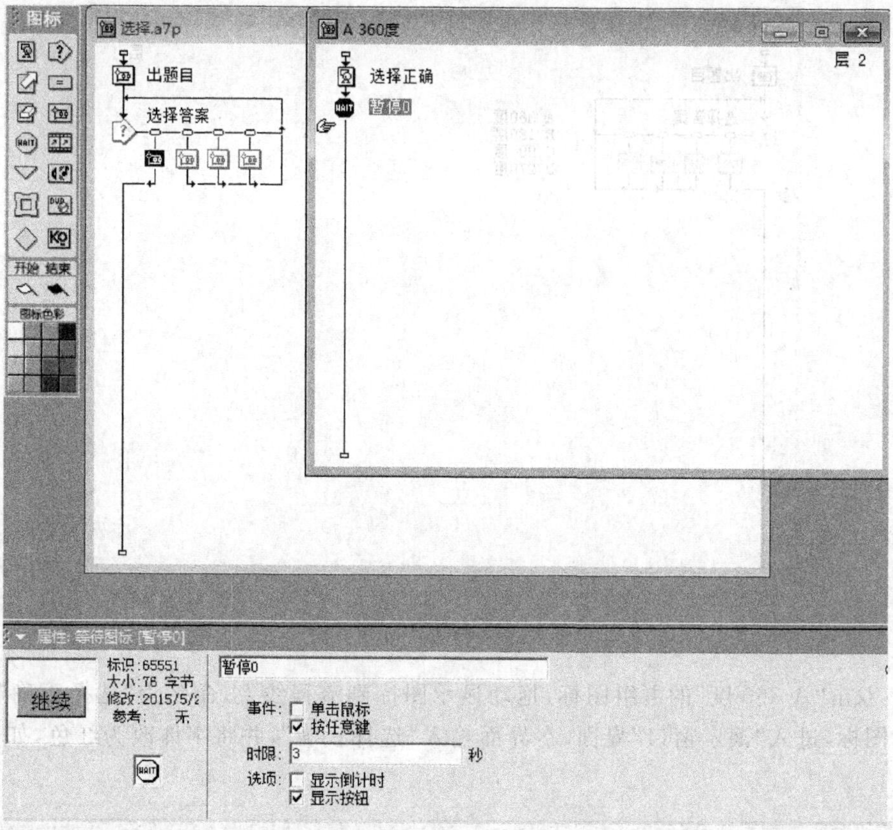

图 8.35 设置等待属性

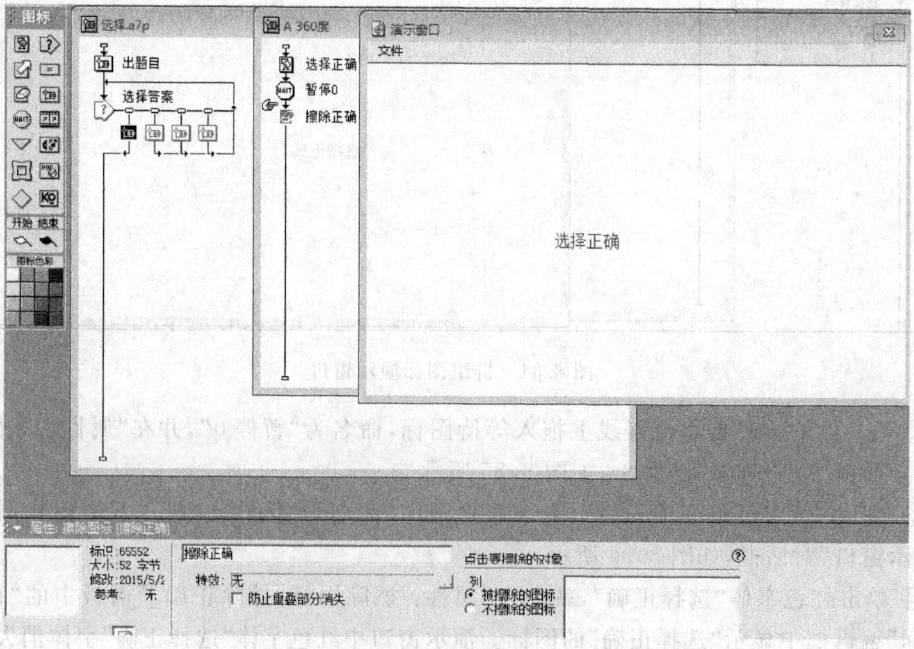

图 8.36 拖入擦除图标

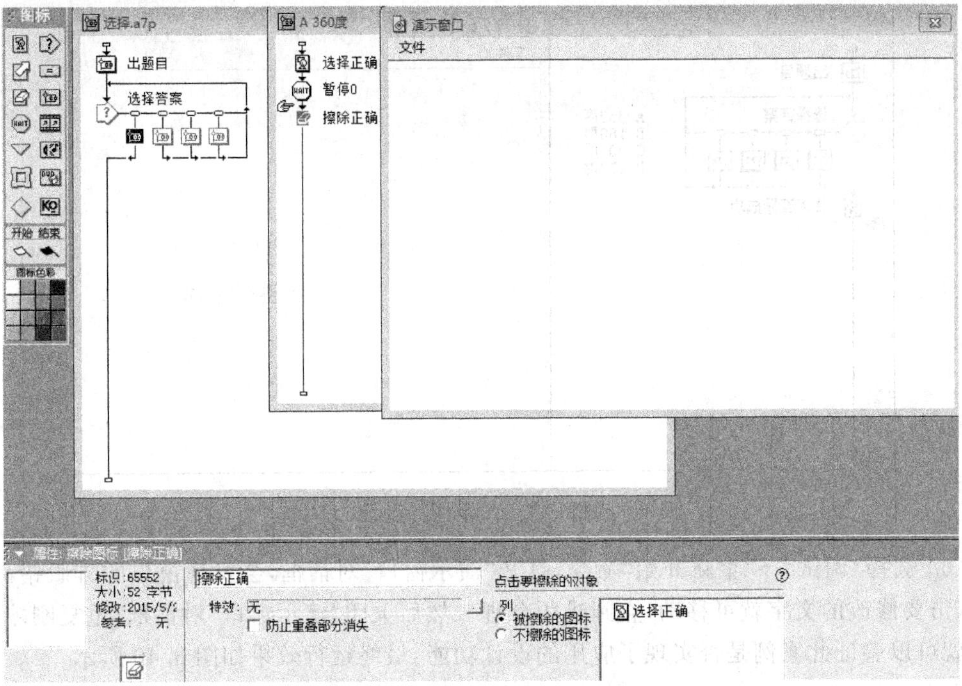

图 8.37 擦除图标擦除对象

⑮ 按照上述步骤，依次设置“B 180 度”、“C 90 度”、“D 270 度”群组图标，如图 8.38 所示。

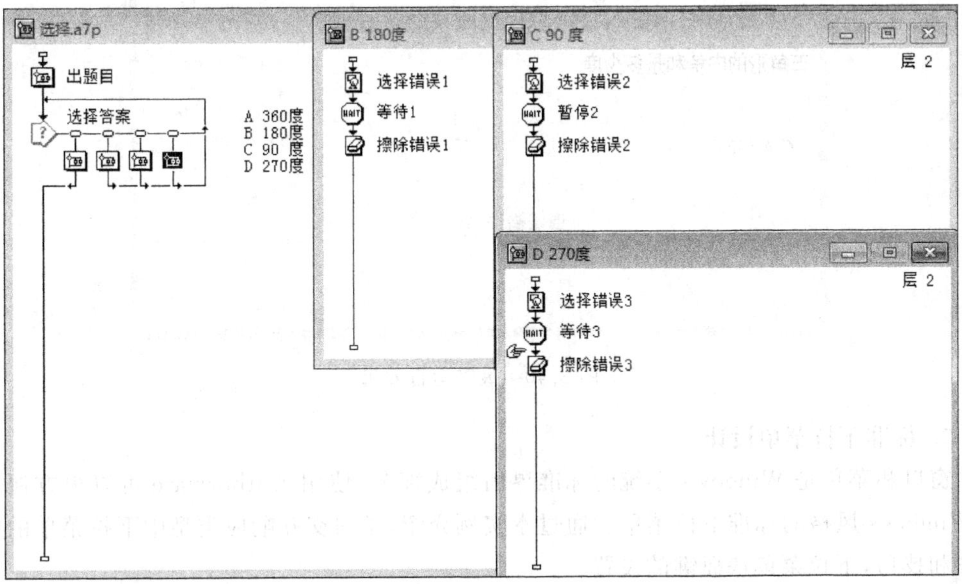

图 8.38 添加 B、C、D 群组图标

⑯ 在主流程线上拖入显示图标，命名为“恭喜答题成功”。双击此图标，在“演示窗口”中输入“恭喜答题成功”的红色字体，如图 8.39 所示。

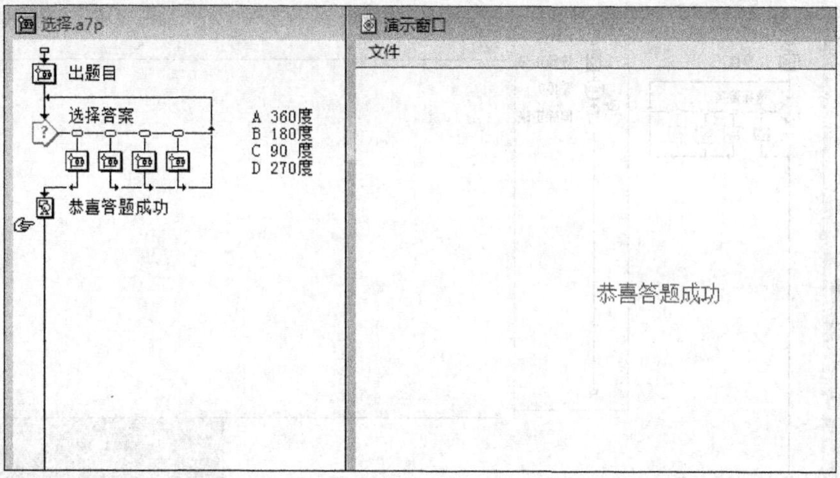

图 8.39　显示图标设置

⑰ 选择“调试”→“重新开始”命令，打开“演示窗口”对话框，会发现窗口的排版错乱，这时双击要修改的文字就可移动，直到排版合理。然后关闭“演示窗口”对话框，重复刚才的命令，就可以验证此案例是否实现了应用的设计功能，最终运行效果如图 8.40 所示。

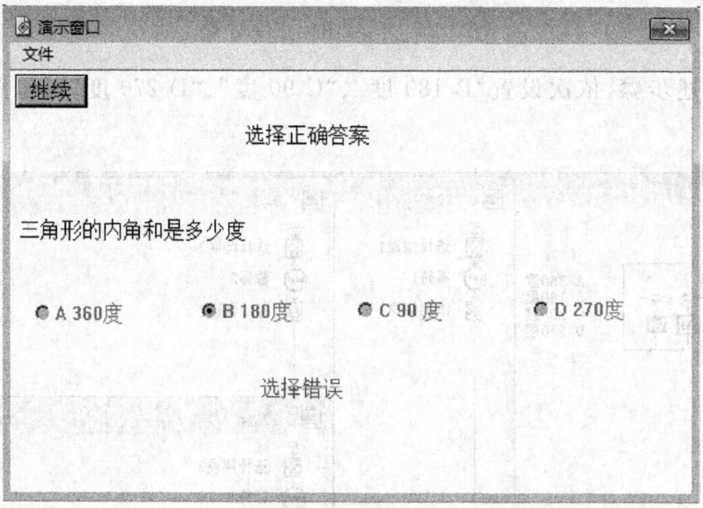

图 8.40　最终运行效果

2. 标准下拉菜单设计

窗口和菜单是 Windows 系统的标准界面组成部分，使用 Authorware 可以很方便地建立 Windows 风格的标准下拉菜单。通过本实例介绍，学习交互响应类型中下拉菜单的制作方法和技巧，下拉菜单快捷键的设置。

通过使用下拉菜单实现浏览不同的风景照片，步骤如下：

① 打开 Authorware，新建一个文件。

② 设计程序流程线。从设计面板中拖入一个“计算”图标到流程线上，命名为“显示图片”；拖入一个“交互”图标到流程线上，命名为“文件”；拖入一个“群组”图标，命名为 Quit；

拖入一个“擦除”图标，命名为“擦除文件菜单”；拖入一个“交互”图标，命名为“风景图片展示”；拖入 4 个“显示”图标到“交互”图标的右侧，分别命名为“春”、“夏”、“秋”、“冬”，设置完成后如图 8.41 所示。

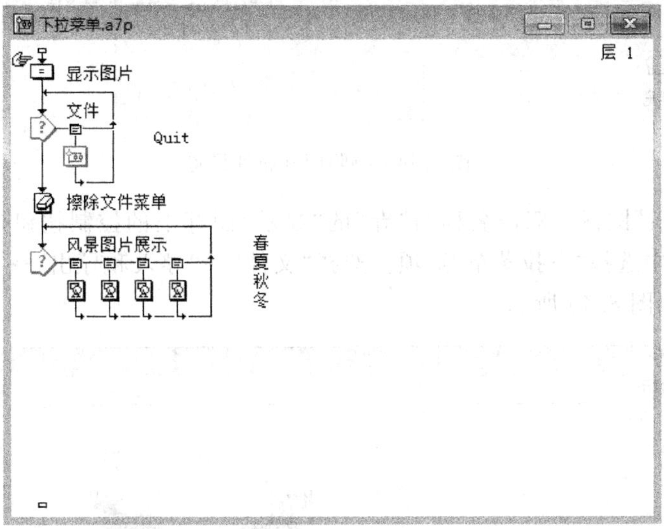

图 8.41　程序流程图

③ 设置“初始化窗口”图标内容。双击“计算”图标，在打开的代码窗口中输入 ShowMenuBar(ON)，如图 8.42 所示。

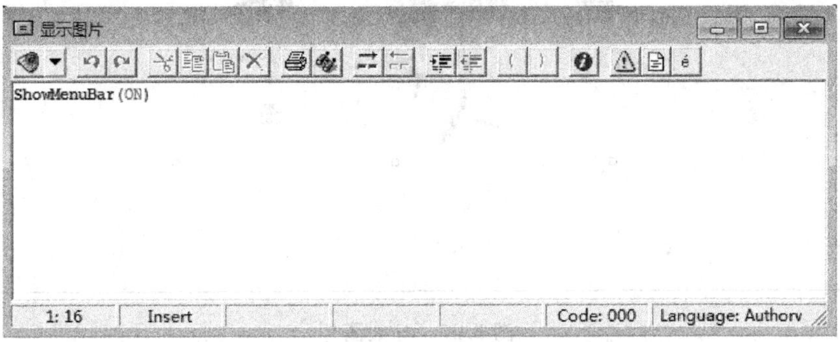

图 8.42　代码窗口

④ 设置“群组”图标的内容。双击“群组”图标上的控制图标(圆角矩形框)，打开“属性：交互图标[Quit]”面板，在“类型”下拉列表中选择“下拉菜单”选项，在“响应”选项卡的“范围”中选择“永久”复选框，如图 8.43 所示。

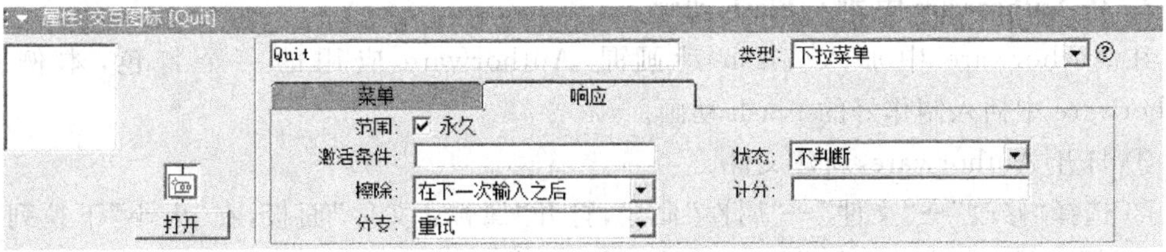

图 8.43　交互属性设置

⑤ 设置“擦除”图标。双击“擦除”图标，选择要擦除的内容“文件”，如图 8.44 所示。

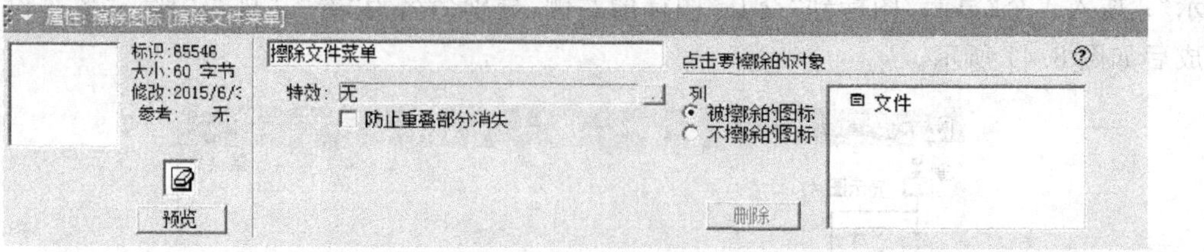

图 8.44　擦除图标属性设置

⑥ 设置“群组”图标。双击名称为“春”的“显示”图标上的控制按钮(圆角矩形框)，在“类型”下拉列表中选择“下拉菜单”选项。选择“文件”→“导入和导出”→“导入媒体”命令，导入“春”图片，如图 8.45 所示。

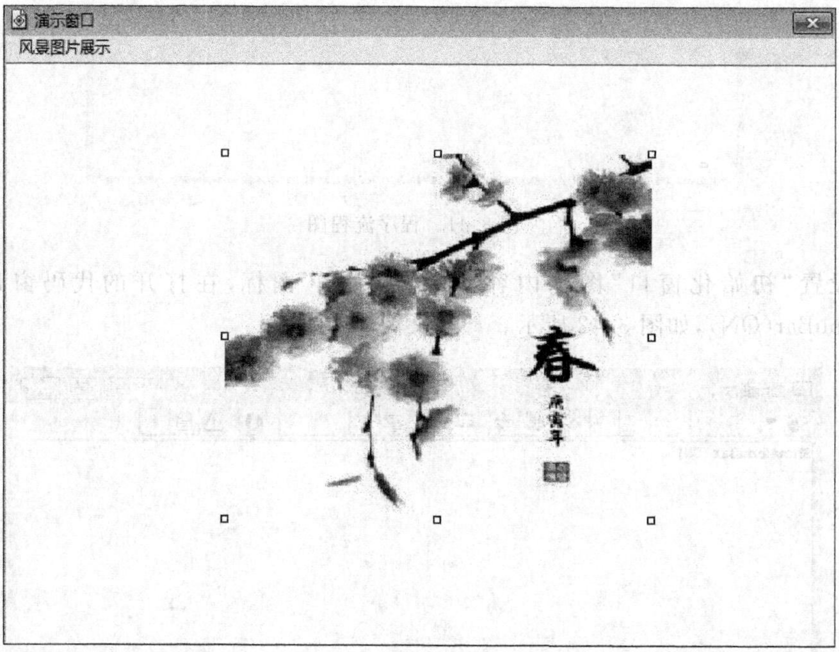

图 8.45　导入图片

⑦ 按照上述方法设置“夏”、“秋”、“冬”的“显示”图标。

⑧ 预览效果。选择“调试”→“重新开始”命令运行程序，如图 8.46 所示。

通过该实例可以看到，使用 Authorware 制作的下拉菜单和 Windows 中的菜单完全一致，而且制作十分简单，相信通过大家的逐渐训练，一定会制作出更加美观的界面。

3. 在 Authorware 中加入 Flash 动画

在 Authorware 中加入 Flash 动画是 Authorware 应用的一个特色，本例是在 Authorware 中插入制作好的 Flash 动画。

① 打开 Authorware，新建文件。

② 选择“修改”→“文件”→“属性”命令，打开“属性：文件”面板，在“大小”下拉列表中选择“根据变量”选项，在“选项”选项组中选择“屏幕居中”复选框，取消对“显示菜单栏”复选

图 8.46　最终效果图

框的勾选。单击颜色对话框右边的背景色按钮，打开“颜色”对话框，从中选择蓝色，如图 8.47 所示。

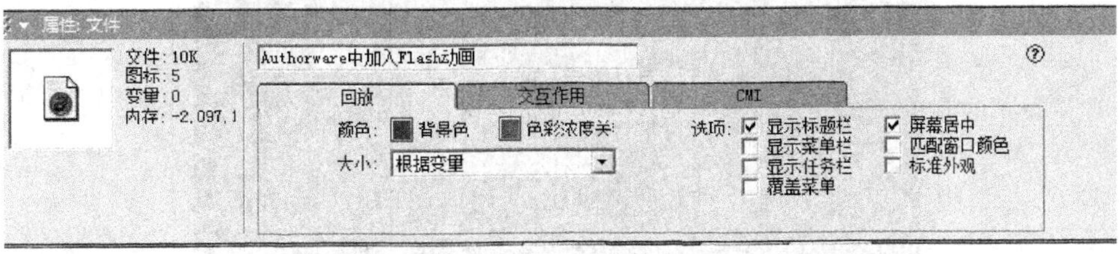

图 8.47　文件属性设置

③ 设计程序流程线。从面板中拖入一个计算图标到流程线上，命名为“初始化窗口”，再拖放一个显示图标到流程线上，命名为“文字说明”；然后拖放一个交互图标到流程线上，命名为“响应”；最后拖放一个群组图标到交互图标的右下方，命名为“开始”，如图 8.48 所示。

④ 设置“初始化窗口”图标内容。双击计算(=)图标，在打开的代码窗口中输入 ResizeWindow(480,360)，重新定义窗口大小。

⑤ 设置“文字说明”图标内容。双击流程线上的“文字说明”图标，打开“演示窗口”对话框，用文本工具在图中输入“这是一个在 Authorware 中插入 Flash 动画的实例”，调整其在窗口中的位置，如图 8.49 所示。

⑥ 设置“开始”按钮。双击控制按钮(圆角矩形框)，打开“属性：交互图标[开始]”面板。单击“按钮”按钮，打开按钮编辑器，设置按钮字体为 10 磅。在“按钮”下拉列表中选择“按钮”，属性设置如图 8.50 所示。

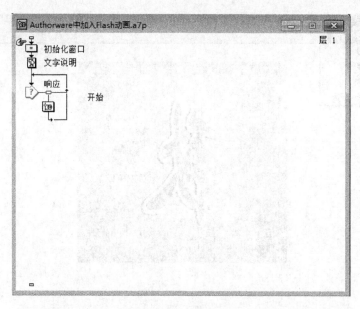

图 8.48 流程图

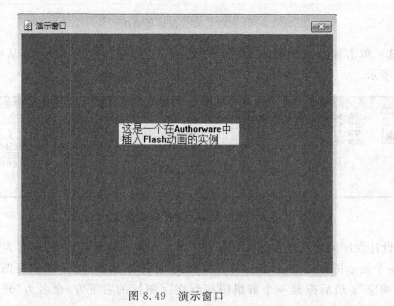

图 8.49 演示窗口

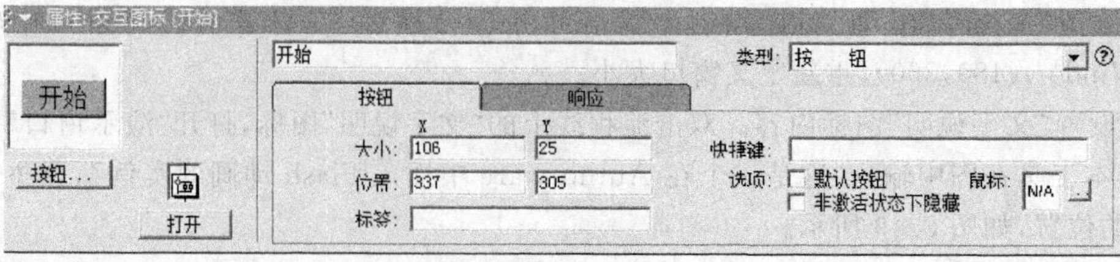

图 8.50 交互属性设置

⑦ 设置“开始”图标响应属性。属性设置如图 8.51 所示。

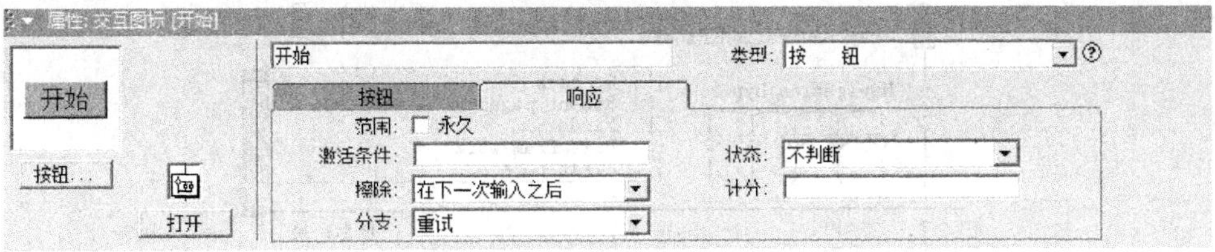

图 8.51 开始图标响应属性

⑧ 设置“开始”按钮。双击流程线上的“开始”群组图标，打开二级程序设计流程线，选择“插入”→“媒体”→Flash Movie 命令，打开“属性：功能图标[Flash Movie]”面板，单击“浏览”按钮，选择一个 Flash 动画文件，如图 8.52 所示。

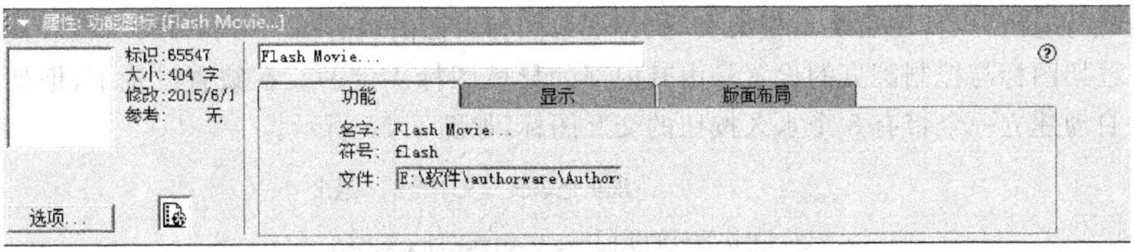

图 8.52 插入媒体

⑨ 预览效果。选择“调试”→“重新开始命令”，如图 8.53 所示。

图 8.53 运行效果

8.4.5 框架结构设计实例

框架功能结构在 Authorware 中实现的是超链接功能。框架结构由框架图标和下挂在下面的其他图标组成。每个下挂图标作为框架中的一页，页中可以显示文字、图片，播放声音和数字电影。框架图标流程样式如图 8.54 所示。

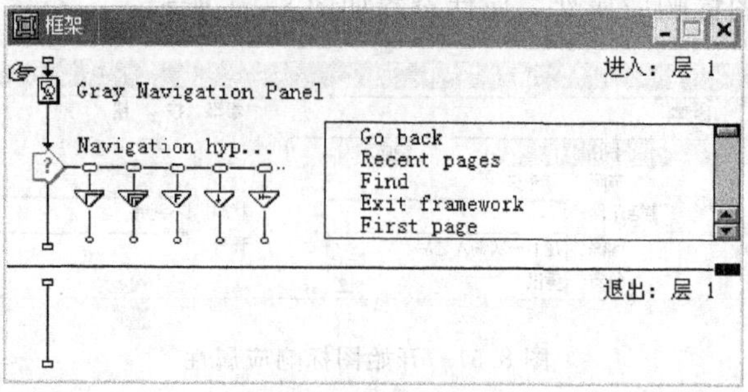

图 8.54 框架图标

框架图标主要用于制作翻页结构。框架图标分为上下两个部分。上面是进入部分，表示程序一旦进入框架图标，就要执行其中的部分内容；下面是退出部分，在通过导航图标退出时执行退出，执行完后跳出框架页，执行框架图标后面的内容。

框架图标与控制翻页的设置是由其内部的导航图标决定的。在缺省设置下，框架图标中将自动建立一个带有8个永久按钮的交互图标，如图8.55所示。

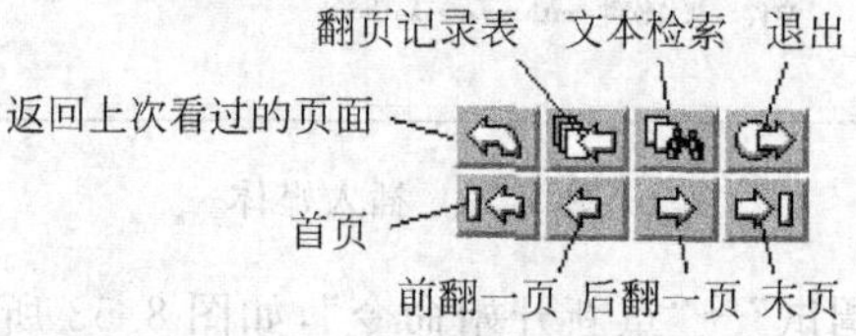

图 8.55 框架中导航图标作用

框架图标的控制由交互导航选项决定，与框架图标下挂接的页面内容无关，所以控制结构可以被制成模块反复使用。框架确定后，在框架内容的所有转移控制由导航图标来实现。导航图标在页面之间进行跳转，也就是常说的超级链接。通过框架图标与导航图标的相互配合，可以对所跳转的方向和位置作控制。

在框架图标下，可以用拖到框架图标右下方的方法挂接各种图标。比如显示图标、动画图标、声音图标、计算图标、组图标等。每一个挂接在框架图标之下的图标都被称为一个页。框架中的页是按照从左至右顺序排列的。

下面通过案例介绍框架图标的使用。

1. 框架图标基础应用

通过本案例实现第一页、上一页、下一页、最后页、退出等翻页操作来显示春、夏、秋、冬四季的图片。

① 打开 Authorware，新建文件。

② 选择“修改”→“文件”→“属性”命令，打开“属性：文件”对话框，在“大小”下拉列表中选择“根据变量”选项，在“选项”选项组中选择“屏幕居中”复选框，取消对“显示菜单栏”和“显示标题栏”复选框的勾选。单击颜色对话框右边的背景色按钮，打开“颜色”对话框，选择浅蓝色，如图8.56所示。

③ 设计程序流程线。从设计面板中拖入一个“计算”图标到流程线上，命名为“初始化窗口”；拖入一个“框架”图标到流程线上，命名为“图片框架”；然后拖入4个“显示”图标到

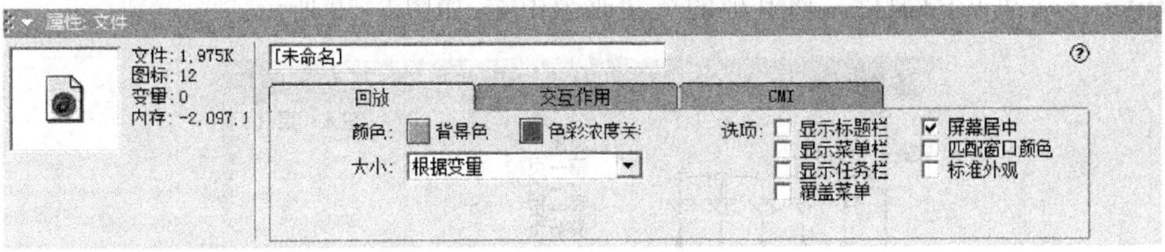

图 8.56　文件属性设置

“框架”图标的右边，分别命名为“春”、“夏”、“秋”、“冬”，如图 8.57 所示。

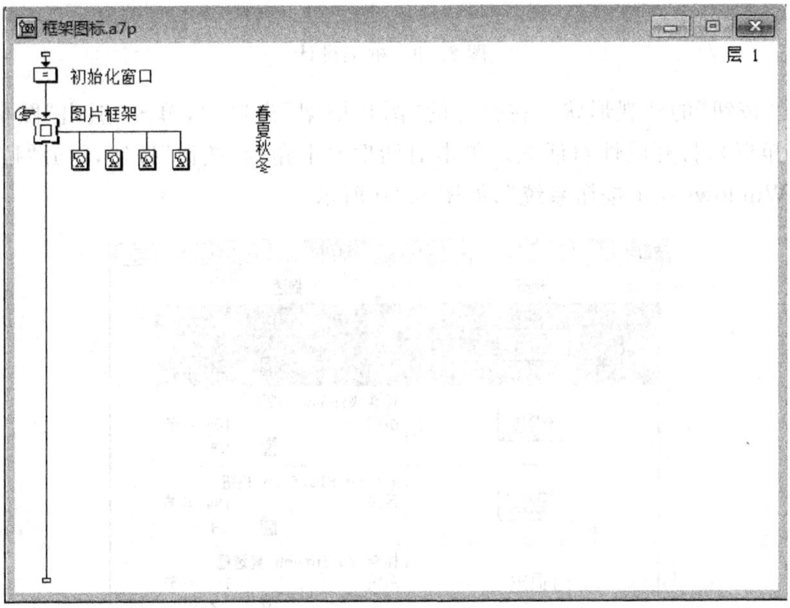

图 8.57　流程线设计

④ 设置“初始化窗口”图标内容。双击“计算”图标，在打开的代码窗口中输入 ResizeWindow(480,360)，如图 8.58 所示。

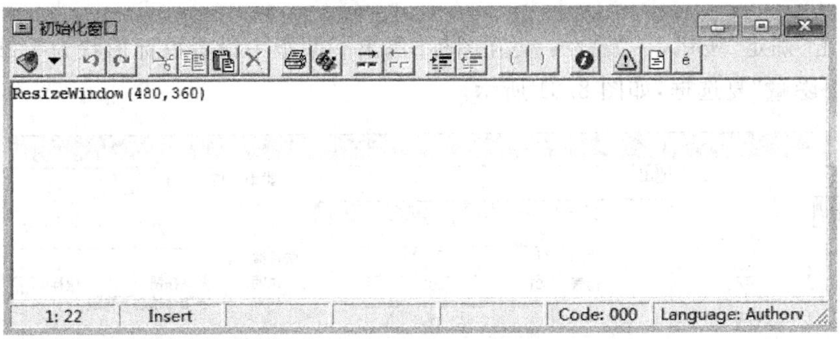

图 8.58　初始化窗口设置

⑤ 设置“图片框架”图标的内容。双击“图片框架”，弹出框架流程线设计图，将显示图标 Gray Navigation Panel 删除。将交换图标命名为“按钮”，然后分别将其中的 Go back、

Recent pages 和 Find 删除。将其他的英文改为中文,如图 8.59 所示。

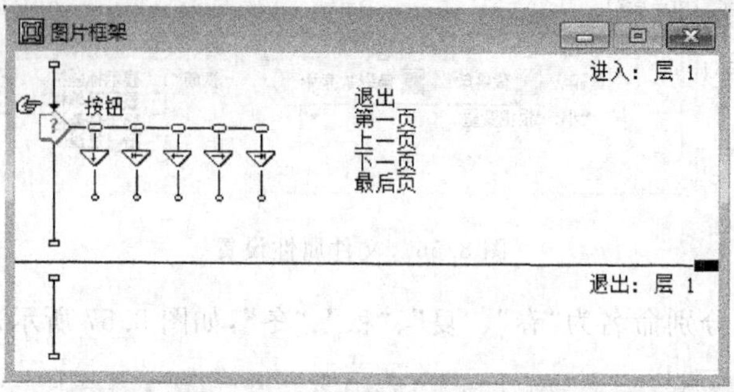

图 8.59 框架设计

⑥ 设置"按钮"的外观形状。在打开的"图片框架"窗口中,单击"退出"图标上的"控制标志"(圆角矩形),打开属性对话框。单击对话框左上角的"按钮"按钮,打开"按钮编辑器",选择"标准 Windows 3.1 按钮系统",如图 8.60 所示。

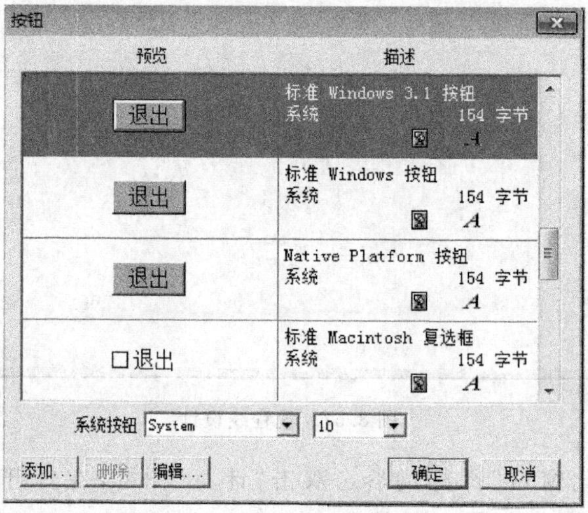

图 8.60 按钮设置

⑦ 单击"确定"按钮,在"属性: 交互图标[退出]"面板中设置鼠标形状为手型; 选中"非激活状态下隐藏"复选框,如图 8.61 所示。

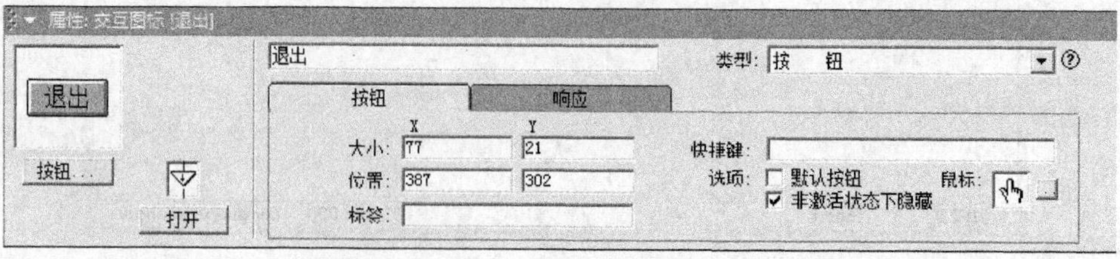

图 8.61 设置鼠标形状

⑧ 选择"属性: 交互图标[退出]"面板中的"响应"选项卡,设置该面板如图 8.62 所示。

⑨ 按照上述方法依次设置其他按钮。

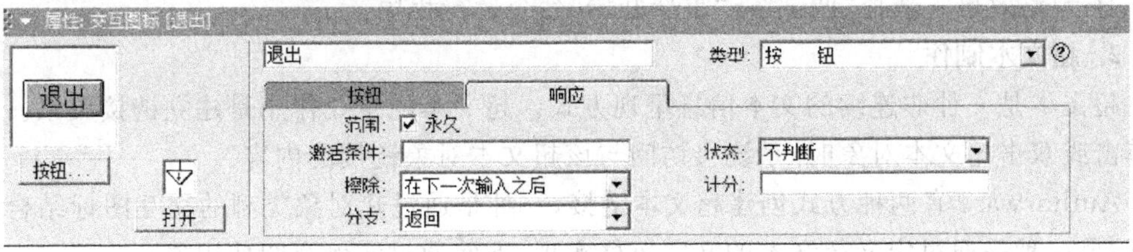

图 8.62 “响应”属性的设置

⑩ 设置“春”图标的内容。双击“显示”图标打开“演示窗口”对话框，选择“文件”→“导入和导出”→“导入媒体”命令，导入“春”图片到“演示窗口”对话框，调整其大小位置，如图 8.63 所示。

图 8.63 导入“春”图片

⑪ 以相同的方法导入图片“夏”、“秋”、“冬”。

⑫ 对齐按钮。按 Ctrl+R 组合键运行程序，然后按 Ctrl+P 组合键暂停程序。选择需要调整位置和大小的按钮，用鼠标拖动到合适位置和大小，如图 8.64 所示。

图 8.64 调整按钮位置和大小

⑬ 预览效果。选择“调试”→“重新开始”命令运行程序。

2. 超文本制作

超文本是一种非连续的文本信息呈现方式。超文本的主要作用是建立链接关系。当用户单击或双击超文本对象时,系统会访问与该超文本对象链接的内容。

Authorware有两种方式创建超文本链接,一种是通过热对象类型的交互图标结合导航图标,另一种是通过定义超文本的文字风格实现,下面通过实例介绍使用方法。

① 打开Authorware,新建文件。

② 选择“修改”→“文件”→“属性”命令,打开“属性:文件”面板,在“大小”下拉列表中选择“根据变量”选项,在“选项”选项组中选择“屏幕居中”复选框,取消对“显示菜单栏”复选框的勾选。单击颜色对话框右边的背景色按钮,打开“颜色”对话框,选择白色,如图8.65所示。

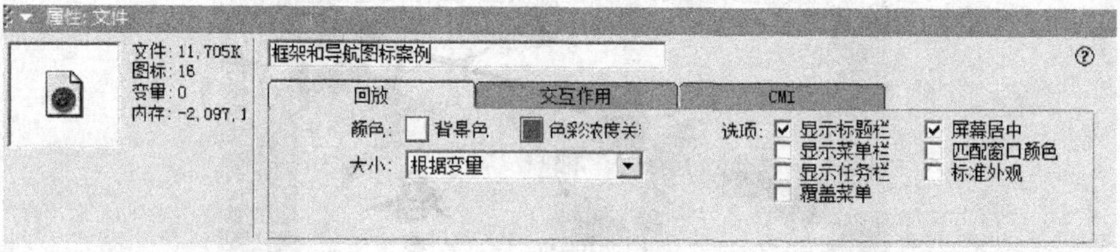

图8.65 文件属性设置

③ 设计程序流程线。从设计面板中拖入一个“框架”图标到流程线上,命名为“页面”;拖入4个“群组”图标到“框架”图标的右侧,分别命名为“主页面”、“补间动画”、“多场景”、“风吹麦浪”,如图8.66所示。

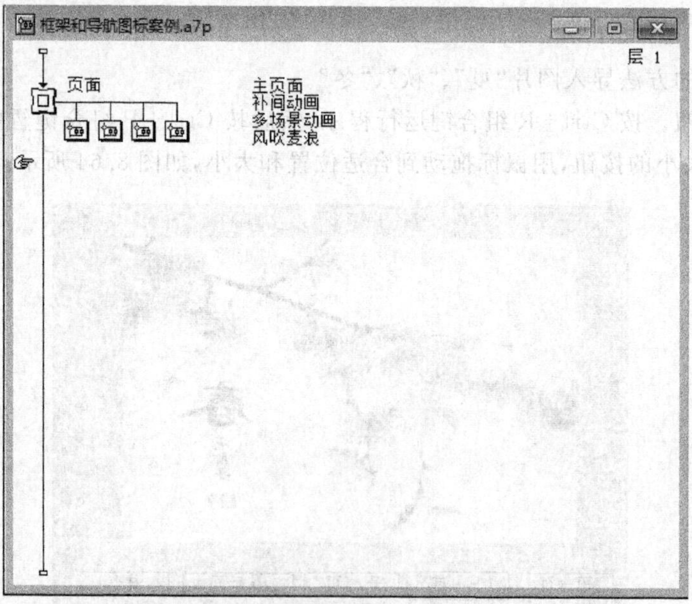

图8.66 设计程序流程线

④ 设置“页面”图标内容。双击“页面”图标，弹出框架流程线设计图，将显示图标 Gray Navigation Panel 删除。分别将其中的 Go back、Recent pages、Find、Exit framework、Previous page 和 Last page 删除，并将 First page 命名为“返回”，如图 8.67 所示。

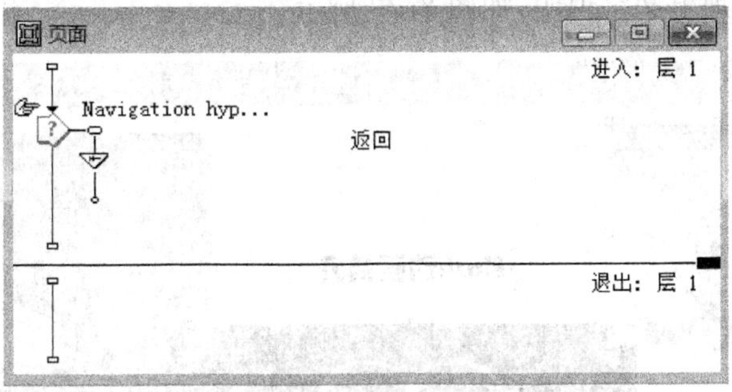

图 8.67 页面设计

⑤ 设置“按钮”的外观形状。在打开的“图片框架”窗口中单击“返回”图标上的“控制标志”，打开属性对话框。单击对话框左上角的“按钮”按钮，打开“按钮编辑器”，选择“标准 Windows 3.1 按钮系统”，如图 8.68 所示。

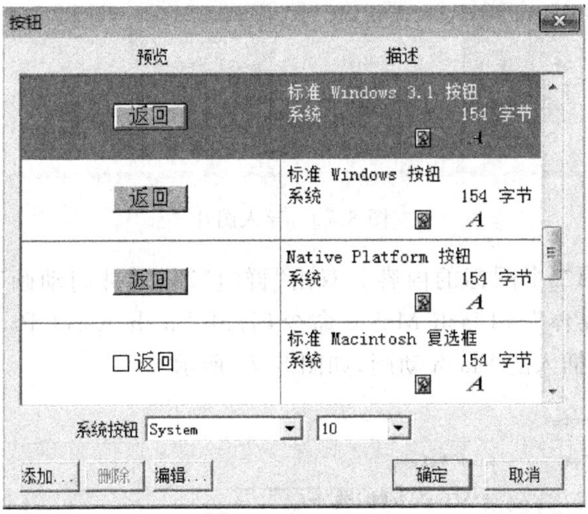

图 8.68 按钮设计

⑥ 单击“确定”按钮，在“属性：交互图标[返回]”面板中设置鼠标形状为手型，如图 8.69 所示。

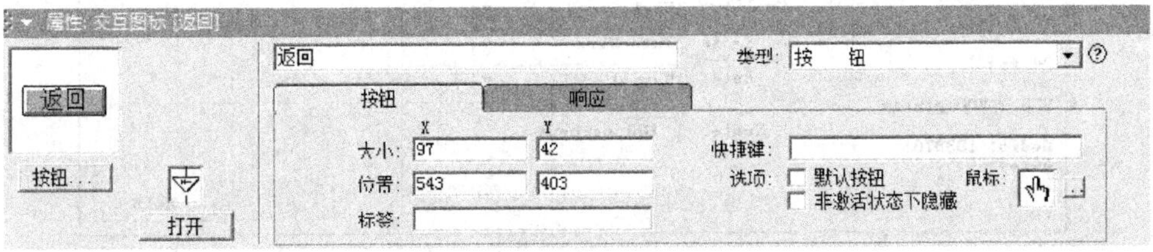

图 8.69 设置鼠标形状

⑦ 设置“页面”第一个“群组”图标的内容。双击“群组”图标“主页面”，打开“主页面”窗口，拖入“显示”图标到“主页面流程线”上。选择“文件”→“导入和导出”→“导入媒体”命令，导入“补间动画”、“多场景动画”、“风吹麦浪”和“心形”图片到“演示窗口”对话框，调整其大小位置，并为其分别加上文字说明，如图8.70所示。

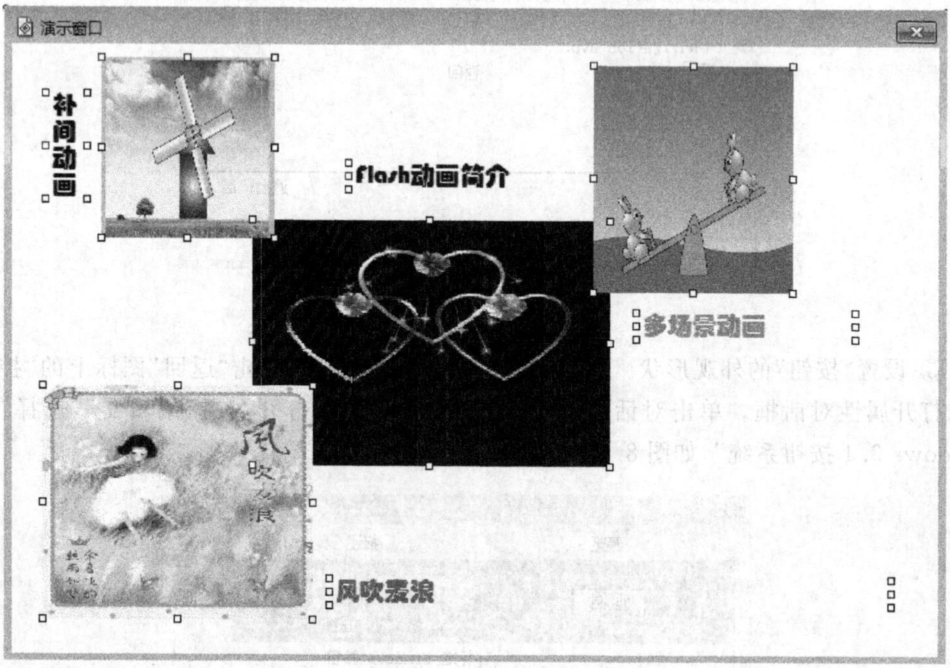

图8.70　导入图片

⑧ 设置“页面”第二个图标的内容。双击“群组”图标“补间动画”，打开“补间动画”窗口，选择“插入”→“媒体”→Flash Movie命令，打开Flash Asset Properties对话框，单击Browse按钮，选择要插入的Flash动画，如图8.71所示。

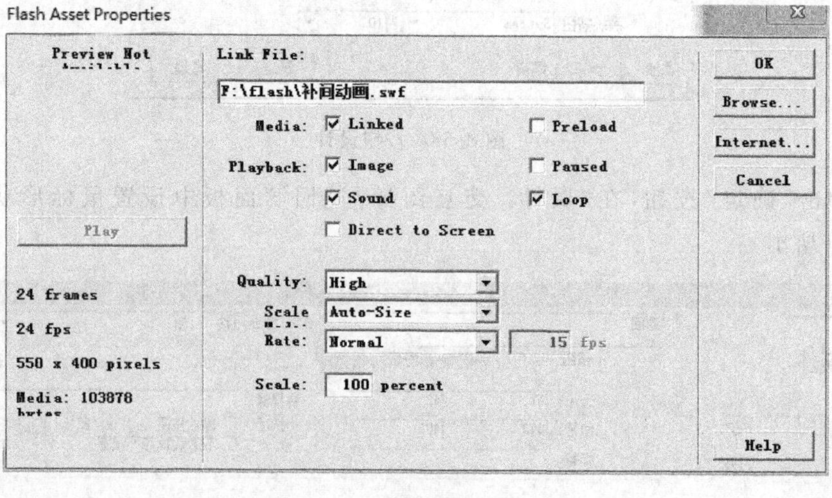

图8.71　设置补间动画内容

⑨ 以相同的方法设置“页面”第三个群组图标的内容。

⑩ 设置“页面”第四个群组图标的内容。双击“群组”图标“风吹麦浪”，打开“风吹麦浪”窗口，在“风吹麦浪”流程线上依次拖入“显示”图标和“声音图标”，分别命名为“歌词”和“歌”，如图 8.72 所示。

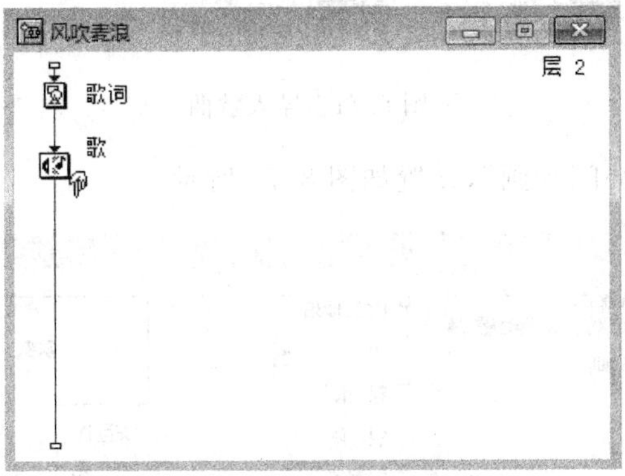

图 8.72 “风吹麦浪”流程线设计

⑪ 双击“显示”图标“歌词”，打开“演示窗口”对话框。选择“文件”→“导入和导出”→“导入媒体”命令，选择“歌词”图片，如图 8.73 所示。

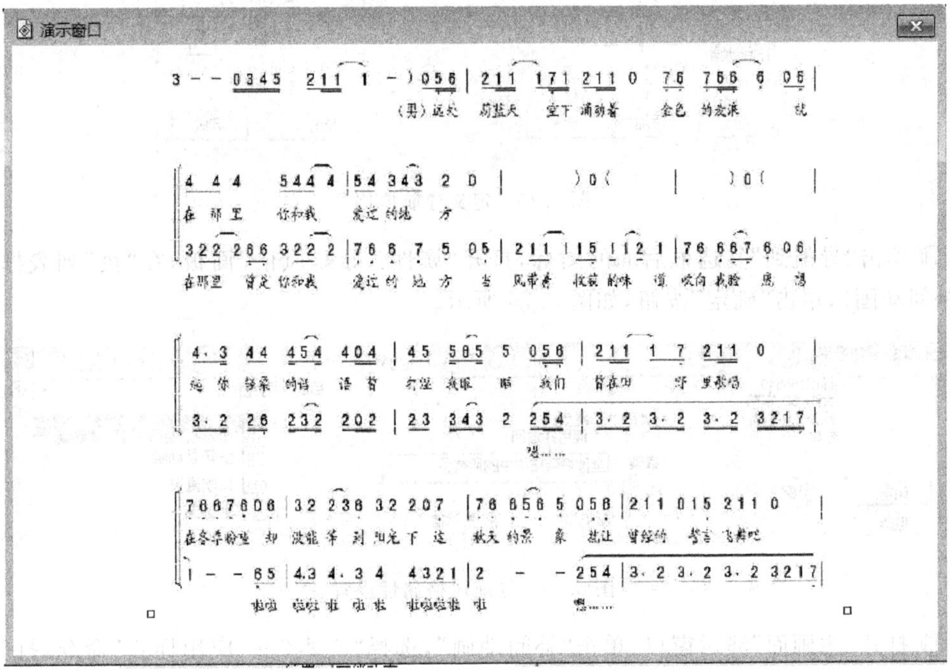

图 8.73 导入歌词

⑫ 双击“音乐”图标“歌”，然后单击“属性：声音图标[歌]”面板中的“导入”按钮，选择要导入的歌曲，如图 8.74 所示。

⑬ 设置“导航”内容。选择“文本”→“定义样式”命令，在弹出的“定义风格”对话框中单

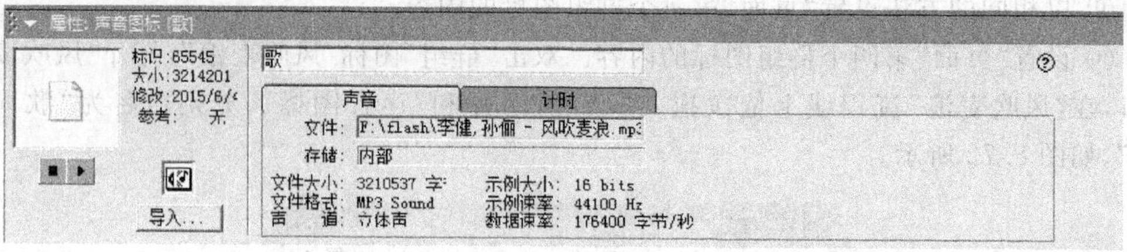

图 8.74 导入歌曲

击“添加”按钮,命名为“补间动画”,设置如图 8.75 所示。

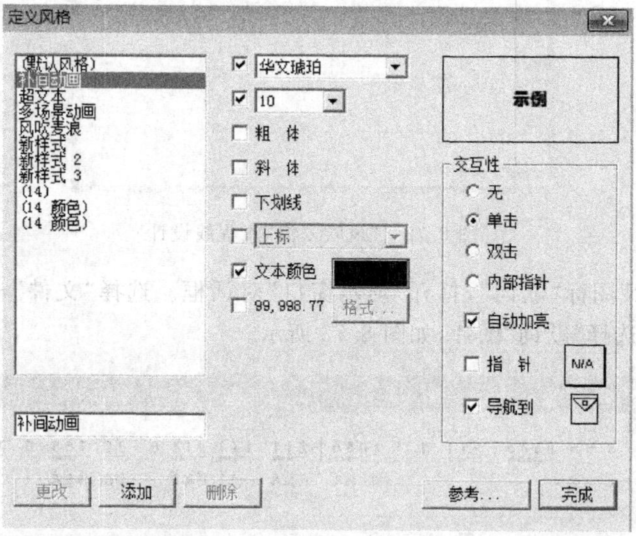

图 8.75 定义导航风格

⑭ 单击“导航到”复选框后面的图标,打开“属性:导航风格”面板,在“页”列表框中选择“补间动画”,单击“确定”按钮,如图 8.76 所示。

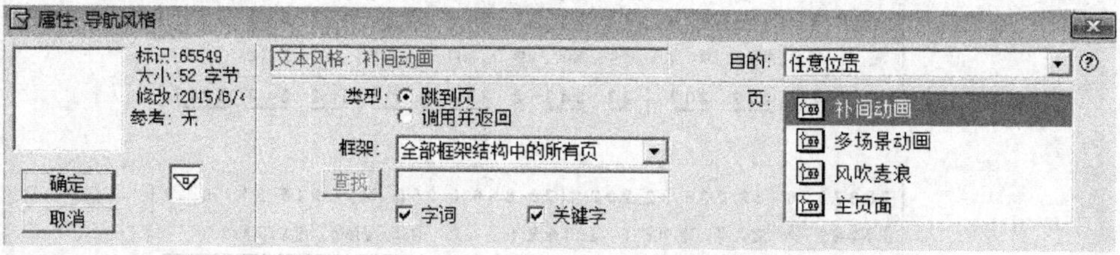

图 8.76 导航风格属性设置

⑮ 打开“主画面”演示窗口,单击“补间动画”,选择“文本”→“应用样式”命令,打开“应用样式”对话框,选中“补间动画”复选框,这样“补间动画”的导航图标建立成功,如图 8.77 所示。

⑯ 以相同的方式设置“多场景动画”导航和“风吹麦浪”导航。

⑰ 预览效果。选择“调试”→“重新开始”命令运行程序。

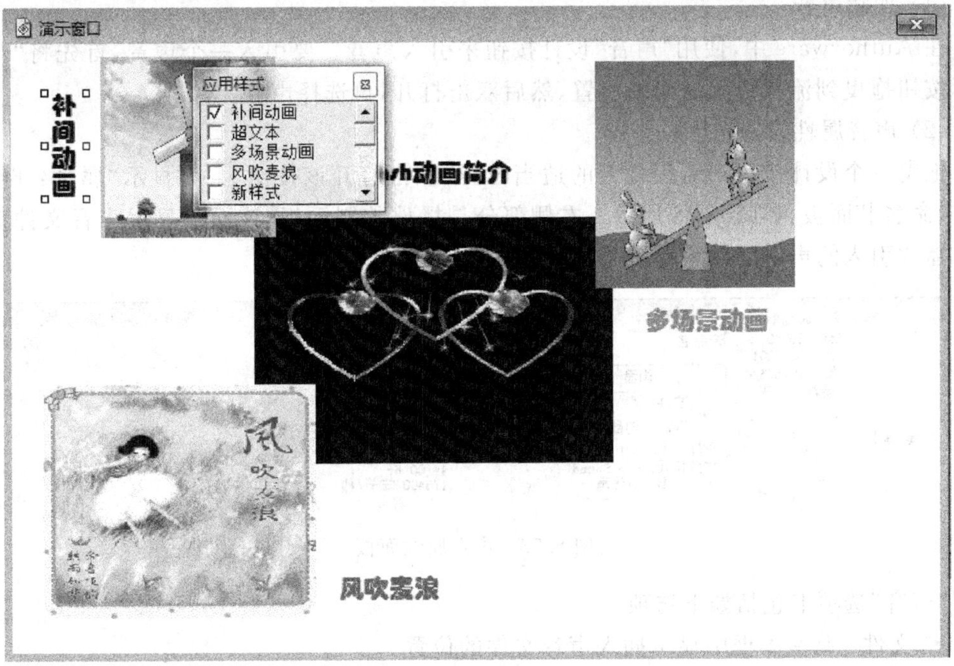

图 8.77　补间动画的导航图标设置

8.4.6　添加声音和视频

Authorware 是多媒体开发的平台。作为一个多媒体软件开发的平台，具有将各种媒体组合在一起形成多媒体的功能。在前面的实例中介绍了 Authorware 中制作简单文字和图形的动画，现在开始在动画的基础上增加声音和视频对象。

Authorware 提供了声音和视频图标按钮引入声音信息，实现应用程序中声音和视频媒体的交互作用。引入声音使用“声音”图标按钮，引入视频使用“视频”图标按钮，现在介绍“声音”图标和“视频”图标的使用方法。

1. 添加声音

由于声音具有丰富的表达方式，因此在多媒体的设计中，声音是多媒体开发人员首选的媒体形式。但事实上，在设计的过程中，过早地引入声音会在程序的开发过程中造成很多麻烦。所以一般情况下，在程序开发的最后阶段引入声音。

声音的引入会引起以下问题。首先是容量的问题。声音一般要占据很大的硬盘空间，如果使用的不仅仅是简单的提示嘟嘟声音，那么硬盘上声音文件所占据的空间将会以飞快的速度增长。

其次是开发速度的问题。在设计开发过程中过早地引入声音会大大地占有开发时间。比如在程序开始就有一个引导音乐，则每一次修改程序观看效果时，都要等待引导音乐的播放完毕。那么在整个开发过程中，要花费很多时间来听这个引导声。

Authorware 中所使用的声音一般放在“声音”图标按钮中，当执行到“声音”图标按钮时，声音就会在外设上播放。在声音设置对话框中用户可以设置播放什么声音，以什么方式播放。

(1) 加载声音

在 Authorware 中,使用“声音”设计按钮来引入声音。要引入一个声音,首先将“声音”图标按钮拖曳到流程线上适当的位置,然后双击打开,再选择声音文件。

(2) 声音属性设置

拖曳一个设计按钮到流程线上的适当位置,双击打开该按钮,下方显示“属性:声音图标[未命名]”面板,如图 8.78 所示。左侧部分是播放控制面板,该面板显示声音文件信息,可以播放引入的声音文件来检测是否为合适的声音类型。

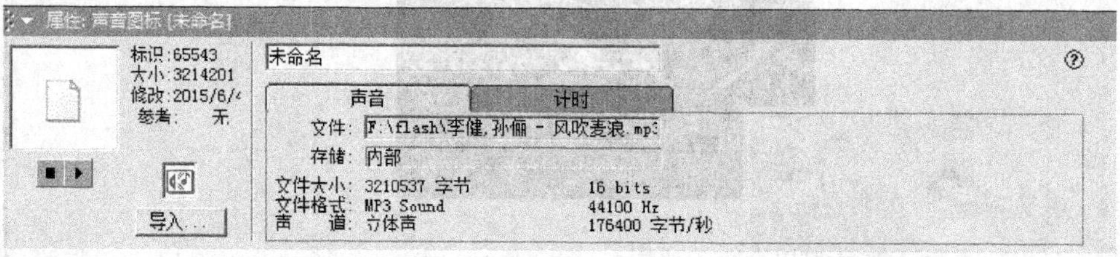

图 8.78 声音属性面板

“声音”选项卡包括如下选项:

- 文件:此文本框中显示插入声音文件的位置。
- 存储:在该文本框中显示引入的声音文件的储存信息,是作为外部文件还是内部文件来存储。
- 文件大小:显示声音文件的大小、文件格式,这里为 MP3 格式的文件。右侧是采样精度 16 位、采样频率 44 100Hz。
- 声道:显示声音文件的通道数。“单通道”表示声音有一个通道;“双通道(立体声)”表示声音有两个通道。右侧是数据速率,显示的是播放声音文件时从硬盘上读取该文件的传输速率。

“计时”选项卡如图 8.79 所示。

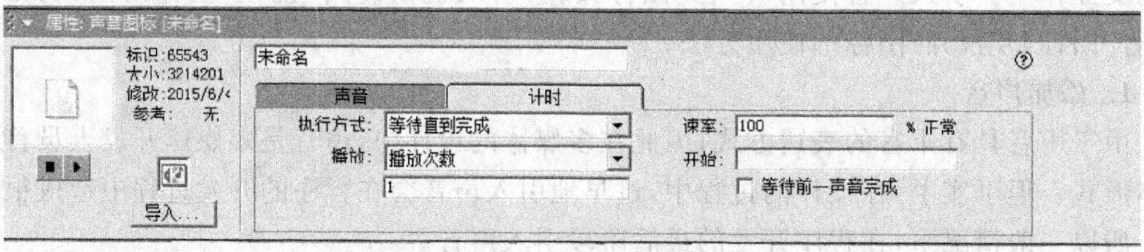

图 8.79 “计时”选项卡

- 执行方式:用来确定声音播放方式。“等待直到完成”表示 Authorware 在开始播放该声音文件后,暂停所有的动作,等待声音文件播放完成后再执行下一个设计;“同时”表示在开始播放声音文件后,流程线上的下一个设计按钮同时执行,步调一致;“永久”表示选择该选项后,在程序运行时始终监视“开始”文本框中的表达式值。当该值为 True 时,系统会跳转到声音图标来播放声音文件。
- 播放:该选项用来控制声音的播放方式和播放进程。“播放次数”表示使用该播放模式,可以在下面的文本框中输入数值、变量或数值型表达式来控制声音的播放次数，Authorware 默认的值是 1 次；直到满足条件：可以在下面的文本框中设置变量或表达式，Authorware 将重复播放该声音文件，直至设置的变量或表达式值为真。比如在该文本框中设置了系统变量，那么声音文件会被重复播放，直至用户按下鼠标才结束。

- 速率：在该文本框中可以输入相应的数值、变量或表达式来控制播放声音文件的速度。例如，如果要播放声音文件的速度是正常速度的两倍，可以在该文本框中输入 200；如果要播放的速度是正常速度的一半，可以在文本框中输入 50，其他的情况类似。

(3) 选择文件

单击“属性：声音图标[未命名]”面板中的“导入”按钮，弹出“导入哪个文件?”对话框，如图 8.80 所示。选择声音文件后，单击“导入”按钮即可引入声音文件。

图 8.80　导入文件

- “链接到文件”复选框：链接到外部文件，一旦链接，则外部文件修改，流程中的声音文件也会自动改变，保持一致性。
- “显示预览”复选框：可以预先对导入的文件浏览。

要注意的是，Authorware 不能记录外设输入的声音信号。如果在多媒体程序的作品中希望使用 Authorware 记录外设特有的声音，必须使用其他可以记录声音的应用程序记录外设输入的信号，然后再使用“声音”设计按钮来加载并播放该声音文件。

Authorware 支持的声音格式有 PCM、AIFF、WAVA、MP3 等。

2. 添加视频

(1) 可以播放的文件格式

Authorware 支持的数字化电影文件格式有以下几种：

① Director 文件(DIR、DXR)：由 Macromedia 公司开发的 Director 软件制作的数字化电影。如果是包含交互性的 Director 数字化电影，还可以将这种交互性带入 Authorware 程序中。用户可以通过鼠标或键盘直接与数字化电影交互。

② Audio Video for Windows 文件(AVI)：一种 Windows 支持的标准视频格式，要使用这种格式，必须保证系统中安装了相应的播放支持软件。

③ Quick Time for Windows 文件(MOV)：由苹果公司开发的一种用于 Windows 环境下的数字化电影。

④ Autodesk Animator、Animator Pro 及 3D MAX 文件（FLC、FLI、CEL）：由 Autodesk 公司的动画制作软件制作的数字化电影。

⑤ MPEG 文件(MPG)：MPEG 是一种压缩比率较大的动态图像和声音的压缩标准，该格式提供了很高的压缩率。

⑥ 位图序列(BMP、DIB)：Authorware 可以使用一系列的位图组成一个数字化电影，这些位图必须保存在同一个文件夹下，并且具有连续编号的文件名(Name0000～Namennnn，文件名前半部分相同，后半部分必须是连续的 4 位数字)，选择了第一个位图文件作为起始帧后，Authorware 加载剩余的位图文件后构成一个数字化电影。

⑦ 支持 Windows Media Player 所支持的媒体文件(如 ASF、ASX、WMV、IVF 等)。

(2) 导入电影文件

多媒体程序中往往包含丰富的视频文件，视频文件使得多媒体程序变得丰富多彩。在 Authorware 中，电影图标支持播放多种数字电影格式。拖放一个数字电影图标到流程线上，“属性：电影图标[未命名]”面板如图 8.81 所示。

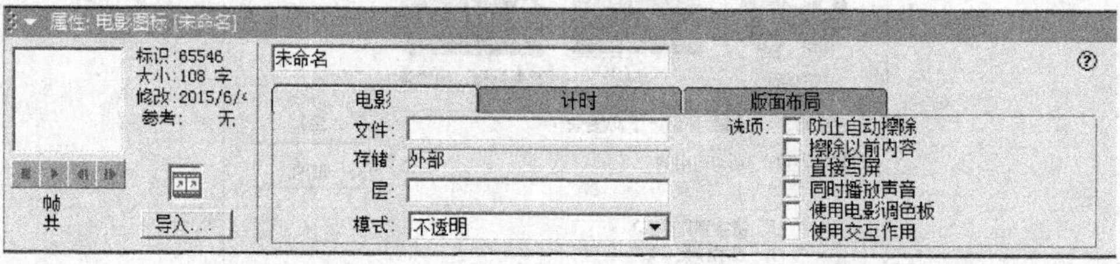

图 8.81　电影图标属性面板

单击“导入”按钮，即可打开“导入哪个文件?”对话框，选择一个视频文件即可导入。

导入对话框中的“链接到文件”复选框不可用，视频文件只能作为外部文件与 Authorware 程序文件产生链接关系，而不能插入到 Authorware 文件的内部。选择“显示预览”复选框，可以预览其中的内容。

在“导入哪个文件?”对话框中选中一个数字文件后，单击“导入”按钮，即可导入一个电影文件，如图 8.82 所示。

(3) 设置播放一个电影文件的片段

在电影属性面板中选择“电影”选项卡，左边预览框下的 4 个按钮可以预览电影，分别为停止、播放、倒退一帧和前进一帧，还可以查看预览视频文件时的当前帧和视频的总帧数，如图 8.83 所示。各项含义如下。

- 文件：在文本框中显示导入的电影文件路径和文件名。
- 存储：显示电影文件的保存方式。“内部”表示保存在程序文件内部，“外部”表示作为外部连接。
- 层：设置电影文件播放画面的层次。
- 模式：设置数字化电影的覆盖模式。
- 选项：主要设置如下项目内容。防止自动擦除；擦除以前内容；直接写屏；同时播

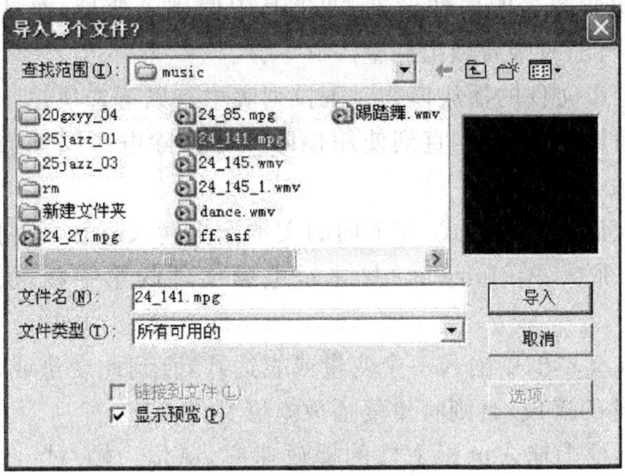

图 8.82　导入文件对话框

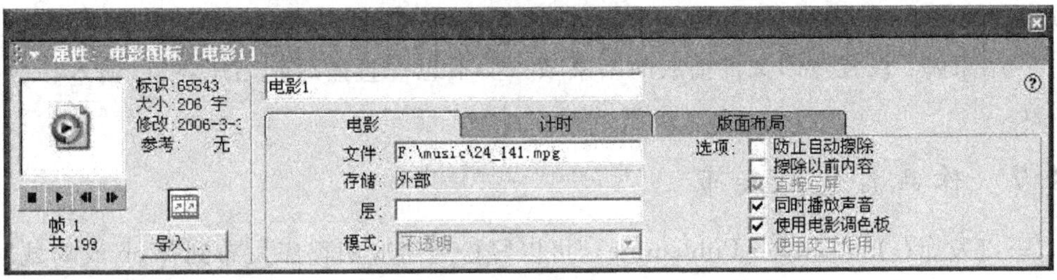

图 8.83　电影图标属性

放声音,如电影文件中不包含声音,则此选项变灰,不可选;使用电影调色板,不用 Authorware 的调色板,不同格式的文件该选项有所不同;使用交互作用,如选中该选项,则 Authorware 允许通过鼠标或键盘进行人机交互操作。

(4) 设置循环播放

属性面板中的“计时”选项卡如图 8.84 所示。各项含义如下。

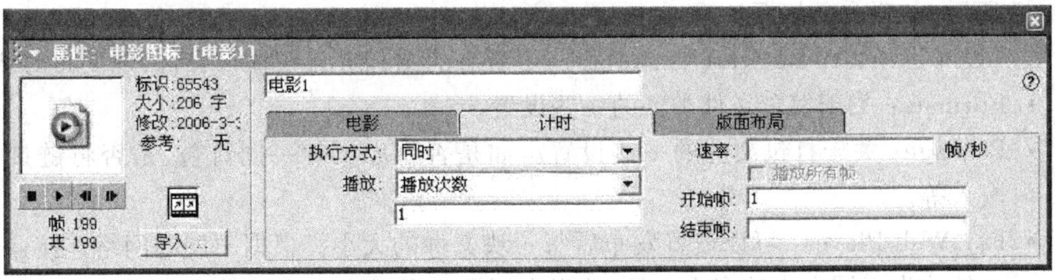

图 8.84　属性面板中的“计时”选项卡

① 执行方式:设置“声音”设计图标的执行过程与其他设计图标的执行过程之间的同步方式。

- 等待直到完成:直到电影播放完毕后,才执行电影图标下的流程。
- 同时:在播放电影文件的同时,继续执行电影图标下的流程。
- 永久:始终保持电影图标处于激活状态,无论电影文件是否播放完毕。Authorware

将一直检测电影图标的属性设置,如果其中使用了变量,而且变量发生了变化,则Authorware将随时跟着做出调整。

② 播放:选择电影文件的播放模式。下拉列表中有以下选项:

- 重复:重复播放电影文件,直到使用擦除图标擦除电影图标,或是使用函数来控制电影终止播放。
- 播放次数:默认的播放模式,在下面的文本框中输入电影文件播放的次数。如果输入数字为0,那么Authorware只显示电影文件的第一帧,文本框中也可以使用变量。
- 直到为真:在文本框中输入一个变量或表达式,直到此变量或表达式的值为真时才停止电影文件的播放,否则将重复播放电影文件。

③ 速率:在文本框中输入电影文件的播放速率,单位为帧/秒。在文本框中也可以使用变量或表达式来设定电影文件的播放速率。

④ 开始帧:设置电影文件播放的开始帧,默认为第一帧。如不想从头播放,可以输入相应的帧数。

⑤ 结束帧:设置电影文件播放的结束帧。如不想一直播放到结尾,可以输入相应的结束帧数。

8.4.7 作品打包与发布

"一键发布(One Button Publishing)"可以轻松地将应用程序发布到Web或局域网,发布Authorware程序非常简单。在发布之前,Authorware将对程序中所有的图标进行扫描,找到其中用到的外部支持文件,如Xtras、Dll和UCD文件,还有AVI、SWF等文件,并将这些文件复制到发布后的目录,不需要担心用户在网上使用时会出现找不到文件的错误。

本节主要介绍一键发布和程序的打包(Package)。

1. 作品发布

发布Authorware作品的操作步骤如下:

选择"文件"→"发布"→"发布设置"命令,弹出One Button Publishing对话框,如图8.85所示。各项含义如下。

设置发布选项,Authorware首先对程序中所有的图标进行扫描,然后出现发布对话框。

- Formats:关于发布文件类型的一些设置。
- Package:关于打包文件的一些设置。如是否将库文件一同打包、是否将链接文件嵌入等。
- For Web Player:可以设置发布后每一块文件的大小。根据不同的网络连接速度将文件分为不同大小的多个文件,使得在网速较慢时也能流畅播放。
- Web Page:关于发布HTM文件的一些选项。Authorware程序将被链接到HTM文件中,但是在浏览时需要安装Authorware Web Player才能正确浏览。如果没有Authorware Web Player,将提示用户下载。
- Files:可以看到当前应用程序的一些支持文件,如Xtras、Dll、UCD等。文件发布时必须将这些文件同时发布才能保证不会出现意外的错误。当然,也可以通过Add File(s)自己在其中手动添加一些文件,如使用说明书、帮助文档等,如图8.86所示。

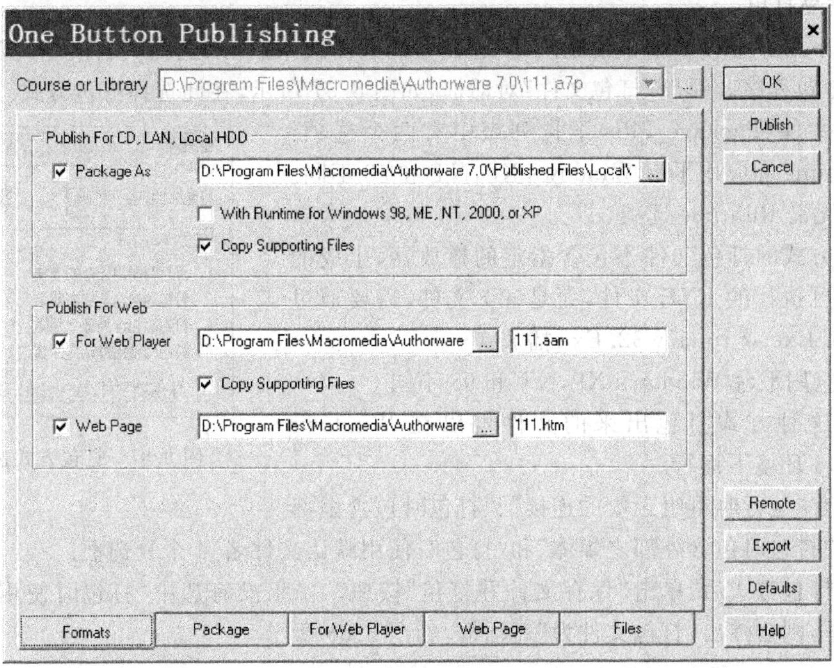

图 8.85 发布设置对话框

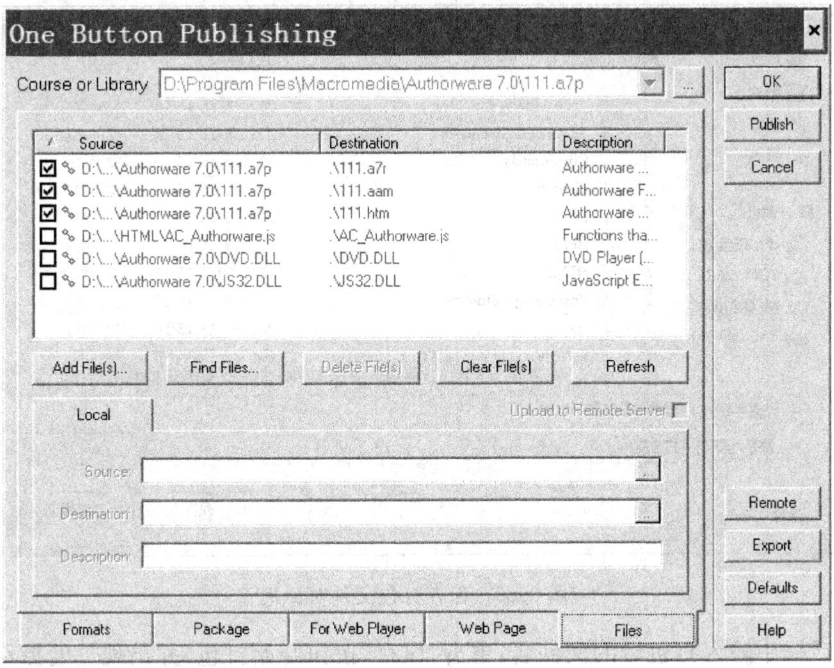

图 8.86 一键发布之 Files 选项卡

以上的设置一般不需要改变，如果有特殊要求，设置好的各选项还可以使用 Export 保存为注册表文件(REG 文件)，以方便下次使用同样的设置。

设置好后单击 Publish 按钮，应用程序就成功发布了。

2. 作品打包

如果不需要将程序发布给他人,只想在本机上播放,也可以选择"文件"→"发布"→"打包"命令打包程序。弹出"打包文件"对话框,如图 8.87 所示,在此选择打包方式。

打包文件(Package File)下拉列表中有两个选项:无需 Runtime 和应用平台 Windows XP,NT 和 98 不同。

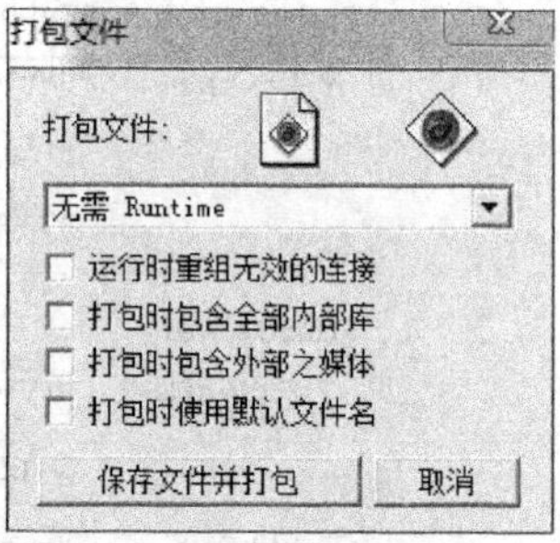

图 8.87 打包方式选择

(1) 无需 Runtime 选项

这种方式的打包文件不包含指定的播放器,生成的不是直接可执行的 EXE 文件,而是 a7r 文件,需要通过 runa7w16.Exe 或 runa7w32.Exe 播放。

(2) 应用平台 Windows XP,NT 和 98 不同

采用这种方式打包出来的文件可以在 Windows XP/NT/98 环境下运行。

下面有"运行时重组无效的连接"、"打包时包含全部内部库"、"打包时包含外部之媒体"和"打包时使用默认文件名"4 个复选框。

选择打包方式后,单击"保存文件并打包"按钮。如果没有选中"打包时使用默认文件名"复选框,则会弹出"打包文件为"对话框,如图 8.88 所示。

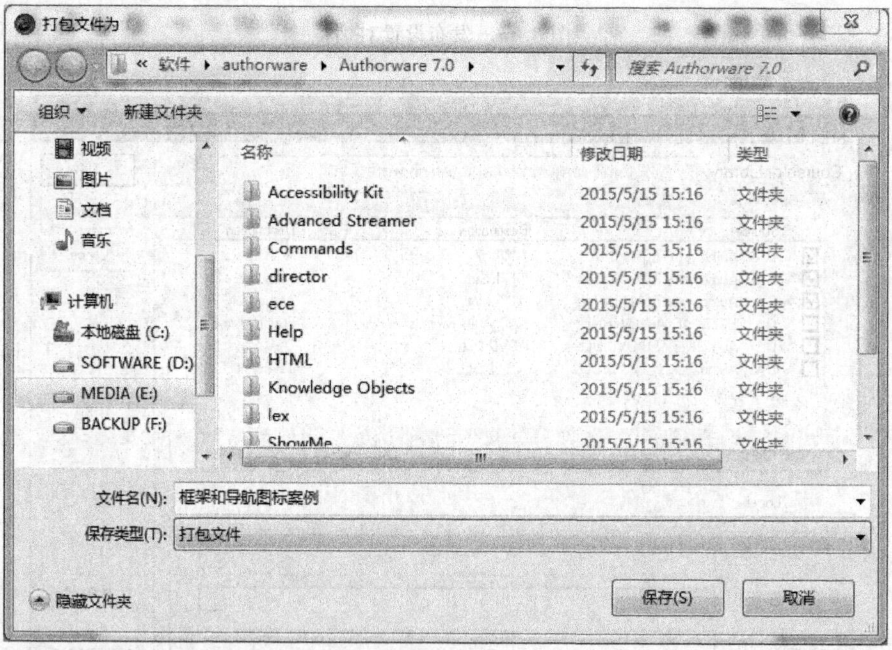

图 8.88 保存打包文件对话框

在对话框中输入打包后的文件名,单击"保存"按钮开始打包,并出现进度提示信息。

3. 网络发布

随着因特网的普及,网络发布越来越重要。在网络上发布 Authorware 应用程序的主要步骤如下:

① 打包成"无需 Runtime"类型的文件。

② 使用网络打包。

a. 选择“文件”→“发布”→Web Packager 命令，弹出 Select File To Package For Web 对话框，如图 8.89 所示。

图 8.89　Select File To Package For Web 对话框

b. 在对话框中选择要发布到网络上的文件，单击“打开”按钮，出现 Select Destination MaP File 对话框，如图 8.90 所示。在此对话框中可以指定保存网络打包后的映射文件名和存放文件夹。

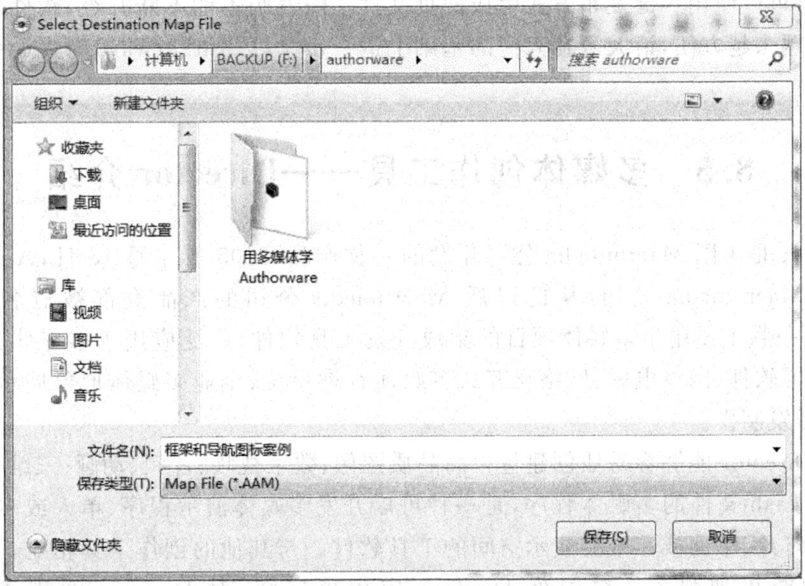

图 8.90　选择目标映射文件

c. 设置好后单击“保存”按钮，弹出“Segment Setting 分片设置”对话框，如图 8.91 所示。设置数据文件包的大小、分段大小，设置完毕后单击 OK 按钮。

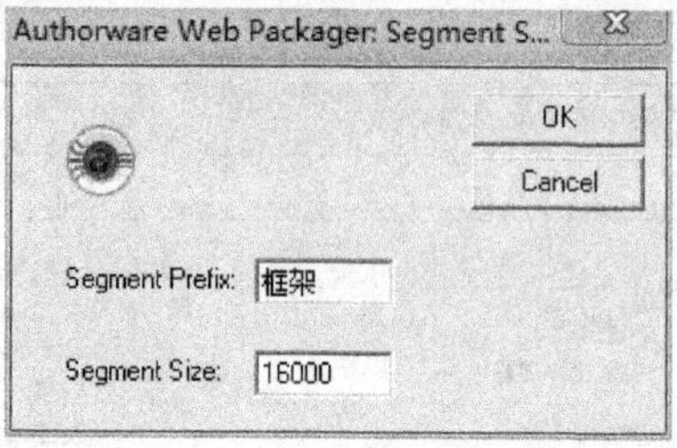

图 8.91　分片设置对话框

d. 系统根据设置情况进行打包压缩，打包完成后显示文件信息，如图 8.92 所示。

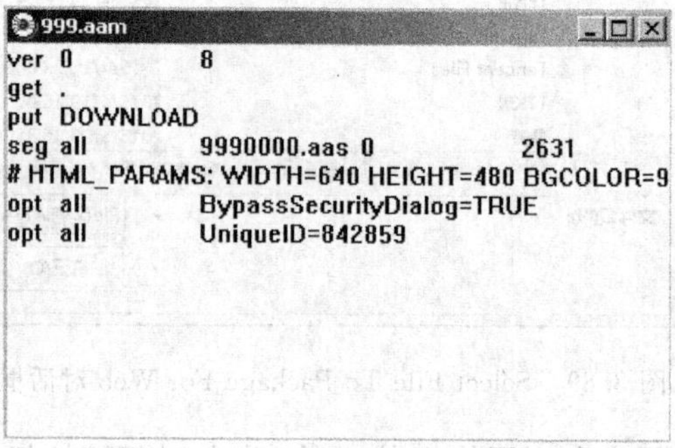

图 8.92　打包文件信息

e. 打包后的文件扩展名为 .aam 文件，插入到网页中即可。

实际上可以使用一键发布方式生成网页文件。随着版本的不断升级，软件功能越来越健全，使用越来越方便，请大家在入门的基础上进一步学习 Authorware 庞大的多媒体制作功能。

8.5　多媒体创作工具——Director 介绍

Director 是美国 Macromedia 公司开发的一款产品，2005 年 4 月 18 日，Adobe 系统公司收购了 Macromedia 公司，从此以后 Macromedia 公司的产品全部被冠名为 Adobe。Director 是一款主要用于多媒体项目的集成开发工具软件，广泛应用于多媒体光盘、教学、课件、触摸屏软件、网络电影、网络交互式多媒体查询系统、企业多媒体形象展示、游戏和屏幕保护等开发制作。

使用 Director 能够容易地创建包含高品质图像、数字视频、音频、动画、三维模型、文本、超文本及 Flash 文件的多媒体程序，是一种可以开发多媒体演示程序、单人或多人游戏、画图程序、幻灯片、平面或三维的演示空间的工具软件。与其他的创作工具相比，Director 更加专业、功能更加强大。在国外 Director 应用更广泛，对 Director 的描述还是引用 Macromedia 自己的话比较确切：“Direcror 是创建与交互功能强大的 Internet、CD-ROMs 与 DVD-ROMs 多媒体的工业标准。相对于简单的图片和文字，Director 提供唯一足够强大的工具来释放创意，它整合图形、声音、动画、文本和视频来生成引人注目的内容。”

1. 产生历史

最早的版本出现在1985年，当时叫Video Works，而且只有Macintosh版本。Video Work配合当时苹果公司的操作系统Macintosh的图形用户接口环境，特别是在动画制作上易学易用，赢得了很高的声誉。

在1989年，Macromedia再度改版，同时将Video Works II改名为Director 1.0，从此Director正式定名，屏幕上的图标(Icon)也由原来的一台摄像机换成一张导演椅。

2002年推出Director MX版，即9.0版。新版本增加的功能有：提供3D文字演员；可以导入3ds Max、Maya等3D动画软件产生的Shockwave 3D文件；内置丰富的3D Lingo命令；与Flash MX完全整合，并支持RealVideo、RealAudio、MP3、Apple QuickTime等格式的流媒体；提供Shockwave Multiuser Server 3，可同时容纳2000个用户，是开发多用户软件的重要工具。

2004年推出了Director MX 2004版，即10.0版。此版增加了对JavaScript语言的支持，开发人员可以使用具有行业标准的脚本语言编写脚本，使开发人员节省了学习一门新语言的时间。

2005年Adobe收购了Macromedia公司，三年后才正式发布了收购后的最新版本。2008年2月发布Adobe Director 11.0版，Director 11拥有更富弹性、更易使用的创作环境。利用它，多媒体创作者可以创作出更强大的交互式程序、三维虚拟游戏等多媒体作品。

2013年1月发布Adobe Director 12.0版。此版又增加了许多引人入胜的特性，支持发布游戏、应用程序到IOS平台(需MAC环境下)，通过lingo脚本语言可以访问设备的加速器、陀螺仪等数据，支持多点触摸、手势识别等事件；支持立体视觉，基于底层渲染层的实时渲染，作品不需要任何修改即可通过lingo开启或关闭立体视觉，以及参数控制，最终用户只需要一个红青立体眼镜(Red-Cyan glasses)即可观看到精彩的立体感十足的游戏与应用体验。

2. 适用范围

(1) 动画设计师

动画设计师使用Director制作动画作品，并以流媒体的形式在网络上发布，或者使用光盘发布作品。

(2) 网络开发人员

网络开发人员使用Director为自己的网页添加音乐、交互或者数据处理能力。

(3) 游戏和娱乐开发人员

游戏和娱乐开发人员使用Director开发单机版游戏，并以CD或者DVD-ROM作为媒介发布自己的作品，或者开发多用户在线游戏。

(4) 教育工作者

教育工作者使用Director制作多媒体课件(教师用)或者学件(学生用)，提高教学效果。

(5) 软件开发人员

软件开发人员使用Director为自己的产品制作学习内容，指导用户使用自己开发的软件，或者指导用户完成安装过程。

3. 主要特点

Director 的主要特点如下。

(1) 界面方便易用

Director 提供了专业的编辑环境,高级的调试工具,以及方便好用的属性面板,使得 Director 的操作简单方便,大大提高了开发的效率。

(2) 支持媒体类型

Director 支持广泛的媒体类型,包括多种图形格式及 QuickTime、AVI、MP3、WAV、AIFF、高级图像合成、动画、同步和声音播放效果等 40 多种媒体类型。

(3) 脚本工具

可以通过拖放预设的 behavior 完成脚本的制作,资深的用户可以通过 Lingo 制作出更炫的效果。Lingo 是 Director 中面向对象的语言,很多人认为 Director 难学就在于 Lingo 的使用很复杂。其实这恰恰是 Director 的优势所在。通过 Lingo 可以实现一些常规方法无法实现的功能,可以无限自由地进行创作。Lingo 能帮助添加强大的交互、数据跟踪及二维和三维动画、行为及效果,学习 Lingo 语法非常容易。

(4) 独有的三维空间

利用 Director 独有的 Shockwave 3D 引擎,可以轻松地创建互动的三维空间,制作交互的三维游戏,提供引人入胜的用户体验,让网站或作品更具吸引力。

(5) 创建方便可用的程序

Director 可以创建方便实用的软件,利用 Director 可以实现键盘导航功能和语音朗读功能,无须使用专门的朗读软件。

(6) 多种环境

只需一次性创作就可将 Director 作品运行于多种环境之下。可以发布在 CD、DVD 上,也可以 Shockwave 的形式发布在网络平台上。同时,Director 支持多操作系统,包括 Windows 和 Mac OS X。无论使用什么样的系统平台,都可以方便地浏览 Director 作品。

(7) 可扩展性强

Director 采用了 Xtra 体系结构,因而消除了其他多媒体开发工具的限制。使用 Director 的扩展功能可以为 Director 添加无限的自定义特性和功能。例如,可以在 Director 内部访问和控制其他的应用程序。目前有众多的第三方公司为 Director 开发出功能各异的插件。

本章小结

本章介绍了多媒体开发工具的特点、开发步骤、开发人员及组织结构等内容,并对多媒体著作工具 Authorware 7.0 的使用方法进行了较为详细的介绍。对多媒体系统的开发方法只是介绍了最基本的入门知识,通过对软件菜单、界面工具等的介绍,初步了解软件的使用方法,为多媒体软件的开发奠定基础。由于每种软件功能都比较庞大,要完全掌握具有一定的难度,只有不断练习才能逐步熟悉。

思 考 题

1. 多媒体著作工具包括哪些分类？
2. 多媒体创作工具 Authorware 具有什么特点？
3. 多媒体系统开发的步骤有哪些？
4. 创作多媒体作品的人员有哪些？职能如何？
5. Authorware 7.0 界面包括哪些组成部分？
6. Director 具有哪些特点？

第9章　流媒体制作

21世纪是信息爆炸的时代，信息的表现形式也越来越丰富。人们要面对巨大的信息量，现在越来越多的公司和个人正在利用音频、视频等多媒体技术发布和传播信息。

由于音频、视频和图形图像具有较大的数据量，想要使用网络中的多媒体信息，就必须通过网络访问来传输这些信息，而网络带宽很难在短期内得到迅速提升，因此要实现网上音频、视频等媒体信息的传播就必须在传播文件本身下工夫，这样就出现了流媒体(Streaming Media)，流式传输技术正是在这种情况下产生的。

9.1　流媒体技术基础

流媒体指的是使用流式传输技术通过网络传输的、能够在本地终端实时回放的、具有实时特征的媒体编码数据流，如音频、视频或多媒体文件。所谓流式传输就是把声音、影像或动画等信息由网络中音视频服务器向用户终端(如PC、PDA等)连续、实时传送。在采用流式传输的系统中，用户不必像采用普通下载方式那样等到整个文件全部下载完毕，而只需经过几秒或十几秒的启动延时(缓冲)即可在用户的计算机上利用解压设备(硬件或软件)对压缩的多媒体数据解压回放。当音频、视频等媒体数据在客户终端上播放时，剩余的数据将在后台从服务器继续下载，流媒体在播放前并不下载整个文件，当用户发出播放指令后，只需要将媒体的开始部分存入内存，然后开始播放，这样一边下载传送，一边播放。这种对多媒体数据边下载边回放的方式不仅使启动延时大大缩短，而且不需要占用本地终端太大的缓存容量。

流媒体数据流具有三个特点：连续性(Continuous)、实时性(Real-time)、时序性，即其数据流具有严格的前后时序关系。

9.1.1　流媒体技术原理

流媒体实现的关键技术就是流式传输，即通过网络获得平滑的数据流。为了实现流式传输，需要采取一些技术手段。

1. 流媒体技术的关键

由于目前的存储容量和网络带宽还不能完全满足巨大的A/V、3D等多媒体数据流量的要求，因此对A/V、3D等多媒体数据一般要进行预处理后才能存储或传输。预处理主要包括采用先进高效的压缩算法和降低质量(有损压缩)两个方面。同样，在流媒体技术中进行流式传输的多媒体数据应首先经过特殊的压缩，然后分成一个个压缩数据包，由服务器向用户计算机连续、实时传送。

另外，与下载方式相比，尽管流式传输对于系统存储容量的要求大大降低，但它的实现仍需要缓存。这是因为Internet是以分组传输为基础进行统计时分复用,数据在传输过程中要被分解为许多分组,在网络内部采用无连接方式传送。由于网络是动态变化的,各个分组选择的路由可能不尽相同,故到达用户计算机的路径和时间延迟也就不同。所以,必须使用缓存机制来弥补延迟和时延抖动的影响,使媒体数据能连续输出,不会因网络暂时拥塞而使回放出现停顿。高速缓存使用环型链表结构来存储数据,通过丢弃已经播放的内容,可以重新利用空出的高速缓存空间来缓存后续的媒体内容。

如果在终端之间用无连接方式(如UDP/IP)通信,还必须保证数据包传输顺序的正确。在网络质量有一定保证的前提下,缓存机制是实现流媒体技术的重要问题。

2. 流式传输方法

实现流式传输主要有两种方法:实时流式传输(Realtime Streaming)和顺序流式传输(Progressive Streaming)。

(1) 顺序流式传输

顺序流式传输是顺序下载,在下载文件的同时用户可以在线观看媒体。其特点是在给定时刻,用户只能观看已下载的部分,而不能跳到还未下载的部分,且传输速度不能根据用户的连接速度做调整。

标准HTTP服务器可发送这种形式的文件,也不需要其他特殊协议,故称为HTTP流式传输。顺序流式传输比较适合片头、片尾和广告等高质量的短剪辑,也适合通过调制解调器发布。顺序流式文件通常放在HTTP或FTP服务器上,便于管理,基本上与防火墙无关。顺序流式传输不适合长片段和有随机访问要求的视频,如讲座、演说与演示。它也不支持现场广播,严格来说是一种点播技术。

(2) 实时流式传输

实时流式传输是指保证媒体信号带宽与网络连接配匹,使媒体可被实时观看。特别适合现场事件,也支持随机访问,用户可快进或后退以观看前面或后面的内容。

实时流式传输必须有较大的连接带宽,因此使用调制解调器速率连接时,画面质量较差;而且网络繁忙或出现问题时,由于出错丢失的信息被忽略掉,视频质量难以保证。实时流式传输需要特定服务器,如QuickTime Streaming Server、RealServer、Windows Media Server等。还需要特殊网络协议,如RTSP(Realtime Streaming Protocol)或MMS(Microsoft Media Server)。这些协议在有防火墙时有时会出现问题,导致用户不能看到一些地点的实时内容。

3. 支持流媒体传输的网络协议

流媒体采用流式传输方式在网络服务器与客户端之间进行传输。流式传输的实现需要合适的传输协议。IETF(Internet Engineering Task Force,因特网工程任务组)制定的很多协议可用于实现流媒体技术。其他的标准化组织也在这方面做了很大的努力,如MPEG-4的多媒体递送集成框架(DMIF)。本节主要介绍IETF制定的流媒体传输协议。

(1) RTP/RTCP

RTP(Real-Time Transport Protocol)为交互式音频、视频等具有实时特征的数据提供端到端的传送服务。如果底层网络支持多播,RTP还可使用多播向多个目的端点发送数据。RTP协议包含两个密切相关的部分,即负责传送具有实时特征的多媒体数据的RTP和负责反馈控制、监测QoS和传递相关信息的RTCP(Real-time Transport Control

Protocol)。在 RTP 数据包的头部包含了一些重要的字段使接收端能够对收到的数据包恢复发送时的定时关系和进行正确的排序及统计包丢失率等。RTCP 是 RTP 的控制协议,它周期性地与所有会话的参与者进行通信,并采用和传送数据包相同的机制来发送控制包。

值得注意的是,RTP 协议本身并不提供任何 QoS,必须由下层网络来保证。但是,通过 RTCP 控制包可以为应用程序动态提供网络的当前信息,据此可对 RTP 的数据收发作相应调整,使之最大限度地利用网络资源。

(2) RSVP

IETF 的资源预留协议(Resource Reservation Protocol,RSVP)是网络中预留所需资源的传送通道建立和控制的信令协议,能根据业务数据的 QoS 要求和带宽资源管理策略进行带宽资源分配,在 IP 网上提供一条完整的路径。通过预留网络资源建立从发送端到接收端的路径,使得 IP 网络能提供接近于电路交换质量的业务。即在面向无连接的网络上增加了面向连接的服务。它既利用了面向无连接网络的多种业务承载能力,又提供了接近面向连接网络的质量保证。但是 RSVP 没有提供多媒体数据的传输能力,必须配合其他实时传输协议来完成多媒体通信服务。

(3) RTSP

实时流协议(RTSP)是用于控制具有实时特征数据传输的应用层协议。它提供了一个可扩展的框架以控制、按需传送实时数据,如音频、视频等,数据源既可以是实况数据产生装置,也可以是预先保存的媒体文件。该协议致力于控制多个数据传送会话,提供了一种在 UDP、组播 UDP 和 TCP 等传输通道之间进行选择的方法,也为选择基于 RTP 的传输机制提供了方法。

RTSP 可建立和控制一个或多个音频和视频连续媒体的时间同步流。虽然在可能的情况下它会将控制流插入连续媒体流,但它本身并不发送连续媒体流。因此,RTSP 用于通过网络对媒体服务器进行远程控制。尽管 RTSP 和 HTTP 有很多类似之处,但不同于 HTTP,RTSP 服务器维护会话的状态信息,是通过 RTSP 的状态参数对连续媒体流的回放进行控制。

(4) MIME

通用因特网邮件扩展(Multipurpose Internet Mail Extensions,MIME)是 SMTP 的扩展,不仅用于电子邮件,还能用来标记在 Internet 上传输的任何文件类型。通过它,Web 服务器和 Web 浏览器可以识别流媒体并进行相应的处理。Web 服务器和 Web 浏览器都是基于 HTTP 协议,而 HTTP 内建有 MIME。HTTP 正是通过 MIME 标记 Web 上繁多的多媒体文件格式。为了能处理一种特定文件格式,需对 Web 服务器和 Web 浏览器都进行 MIME 类型设置。

4. 流式传输过程

用户选择某一流媒体服务后,Web 浏览器与服务器之间使用 HTTP/TCP 交换控制信息,以便把需要传输的实时数据从原始信息中检索出来;然后客户端上的 Web 浏览器启动 A/V Helper 程序,使用 HTTP 从 Web 服务器检索相关参数(如目录信息、A/V 数据的编码类型等),并对 Helper 程序初始化。

A/V Helper 程序及服务器运行实时流控制协议(RTSP),以交换 A/V 传输所需的控制信息。RTSP 提供了控制播放、快进、快退、暂停及录制等命令。A/V 服务器使用 RTP/

UDP 协议将 A/V 数据传输给 A/V 客户程序，一旦 A/V 数据抵达客户端，A/V 客户程序即可播放输出。而对于变形动画来说，则是通过计算机计算，把一个物体从原来的形状改变成为另一种形状，在改变的过程中把变形的参考点和颜色有序地重新排列，形成变形动画。这种动画适用于场景的转换、特技处理等影视动画制作中。

5. 流媒体实现过程

按照内容提交的方式，流媒体可以分为两种：实况流媒体广播（即 Web 广播）和由用户按需访问的存档的视频和音频。不论是哪一种类型的流媒体，其实现从摄制原始镜头到媒体内容的回放都要经过一定的过程。

现在以 RealMedia 为例来说明流媒体的制作、传输和使用的过程。

(1) 采用视频捕获装置对事件进行录制。

(2) 对获取的内容进行编辑，然后利用视频编辑硬件和软件对它进行数字化处理。

(3) 经数字化的视频和音频内容被编码为流媒体(.rm)格式。

(4) 媒体文件或实况数据流被保存在安装了流媒体服务器软件的计算机上。

(5) 用户单击网页请求视频流或访问流内容的数据库。

(6) 服务器通过网络向最终用户提交数字化内容。

(7) 用户利用桌面或移动终端上的播放程序（如 Realplayer）进行回放和观看。

9.1.2 流媒体技术的应用

Internet 的不断发展决定了流媒体应用广阔的市场前景。流媒体技术及其相关产品广泛用于远程教育、网络电台、视频点播、收费播放等。流媒体技术在企业一级的应用包括电子商务、远程培训、视频会议、客户支持等。下面简要介绍一些主要的流媒体应用。

1. 视频播出(Streaming Video)

娱乐是流媒体的重要应用场合。用摄像机或其他装置获得视频信号后，就可以通过站点进行基于 Internet 的现场直播；或者保存为流媒体格式的文件，以供按需播放。需要在一台较高配置的 PC 或服务器上安装普通视频采集卡和声卡，然后通过视频采集卡输入视频和通过声卡输入声音信号，就可以用实时编码工具进行直播或录制成流媒体文件。

2. 远程教学(Remote Seminar)

远程教学将为更多的人提供接受教育的机会。事先在 Internet/Intranet 上发出通知，听众在讲座开始前访问某个 URL 地址，当讲座开始时，听众可以看到演讲者的演讲画面并听到声音。整个讲座也可以媒体文件的形式记录下来，用于以后按需播放。教学者事先把媒体文件传给远程教学服务器，当听众需要听讲座时，同样访问相应的 URL 地址，请求获取服务器中的媒体内容。媒体数据通过流式传输下载到用户的浏览器高速缓存中，由媒体播放器实时回放。

3. 视频会议(Video Conference)

视频会议和远程教学有很多类似之处，但它对实时性的要求更高。在一个视频会议中，各个会议点用音/视频采集设备得到多媒体内容信息，经过数字化后用某种压缩方法进行压缩。压缩数据可以通过网络直接在各个会议点之间组播，或传到多点处理器(MP)经过合成或转换后再向各与会点组播。但不管采用哪种方式，都需要保证以尽量小的时延在各个点进行回放，这正是流媒体技术发挥作用的地方。

9.1.3 智能流技术

制作流媒体时,若选择适合调制解调器传输的固定速率,大部分用户得不到高质量的音视频信号,并可能导致播放中断。解决途径有两条:一是减少服务器发送给客户端的数据量,其实质是减少内部帧,进一步降低传输速率,导致质量更低。另一种方法是根据不同连接速率创建多个文件,服务器根据用户连接发送相应文件,但制作和管理较困难,且用户连接是动态变化的,服务器也无法实时协调。

智能流技术(SureStream)确立一个编码框架,允许不同速率的多个流同时编码后合并到同一个文件中,并采用一种复杂的客户端服务器机制探测带宽变化。如 Progressive Networks 公司提供的技术,针对软件、设备和数据传输速度上的差别,编码、记录不同速率下的媒体数据,并保存在单一的文件中,此文件称为智能流文件。当客户端发出请求,并将其带宽容量传给服务器,媒体服务器根据客户带宽将智能流文件中相应部分传送给用户。如果网络堵塞严重,播放软件可以选择"下移"到低信号流,从而减少播放过程中的问题;若有特别好的连接带宽或网络阻塞已清除,播放软件则选择"上移"到具有较高品质的信号流。

智能流的优点是用户可以得到与网络连接速度相应的最佳视听效果;制作人员只需要压缩一次,管理员也只需要维护单一文件,操作十分方便。

9.2 流媒体制作

9.2.1 流媒体制作软件

流式媒体处理软件很多,各有特点。此处主要介绍 Quick Time Pro、RealProducer Plus、Windows Movie Maker 等软件。

(1) QuickTime Pro

QuickTime Pro 除具有播放功能以外,也可将标准的音频、视频文件转换成 QuickTime 格式。QuickTime 提供了智能流功能,但必须根据不同连接速率、使用不同的编码方式创建多个剪辑文件,然后再用 MakeRef Movie 工具软件生成一个文件,用以参照制作好的不同剪辑文件,其自动化程度不如 SureStream 技术。

(2) RealProducer Plus 11

RealProducer Plus 11 版本可在 Windows 9X/NT/2000/XP 下使用。它使用了智能流媒体技术,能够针对不同场合的流媒体需求使用不同的编码方式进行编码。可以非常方便地将各种标准的音频、视频文件转换成为流式媒体剪辑。也可直接从声卡、图像采集卡等媒体设备录制音频、视频源成为流式媒体,并能实况广播。

常见的流媒体文件格式如表 9.1 所示。

表 9.1 常见的流媒体文件格式

扩 展 名	媒 体 类 型
ASF	Advanced StreamingFormat 文件
RM	Real Video/Audio 文件
RA	Real Audio 文件

续表

扩 展 名	媒 体 类 型
RP	Real Pix 文件
RT	Real Text 文件
SWF	Shock Wave Flash
VIV	Vivo Movie

(3) Windows Movie Maker

Movie Maker 是 Windows 自带的一个影视剪辑小软件,功能比较简单,可以组合镜头、声音。加入镜头切换的特效,只要将镜头片段拖入就行,适合家用摄像后一些小规模的媒体数据处理。Movie Maker 简单易学,使用它制作家庭电影充满乐趣。可以在个人计算机上创建、编辑和分享自己制作的电影。通过简单的拖放操作,精心地筛选画面,然后添加一些效果、音乐和旁白,家庭电影就制作完成了。

9.2.2 RealProducer Plus 11 介绍

从 Real networks 公司的站点(http://www.realnetworks.com)下载试用软件,也可以在软件下载网站上下载中文版。安装完成后,出现图 9.1 所示主界面。

图 9.1 RealProducer Plus 11 主界面

该界面由 6 个窗口构成,最上方为菜单栏;输入窗口和输出窗口结构一样,都是左侧为音量条,右侧为显示窗口;输入文件属性窗口和输出文件属性窗口分别位于输入窗口和输出窗口下方；最下方为工作信息显示窗口。

1. 现有媒体转换为流式格式

RealProducer Plus 可以将如下音频和视频格式文件转换成流式媒体。

音频：Audio(*.au)、Waveform audio(*.wav)。

视频：Video for Windows(*.avi),AVI 文件大小不超过 2GB。

QuickTime 2.0,未压缩 3.0 和 4.0(*.mov),需要 DirectX 6.0 软件支持。

MPEG(*.mpg、*.mpeg、*.mpa、 *.mp2、*.mp3),需要 DirectX 6.0 软件支持。

转换为流式格式的步骤如下：

① 在输入文件属性窗口中选择输入文件的目录。因为选择的是音频文件,所以会默认仅编码音频,如图 9.2 所示。

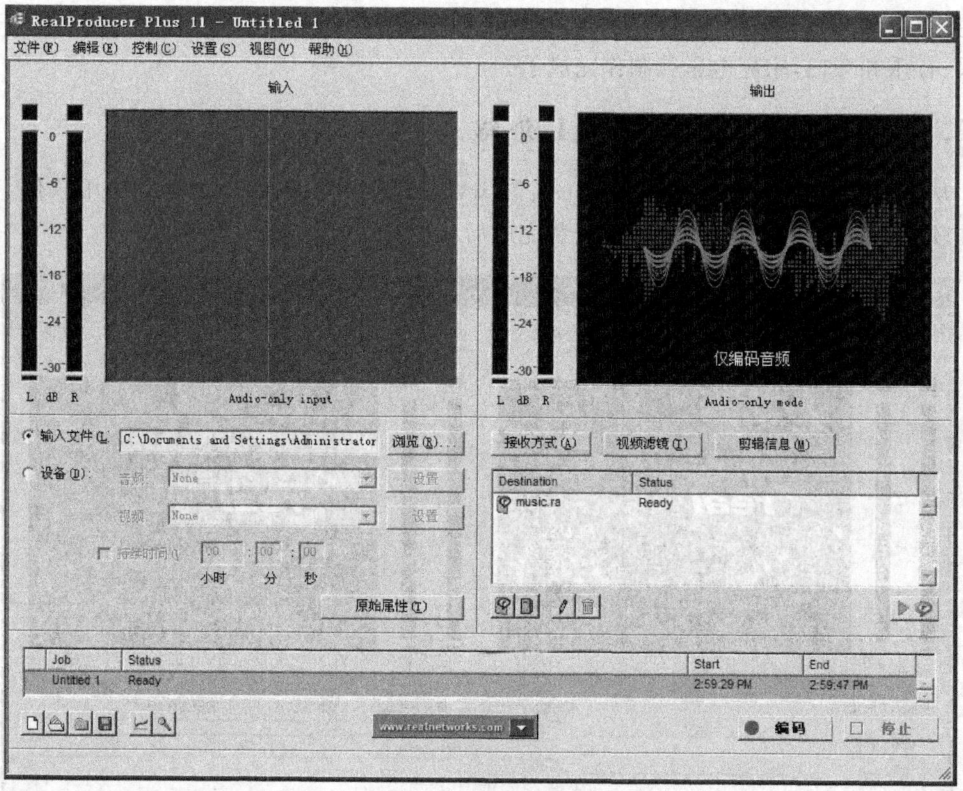

图 9.2 选择需要转换的文件

② 在输出文件属性窗口中会出现将要转换的.ra 文件,默认为源文件名,状态为准备好。单击按钮,可以选择输出文件的保存目录,如图 9.3 所示。同在一起的三个按钮的功能分别为服务器相关设置,信息编辑与删除。

③ 单击"编码"按钮开始转换,输出属性窗口会显示转换状态,如图 9.4 所示。

2. 合并分割流媒体

在编辑流媒体文件时,常常需要将一段音频或视频从整个文件中摘取出来,有时需要将多个流媒体文件组合在一起,制造特殊效果,使用 RealProducer Plus11 可以很容易地达到目的。下面以合并流媒体文件为例介绍使用方法。

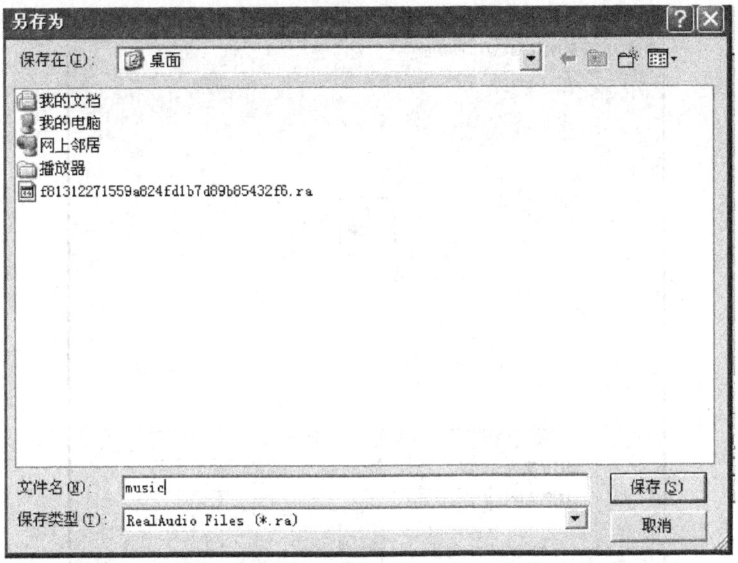

图 9.3　选择保存目录

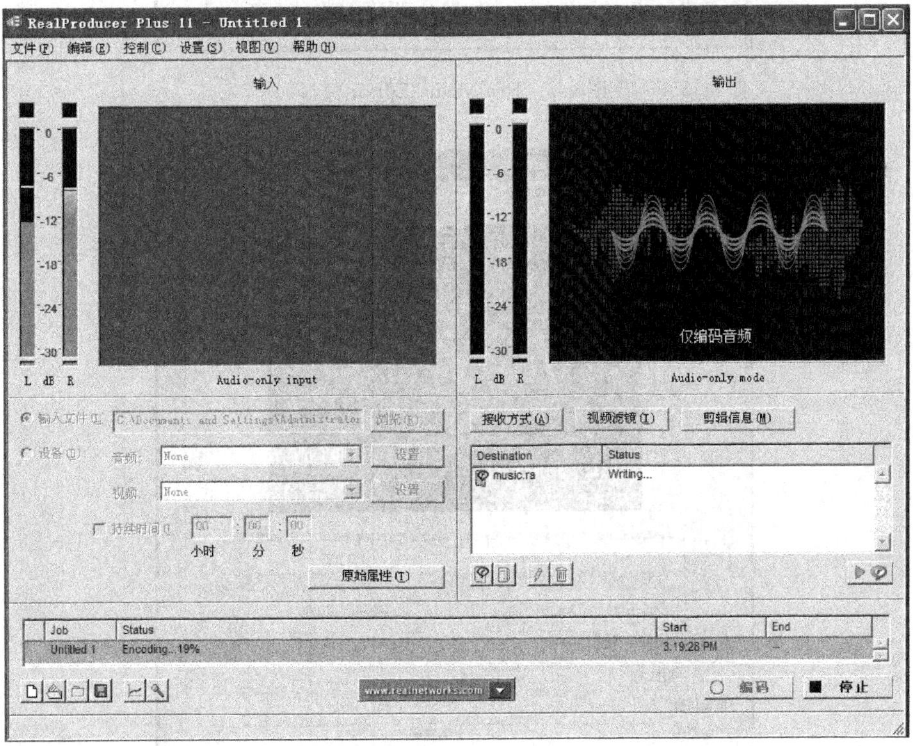

图 9.4　ra 文件转换中

① 选择"文件"→"编辑 RealMedia"命令，打开 RealMedia Editor 窗口，如图 9.5 所示。

② 选择"文件"→"打开 RealMedia 文件"命令，选择需要编辑的文件，打开文件后编辑界面如图 9.6 所示。

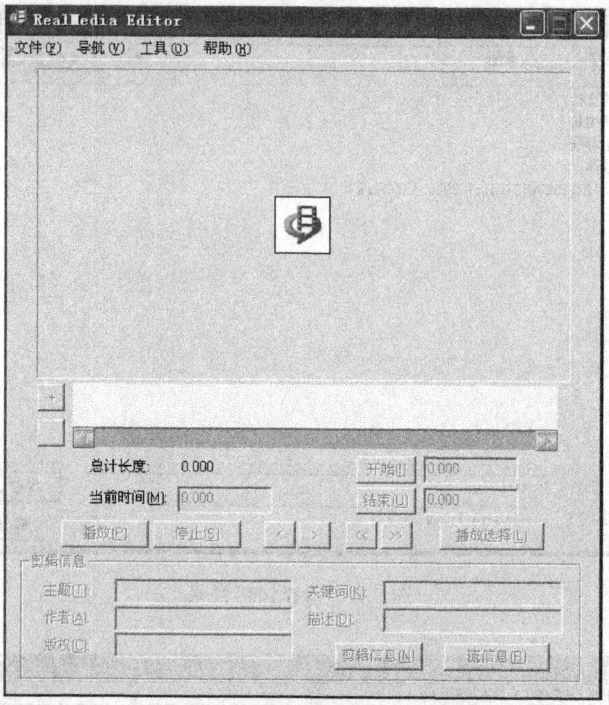

图 9.5　RealMedia Editor 窗口

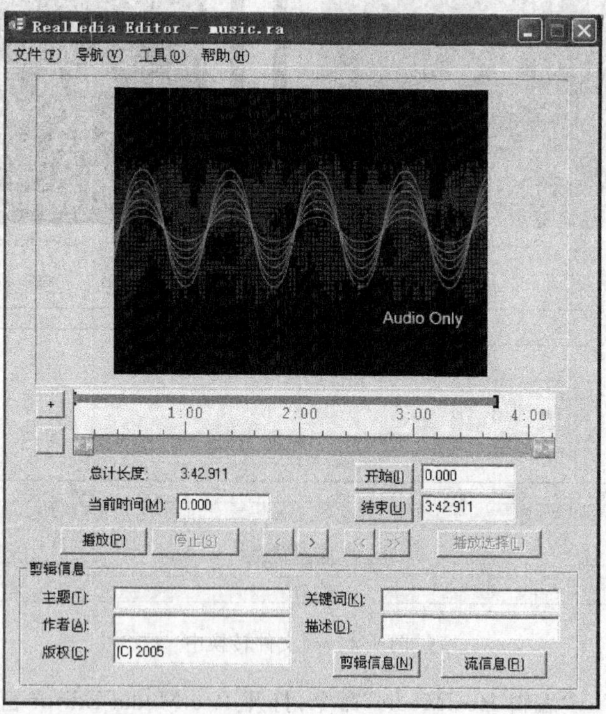

图 9.6　打开文件后的编辑界面

③ 选择“文件”→“追加 RealMedia 文件”命令，继续添加文件，直到将要合并的文件添加完毕，如图 9.7 所示。

图 9.7 继续添加文件菜单

④ 添加完成后选择“RealMedia 文件另存为”命令，将合并好的文件保存在需要的目录下。如果需要分隔文件，只需要调节时间表尺到合适的时段，保存文件即可。

9.3 媒体格式转换

9.3.1 媒体格式转换概述

WMA 音乐压缩格式自从出现之后，以其高压缩比率及优良的音质表现，逐渐侵蚀了 MP3 的占有率。不少刻录软件在其他应用程序对 MP3 格式支持的考虑下，都支持了将 MP3 刻录成 CD，却对 WMA 音乐无能为力。Advanced WMA Workshop 是一款功能强大的音乐格式转换软件。这是一款相当不错的音乐文件转换工具，能轻松地在 WMA、MP3、OGG Vorbis 及 WAV PCM 这 4 种文件格式之间转换，而且还支持将 CD 音轨直接抓取成 WMA 格式，优异的文件转换速度更是令人满意。

9.3.2 Advanced WMA Workshop 使用简介

程序安装运行后，界面分为 4 大部分，如图 9.8 所示。上方是媒体转换工具，中间两大部分是类似 Windows 资料管理器界面的文件夹窗口和文件列表窗口，下方为 Advanced WMA Workshop 批文件格式转换工作区。

在左侧文件夹列表中选择要转换的媒体文件所在的文件夹，在右侧将显示文件夹中的所有文件。选择需要转换的文件，选中 Output folder 复选框，选择转换后文件的保存位置，可以在转换之前单击 PLAY 按钮预览要转换的文件。

选择文件后，单击工具栏中转换后的相应文件格式按钮(本例以.wma 转换为.mp3)，弹出设置对话框，如图 9.9 所示。

在 General 选项卡中可以设置输出文件的位置、转换后是否删除原文件，并显示源文件位置和文件信息。在 MP3 Settings 选项卡中设置转换后文件的参数。

参数设置完成后，单击“确定”按钮，弹出转换窗口，如图 9.10 所示，即可将媒体文件转换成相应的格式。

媒体文件不同格式之间的转换操作简单，使用方便，请大家在使用中逐渐熟悉其他格式之间的转换方法。

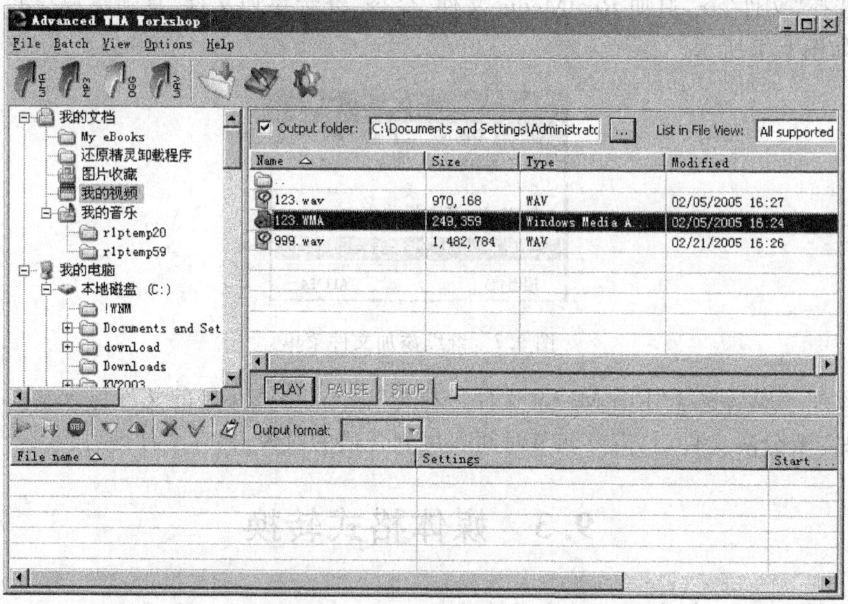

图 9.8　Advanced WMA Workshop 主界面

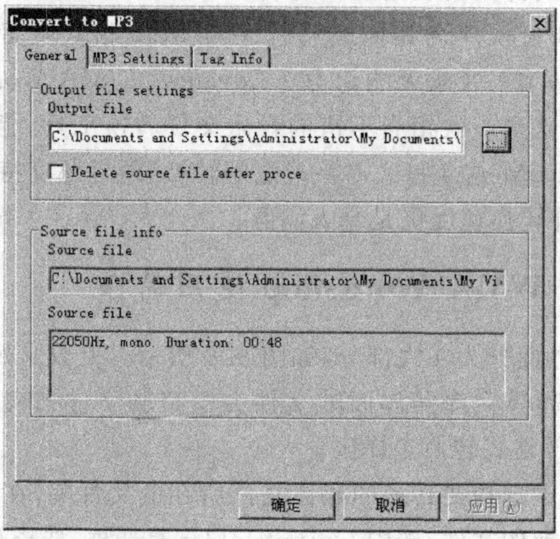

图 9.9　转换设置对话框

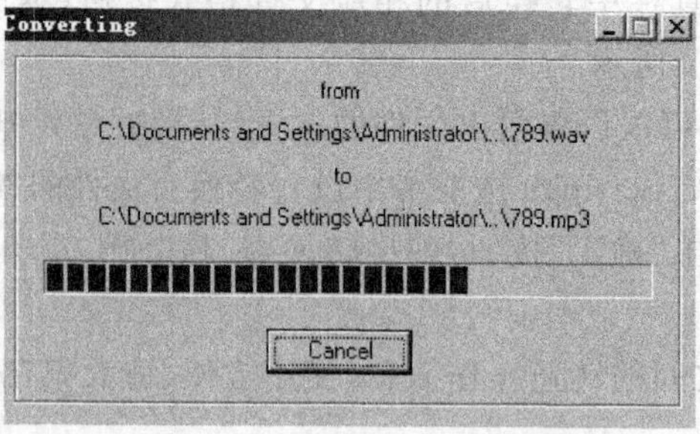

图 9.10　媒体文件转换信息

本章小结

本章简单介绍了流式媒体的基本概念、特点与应用，介绍了流媒体制作技术，并介绍了用 RealProducer Plus 制作流媒体作品和用 Advanced WMA Workshop 转换为流式媒体的方法。流媒体制作与转换软件很多，应用各有特点，使用方法大同小异，请大家在使用中逐渐熟悉掌握。

思考题

1. 为什么要对音频、视频进行流式化处理?
2. 什么是智能流技术? 其优点是什么?
3. 常见的流媒体文件格式有哪些?
4. 流式传输有哪几种方法?
5. 常见的媒体转换软件有哪些? 各有什么特点?

参考文献

1. 张丽英. 信息论与编码基础教程[M]. 北京：清华大学出版社，2010.
2. 李亮辉. Flash CS6 入门与进阶[M]. 北京：清华大学出版社，2013.
3. 彭小霞. Photoshop CS6 从入门到精通[M]. 北京：清华大学出版社，2014.
4. 黄薇. Premiere CS6 中文版标准教程[M]. 北京：清华大学出版社，2014.
5. 王中生. 多媒体技术应用基础[M]. 北京：清华大学出版社，2007.
6. 王中生. 多媒体技术应用基础[M]. 2 版. 北京：清华大学出版社，2011.

图书资源支持

感谢您一直以来对清华版图书的支持和爱护。为了配合本书的使用，本书提供配套的资源，有需求的读者请扫描下方的“书圈”微信公众号二维码，在图书专区下载，也可以拨打电话或发送电子邮件咨询。

如果您在使用本书的过程中遇到了什么问题，或者有相关图书出版计划，也请您发邮件告诉我们，以便我们更好地为您服务。

我们的联系方式：

地　　址：北京海淀区双清路学研大厦 A 座 707

邮　　编：100084

电　　话：010－62770175－4604

资源下载：http://www.tup.com.cn

电子邮件：weijj@tup.tsinghua.edu.cn

QQ：883604(请写明您的单位和姓名)

资源下载、样书申请

书圈

用微信扫一扫右边的二维码，即可关注清华大学出版社公众号“书圈”。